新工科建设·电子信息类系列教材

EDA 技术与设计

（第 2 版）

花汉兵　吴少琴　编著

电子工业出版社.

Publishing House of Electronics Industry

北京·BEIJING

内 容 简 介

本书结合模拟电路和数字电路，系统地介绍了四种常用 EDA 工具软件：NI Multisim 14.0、Cadence/OrCAD PSpice 17.4、Quartus Prime、Vivado，以及两类硬件描述语言：VHDL、Verilog HDL。全书共 9 章，主要内容包括：NI Multisim 14.0 基本应用、常用模拟电路 Multisim 设计与仿真、Cadence/OrCAD PSpice 17.4 基本应用、模拟系统 PSpice 设计与仿真、Quartus Prime 软件应用、Vivado 软件应用、硬件描述语言、常用数字电路 HDL 设计、数字系统 EDA 设计与实践。本教材从教学的角度出发，尽可能将有关 EDA 技术的内容编入书中，并将现代电子设计的新思想和新方法贯穿其中。

本书紧密地将理论和实际相结合，注重提高学生分析问题和解决问题的能力，可作为高等学校电子信息、通信、自动控制、计算机应用等专业本科生 EDA 设计相关课程的教材，也可作为研究生和电子设计工程技术人员的参考书。

图书在版编目（CIP）数据

EDA 技术与设计 / 花汉兵，吴少琴编著. -- 2 版.

北京 : 电子工业出版社，2024. 6. -- ISBN 978-7-121-48212-0

Ⅰ．TN702.2

中国国家版本馆 CIP 数据核字第 20241Z7M16 号

责任编辑：韩同平

印　　刷：河北鑫兆源印刷有限公司

装　　订：河北鑫兆源印刷有限公司

出版发行：电子工业出版社

　　　　　北京市海淀区万寿路 173 信箱　邮编：100036

开　　本：787×1092　1/16　印张：19.5　字数：624 千字

版　　次：2019 年 3 月第 1 版

　　　　　2024 年 6 月第 2 版

印　　次：2024 年 6 月第 1 次印刷

定　　价：75.90 元

凡所购买电子工业出版社图书有缺损问题，请向购买书店调换。若书店售缺，请与本社发行部联系，联系及邮购电话：(010) 88254888，88258888。

质量投诉请发邮件至 zlts@phei.com.cn，盗版侵权举报请发邮件至 dbqq@phei.com.cn。

本书咨询联系方式：(010) 88254525，hantp@phei.com.cn。

前　言

　　EDA 技术是将计算机技术应用于电子电路设计过程的一门新技术，在通信、自动控制以及计算机应用等领域的重要性日益突出。本教材适应 EDA 技术发展和 EDA 技术实验教学的要求，体现新技术、新方法等现代实验技术手段，使学生更好更快地掌握 EDA 设计技术，培养科技需求下具有系统设计能力和解决实际问题能力的综合性人才，为从事各类电子设备和信息系统的设计、制造、应用等工作奠定基础。

　　党的二十大报告指出，必须坚持科技是第一生产力、人才是第一资源、创新是第一动力，深入实施科教兴国战略、人才强国战略、创新驱动发展战略，开辟发展新领域新赛道，不断塑造发展新动能新优势。

　　本书结合多年来实验教学改革的经验，将教学成果体现在教材之中。通过 EDA 设计实践课程，加深学生对模拟电路、数字电路课程知识的理解和巩固，并着力提高学生在 EDA 技术方面的实践和应用能力，同时有助于后续相关课程的学习和参加各种电子设计竞赛。

　　本书第 1 版于 2019 年出版，此次修订是在保持教材基本框架不变的前提下，紧跟技术发展，立足应用、突出实践性。

　　1．更新第 3 章、第 5 章以及第 6 章的 EDA 工具软件版本与基本应用。

　　2．结合相应开发平台，介绍设计案例，内容更具有可读性和可操作性。

　　3．硬件实现部分增加二维码，读者可通过扫码察看实验现象和效果。

　　全书共 9 章，主要内容涵盖 EDA 技术的设计工具和设计应用。第 1 章讲解 NI Multisim 14.0 基本应用，包括软件简介、虚拟仪器仪表的使用、仿真分析方法等；第 2 章讲解常用模拟电路 Multisim 设计与仿真，包括单级放大电路、差分放大电路、负反馈放大器、阶梯波发生器；第 3 章讲解 Cadence/OrCAD PSpice 17.4 基本应用，包括软件简介、工作流程、分析方法等；第 4 章讲解模拟系统 PSpice 设计与仿真，包括音频放大器、数字温度计、小型函数信号发生器；第 5 章讲解 Quartus Prime 软件应用，包括软件概述及其设计开发过程；第 6 章讲解 Vivado 软件应用，包括软件概述、基本设计流程以及引脚分配与程序下载，并介绍存储器 IP 核的生成；第 7 章讲解硬件描述语言，包括 VHDL 语言的基本组成、基本要素、基本描述语句，以及 Verilog HDL 语言基本组成、基本要素、基本描述语句等；第 8 章讲解常用数字电路 HDL 设计，包括组合逻辑电路、时序逻辑电路、有限状态机设计；第 9 章讲解数字系统 EDA 设计与实践，结合具体实例介绍了循环冗余校验码、通用异步收发器、蓝牙通信、VGA 彩色信号显示控制等数字系统 EDA 设计方法，并安排了多功能数字钟、直接数字频率合成器、等精度频率计等 EDA 设计项目。

　　本书结合模拟系统设计和数字系统设计，从教学的角度出发，尽量将有关 EDA 技术的内容编入书中。模拟系统 EDA 设计部分，给出了典型电路的仿真与分析，内容丰富，有利于学习者对模拟电路课程知识的理解与巩固；数字系统 EDA 设计部分，介绍了软硬件设计过程，给出了典型电路设计实例，着力提高学习者在 EDA 技术方面的实践与应用能力；介绍了四种常用 EDA 工具软件：NI Multisim 14.0、Cadence/OrCAD PSpice 17.4、Quartus Prime、Vivado，以及两类硬件描述语言：VHDL、Verilog HDL，并将现代电子设计的新思想和新方法贯穿其中。读者可以根据实际需要，选学书中的部分内容。

　　附录 A 给出了 STEP-MAX10-08SAM、Basys3、EGO1 等实验平台的硬件接口与开发板芯片 IO

口之间的匹配关系，本书第 5 章到第 9 章的相关设计内容可基于但不局限于这些开发平台完成相应电路的实现。

本书第 1 章到第 4 章由吴少琴编写，第 5 章到第 9 章由花汉兵编写，全书由花汉兵负责内容组织和统稿等工作。在本书编写过程中得到了同事们的极大支持和帮助，在此向南京理工大学电工电子实验教学中心课程组的老师以及提出很好建议的编辑和热心读者表示深切谢意。

本书是在总结多年 EDA 教学经验的基础上精心编写而成的，但限于编著者水平，书中错误和不妥之处在所难免，真诚地希望同行和广大读者提出批评和改进意见（huahbg@163.com）。

说明：本书与仿真软件有关的电路及其内容叙述所涉及变量的正斜体、大小写、下标等，图、文不完全一致；与国家规范要求，不完全一致；但不影响读者的学习及对内容的掌握。

编著者
于南京理工大学

目　录

绪　　论

现代电子设计技术的核心已日趋转向基于计算机的电子设计自动化（EDA，Electronic Design Automation）技术。EDA 技术以计算机作为工作平台，融合了应用电子技术、计算机技术、信息处理及智能化技术的最新成果，进行电子产品的自动设计。电子设计人员可以从概念、算法、协议等开始设计电子系统，大量工作可以通过计算机完成，并可以将电子产品从电路设计、性能分析到设计出 IC 版图或 PCB 版图的整个过程在计算机上自动处理完成。

1．EDA 技术的发展历程

EDA 技术从出现至今，大致可分为三个阶段：

（1）20 世纪 70 年代为计算机辅助设计（CAD）阶段。人们开始用计算机辅助进行 IC 版图编辑、PCB 布局布线，使得电子设计师从传统的高度重复繁杂的手工绘图劳动中解脱出来。

（2）20 世纪 80 年代被称为计算机辅助工程（CAE）阶段。这个阶段的主要特征是，以逻辑模拟、定时分析、故障仿真、自动布局布线为核心，重点解决电路设计的功能检测等问题，使设计能在产品制作之前预知产品的功能与性能。与 CAD 相比，CAE 除了有纯粹的图形绘制功能，又增加了电路功能设计和结构设计，并且通过电气连接网络将两者结合在一起，实现了工程设计。CAE 的主要功能是：原理图输入，逻辑仿真，电路分析，自动布局布线，PCB 后分析。

（3）20 世纪 90 年代是电子设计自动化（EDA）阶段。这一阶段出现了以高级描述语言、系统级仿真和综合技术为特征的 EDA 技术，设计前期的许多高层次设计由 EDA 工具来完成。EDA 软件工具能够帮助人们设计电子电路或系统，该工具可以在电子产品的各个设计阶段发挥作用，使设计更复杂的电路和系统成为可能。在原理图设计阶段，可以使用 EDA 中的仿真工具论证设计的正确性；在芯片设计阶段，可以使用 EDA 中的芯片设计工具设计制作芯片的版图；在电路板设计阶段，可以使用 EDA 中电路板设计工具设计多层电路板。特别是支持硬件描述语言的 EDA 工具的出现，使复杂数字系统设计自动化成为可能，只要用硬件描述语言将数字系统的行为描述正确，就可以进行该数字系统的芯片设计与制造。

进入 21 世纪以后，EDA 技术得到了更大的发展。在硬件实现方面，EDA 技术融合了大规模集成电路制造技术、IC 版图设计技术、FPGA/CPLD 编程下载技术等；在工程实现方面，EDA 技术融合了计算机辅助设计、计算机辅助制造、计算机辅助测试、计算机辅助工程技术及多种计算机语言的设计概念。现代 EDA 技术已经不是某一学科的分支或某种新的技能技术，而应该是一门综合性学科，代表了现代电子设计技术与应用技术的发展方向。

2．EDA 设计工具

EDA 工具在 EDA 技术中占据极其重要的位置，正朝着功能强大、简单易学、使用方便的方向发展。常见的 EDA 软件有：PSpice、Cadence、EWB、Multisim、QuartusⅡ、Quartus Prime、ISE、Vivado 等，下面介绍几种在教学和科学研究中常用的 EDA 工具软件。

（1）PSpice 软件

PSpice 是由 SPICE（Simulation Program with Integrated Circuit Emphasis）发展而来的用于微机系

列的通用电路分析程序，于1972年由美国加州大学伯克利分校的计算机辅助设计小组利用FORTRAN语言开发而成，主要用于大规模集成电路的计算机辅助设计。1998 年著名的 EDA 商业软件开发商ORCAD 公司与 Microsim 公司正式合并，自此 Microsim 公司的 PSpice 产品正式并入 ORCAD 公司的商业 EDA 系统中。与传统的 SPICE 软件相比，PSpice 在三个方面实现了重大变革：①在对模拟电路进行直流、交流和瞬态等基本电路特性分析的基础上，实现了蒙特卡罗分析、最坏情况分析以及优化设计等较为复杂的电路特性分析。②不但能够对模拟电路进行仿真，而且能够对数字电路、数/模混合电路进行仿真。③集成度大大提高，电路图绘制完成后可直接进行电路仿真，并且可以随时分析观察仿真结果。

PSpice 软件具有强大的电路图绘制功能、电路模拟仿真功能、图形后处理功能和元器件符号制作功能，以图形方式输入，自动进行电路检查，生成图表，模拟和计算电路。它的用途非常广泛，不仅可以用于电路分析和优化设计，还可用于电子线路、电路、信号与系统等课程的计算机辅助教学。与印制板设计软件配合使用，还可实现电子设计自动化。它被公认为是通用电路模拟程序中最优秀的软件，具有广阔的应用前景。

（2）Multisim 软件

Multisim 是美国国家仪器（NI）有限公司推出的以 Windows 为基础的仿真工具，适用于板级的模拟/数字电路板的设计工作。它包含了电路原理图的图形输入、电路硬件描述语言输入方式，具有丰富的仿真分析能力。通过 Multisim 和虚拟仪器技术，PCB 设计工程师和电子学教育工作者可以完成从理论到原理图捕获与仿真再到原型设计和测试这样一个完整的综合设计流程。

Multisim 计算机仿真与虚拟仪器技术可以很好地解决理论教学与实际动手实验相脱节问题，可以很方便地把刚刚学到的理论知识用计算机仿真真实地再现出来，并且可以用虚拟仪器技术创造出真正属于自己的仪表。Multisim 软件具有：①直观的图形界面。整个操作界面就像一个电子实验工作台，绘制电路所需的元器件和仿真所需的测试仪器均可直接拖放到屏幕上，操作鼠标可用导线将它们连接起来，软件仪器的控制面板和操作方式都与实物相似，测量数据、波形和特性曲线如同在真实仪器上看到的。②丰富的元器件。它提供了世界主流元件供应商的超过 17000 多种元件，同时能方便地对元件各种参数进行编辑修改，能利用模型生成器以及代码模式创建模型等功能，创建自己的元器件。③强大的仿真能力。Multisim 使用增强型的 SPICE 仿真引擎，通过优化的设计功能提高了数字和混合模式的仿真性能。它支持多种仿真类型，包括模拟电路仿真、数字电路仿真、MCU 仿真、VHDL 仿真，以及电路向导等功能。④丰富的测试仪器。在仪器仪表库中还提供了万用表、信号发生器、瓦特表、示波器、波特仪、字信号发生器、逻辑分析仪、逻辑转换仪、失真度分析仪、频谱分析仪、网络分析仪、伏安特性分析仪、伏特表和安培表等虚拟仪器仪表。

（3）Quartus Prime 软件

2015 年 Intel 公司收购 Altera 后，将原 Altera 公司的 EDA 开发环境 Quartus II 更名为 Quartus Prime。Quartus Prime 是 Intel 公司为其 FPGA 产品提供的直观的高性能设计环境，支持原理图、VHDL、AHDL以及 Verilog HDL 等多种设计输入形式，实现从设计输入、综合到优化、验证和仿真的完整可编程器件设计流程。Quartus Prime 作为一种可编程逻辑的设计环境，由于其强大的设计能力和直观易用的接口，受到数字系统设计者的欢迎。

Quartus Prime 为设计者提供把握新一代设计机遇所需的理想平台：①具有良好的性能和可扩展性，可以满足不同规模和复杂度的电路设计需求。②不同版本软件支持的器件种类和范围有所不同，设计者需要根据所用可编程逻辑器件的类型和型号选用合适的版本。③支持第三方工具软件，如ModelSim、MATLAB 等，设计者可以在设计流程的各个阶段根据需要选用专业的工具软件。④支持两种仿真方法，即基于大学计划的向量波形（Vector Waveform）仿真方法、基于测试平台文件（testbench）的仿真方法。

（4）Vivado 软件

Vivado 设计套件，是 FPGA 厂商赛灵思公司于 2012 年发布的集成设计环境，包括高度集成的设计环境和新一代从系统到 IC 级的工具，这些均建立在共享的可扩展数据模型和通用调试环境基础上。这也是一个基于 AMBA AXI4 互联规范、IP-XACT IP 封装元数据、工具命令语言（TCL）、Synopsys 系统约束（SDC），以及其他有助于根据客户需求量身定制设计流程并符合业界标准的开放式环境。赛灵思构建的 Vivado 工具把各类可编程技术结合在一起，能够扩展多达 1 亿个等效ASIC门的设计。

为了解决集成的瓶颈问题，Vivado 设计套件采用了用于快速综合和验证 C 语言算法 IP 的 ESL 设计，实现重用的标准算法和 RTL IP 封装技术，模块和系统验证的仿真速度提高了 3 倍。为了解决实现的瓶颈问题，Vivado 工具采用层次化器件编辑器和布局规划器，速度提高了 3～15 倍，且为 SystemVerilog 提供了业界最好支持的逻辑综合工具，速度提高了 4 倍且确定性更高的布局布线引擎，以及通过分析技术可最小化时序、线长、路由拥堵等多个变量的"成本"函数。对于 Vivado 来说，设计的全部流程完全在一个工具中，综合时就可以考虑整个设计网表，在设计的各个阶段都需要检查各种约束文件，设计的整体性得到保证。Vivado 的一个重要更新，就是其软件的设计与 FPGA 设计/调试方法非常的契合，比如，如果 I/O 管脚或者综合产生问题，Vivado 会反复提示用户在进行 implementation 之前的定位问题，以便尽早解决问题。

3. EDA 设计过程

EDA 技术的范畴应包括电子工程师进行产品开发的全过程。EDA 技术可分为系统级、电路级和物理实现级三个层次的设计过程，这里主要介绍系统级设计和电路级设计。

（1）系统级设计

系统级设计是设计人员针对设计目标进行功能描述，而无须通过门级原理图描述电路。由于摆脱了电路细节的束缚，设计人员可以把精力集中于创造性的方案与概念的构思上，一旦这些概念构思以高层次描述的形式输入计算机，EDA 系统就能以规则驱动的方式自动完成整个设计。这样，新的概念就能迅速有效地成为产品，大大缩短了产品的研制周期。不仅如此，高层次设计只是定义系统的行为特性，可以不涉及实现工艺，因此还可以在厂家综合库的支持下，利用综合优化工具将高层次描述转换成针对某种工艺优化的网络表，使工艺转化变得轻而易举。

（2）电路级设计

电路级设计是在电子工程师接受系统设计任务后，确定设计方案，选择合适的元器件，根据具体的元器件设计电路原理图。进行第一次仿真，其中包括数字电路的逻辑模拟、故障分析，模拟电路的交直流分析、瞬态分析，主要检验设计方案在功能方面的正确性。仿真通过后，根据原理图产生的电气连接网络表进行 PCB 板的自动布局布线。在制作 PCB 板之前还可以进行 PCB 后分析，其中包括热分析、噪声及窜扰分析、电磁兼容分析、可靠性分析等，根据结果参数修改电路图，进行第二次仿真，主要是检验 PCB 板在实际工作环境中的可行性。

设计人员借助计算机开发软件的帮助，将设计过程的许多细节问题抛开，将注意力集中在产品的总体开发上，从而大大减轻设计人员的工作量，提高了设计效率，缩短了设计周期。

理工科高校开设 EDA 课程，主要是让学生了解 EDA 的基本概念和基本原理，掌握 EDA 设计的基本方法和步骤，使用 EDA 工具进行电子电路课程的实验验证和系统电路设计，为今后工作打下基础。EDA 技术已经成为电子设计的重要工具和现代电路设计师的重要武器，正在发挥着越来越重要的作用。

第 1 章　NI Multisim 14.0 基本应用

随着电子信息产业的飞速发展，计算机技术在电子电路设计中发挥着越来越大的作用。电子产品的设计开发手段也从传统的设计和简单的计算机辅助设计（CAD）逐步被 EDA（Electronic Design Automation）技术所取代。目前国内针对电子电路原理图设计与仿真的 EDA 软件有：NI Multisim、Cadence\PSpice、LTSPICE 等。本章重点介绍 NI Multisim 通用版本 14.0 的基本操作方法和仿真功能。

1.1　NI Multisim 14.0 简介

NI Multisim 是美国国家仪器（National Instrument，简称 NI）有限公司推出的以 Windows 系统为基础的仿真工具，适用于板级的模拟/数字电路板的设计工作。它包含了电路原理图的图形输入、电路硬件描述语言输入方式，具有丰富的仿真分析能力。

1.1.1　Multisim 的发展

Multisim 系列仿真软件的前身是 EWB（Electrical Workbench），该软件是加拿大 IIT（Interactive Image Technologies）公司在 20 世纪 80 年代后期推出的用于电子电路设计与仿真的 EDA 软件，它以界面形象直观、操作方便、分析功能强大、易学易用而得到迅速推广。

1996 年 IIT 推出 EWB 5.0 版本，之后 ITT 对 EWB 进行了较大改动，名称改为 Multisim（多功能仿真软件），并于 2001 年推出系列化 EDA 软件 Multisim 2001、Ultiboard 2001 和 Commsim 2001。其中 Multisim 2001 保留了 EWB 软件的界面直观、操作方便、易学易懂的特点，增强了软件的仿真测试和分析功能，允许用户自定义元器件的属性，可将一个子电路当作元器件使用。

2003 年 8 月，IIT 公司又对 Multisim 2001 进行了较大改进，升级为 Multisim 7.0。增加了 3D 元器件以及安捷伦的万用表、示波器和函数信号发生器等仿真实物的虚拟仪表，使得虚拟电子设备更接近实际的实验平台。2004 年 IIT 公司相继推出了 Multisim 8.0、8.X 等版本，Multisim 8.X 与 Multisim 7.0 相比，除了将电阻单位由"Ohm"改为常用的"Ω"，和增加了一些元器件，并没有太大区别。

2005 年，IIT 公司被 NI 公司收购，并于同年 12 月推出了 Multisim 9.0。该版本与之前的版本有着本质的区别，第一次增加了单片机和三维先进的外围设备，并且还与虚拟仪器软件完美结合，提高了模拟及测试性能。

2007 年，NI Multisim 10.0 面世，名称在原来的基础上添加了 NI，不只在电子仿真方面有诸多提高，在 LabVIEW 技术应用方面也有增强、此外，MultiMCU 在单片机中的仿真、MultiVHDL 在 FPGA 和 CPLD 中的仿真应用、Multi Verilog 在 FPGA 和 CPLD 中的仿真应用、Commsim 在通信系统中的仿真应用等方面的功能同样得到增强。

2010 年 NI Circuit Design Suite 11.0 发布，包含了 NI Multisim 和 NI Ultiboard 产品。引入全新设计的原理图网表系统，改进了虚拟接口，通过更快地操作大型原理图，缩短文件加载时间，节省用户打开用户界面的时间。NI Multisim 捕捉和 NI Ultiboard 布局之间的设计同步化比以前更好。

2012 年 3 月，NI 又推出了 NI Multisim 12.0，该版本与 LabVIEW 进行了前所未有的紧密集成，可实现模拟和数字系统的闭环仿真。将虚拟仪器技术的灵活性扩展到电子设计者的工作平台上，弥补了测试与设计功能之间的缺口，缩短了产品研发周期。

2013 年，NI Multisim 13.0 发布，提供了针对模拟电子技术、数字电子技术以及电力电子技术的全面电路分析工具，帮助工程师通过混合模式仿真探索设计决策，优化电路行为。

2015 年，NI Multisim 14.0 面世，进一步增强了仿真功能，新增了全新的参数分析、嵌入式硬件集成以及通过用户自定义模板简化设计等。目前，NI 官网上最新发布的版本是 NI Multisim 14.3，不过并没有在 NI Multisim 14.0 基础上做过多改动，所以本章介绍最常用的 NI Multisim 14.0 的操作。

1.1.2　NI Multisim 14.0 新特性

（1）增加主动分析模式

工具栏中增加了新的主动分析（Active Analysis）按钮，并显示当前的仿真分析方法，如 `▶ Ⅱ ■ ⚡AC sweep` 表示当前仿真分析方法是交流扫描分析。全新的主动分析模式可以更快地获得仿真结果和运行分析。同时去除了原来版本中 Simulate→Analyses and simulation 表示各种分析方法的菜单，改成显示如图 1.1 所示的对话框。NI Multisim 14.0 将使用虚拟仪器测量电路参数作为一种交互式仿真方法，需要在图 1.1 中主动分析（Active Analysis）栏下选择 Interactive Simulation，然后运行仿真。

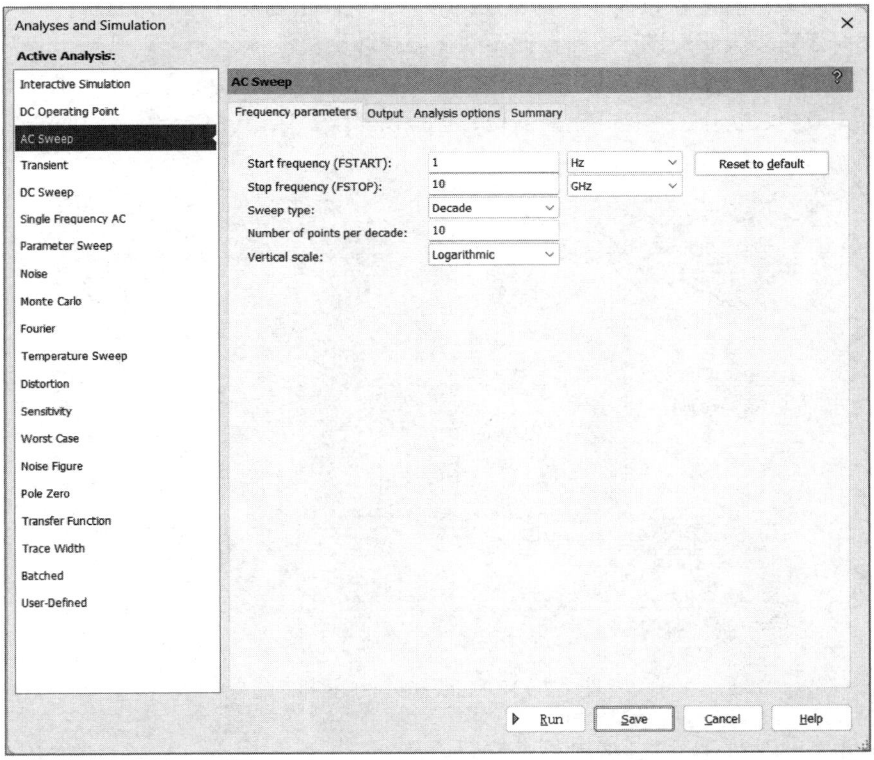

图 1.1　仿真分析方法对话框

NI Multisim 14.0 将之前版本的 AC analysis（交流分析）改名为 AC Sweep（交流扫描）分析，可更准确地反映其功能。

（2）增加电压、电流和功率探针

菜单栏中增加了电压、电流、功率探针 ，只要在读取的节点上放置一个探针，在图 1.1 所示的对话框中选择分析方法，然后单击对话框或模拟工具栏中的"运行"按钮，就可以得到该节点的交互仿真结果。

（3）支持粘贴和放置更多格式的图像

在放置图形或粘贴剪贴板时，NI Multisim 14.0 支持更多的图像格式，包括：位图文件格式（*.bmp）；JPEG 格式（*.jpg、*.jpeg、*.jpe、*.jfIF）；GIF 格式（*.GIF）；标签图像文件格式（*.TIF、*.TIFF）；便携式网络图形文件格式（*.PNG）；图标文件格式（*.ICO）；游标文件格式（*.CUR.）等。

（4）先进的电源设计

借助来自 NXP 和美国国际整流器公司开发的全新 MOSFET 和 IGBT，可搭建先进的电源电路。

（5）增加 6000 多种新组件

借助领先半导体制造商的新版和升级版仿真模型，可扩展模拟和混合模式应用。

（6）基于 NI Multisim 14.0 和 MPLAB 的微控制器设计

借助 NI Multisim 14.0 与 MPLAB 之间的新协同仿真功能，使用数字逻辑搭建完整的模拟电路系统和微控制器。

1.1.3 NI Multisim 14.0 编译环境

NI Multisim 最突出的特点之一就是用户界面友好，它可以使电路设计者方便、快捷地使用虚拟元器件和仪器、仪表进行电路设计和仿真。在该环境中可以精确地进行电路分析，深入理解电子电路的原理，同时还可以大胆地设计电路，而不必担心损坏实验设备。

启动 NI Multisim 14.0，打开图 1.2 所示的主窗口。其界面主要由菜单栏、标准工具栏、项目管理区、元器件工具栏、仿真工作区、信息窗口、虚拟仪器工具栏等组成。

图 1.2 NI Multisim 14.0 主窗口

菜单栏：软件的所有功能命令均可在此查找；

标准工具栏：包含常用的功能命令；

项目管理器：用于宏观管理设计项目中的不同类型文件，如原理图文件、PCB 文件和报告清单文件，同时可以方便地管理分层次电路；

元器件工具栏：通过该工具栏选择和放置元器件到原理图中；

仿真工作区：设计人员创建、设计、编辑电路图和仿真分析的区域；

信息窗口：方便快速地显示所编辑元器件的参数，如封装、参考值、属性等，设计人员可以通过该窗口改变部分元器件的参数；

虚拟仪器工具栏：提供了所有仪器的功能按钮。

1. 菜单栏

（1）File（文件）菜单

该菜单提供了文件的打开、新建、保存等操作，如图1.3所示。

图 1.3　File 菜单

（2）Edit（编辑）菜单

该菜单用于在电路绘制过程中，对电路和元器件进行剪切、粘贴等编辑操作，如图1.4所示。

（3）View（视图）菜单

该菜单用于控制仿真界面上显示内容的操作命令，如图1.5所示。

（4）Place（放置）菜单

该菜单提供了在电路工作窗口内放置元器件、连接器、总线和文字等命令，如图1.6所示。

（5）MCU（微控制器）菜单

该菜单提供在电路工作窗口内 MCU 的调试操作命令，如图1.7所示。

（6）Simulate（仿真）菜单

该菜单提供了与仿真有关的设置与操作命令，如图1.8所示。

其中 Analyses and simulation 选项将在后面介绍仿真分析方法时详细介绍。

（7）Transfer（转换）菜单

该菜单提供了将原理电路图传送到其他工具的命令，如图1.9所示。

图 1.4　Edit 菜单

图 1.5　View 菜单

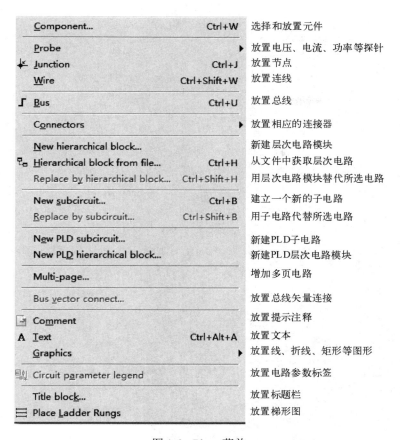

Component...	Ctrl+W	选择和放置元件
Probe	▶	放置电压、电流、功率等探针
Junction	Ctrl+J	放置节点
Wire	Ctrl+Shift+W	放置连线
Bus	Ctrl+U	放置总线
Connectors	▶	放置相应的连接器
New hierarchical block...		新建层次电路模块
Hierarchical block from file...	Ctrl+H	从文件中获取层次电路
Replace by hierarchical block...	Ctrl+Shift+H	用层次电路模块替代所选电路
New subcircuit...	Ctrl+B	建立一个新的子电路
Replace by subcircuit...	Ctrl+Shift+B	用子电路代替所选电路
New PLD subcircuit...		新建PLD子电路
New PLD hierarchical block...		新建PLD层次电路模块
Multi-page...		增加多页电路
Bus vector connect...		放置总线矢量连接
Comment		放置提示注释
A Text	Ctrl+Alt+A	放置文本
Graphics	▶	放置线、折线、矩形等图形
Circuit parameter legend		放置电路参数标签
Title block...		放置标题栏
Place Ladder Rungs		放置梯形图

图 1.6 Place 菜单

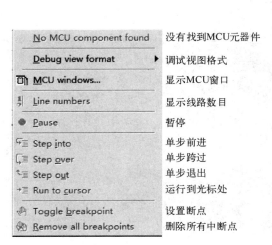

No MCU component found	没有找到MCU元器件
Debug view format ▶	调试视图格式
MCU windows...	显示MCU窗口
Line numbers	显示线路数目
Pause	暂停
Step into	单步前进
Step over	单步跨过
Step out	单步退出
Run to cursor	运行到光标处
Toggle breakpoint	设置断点
Remove all breakpoints	删除所有中断点

图 1.7 MCU 菜单

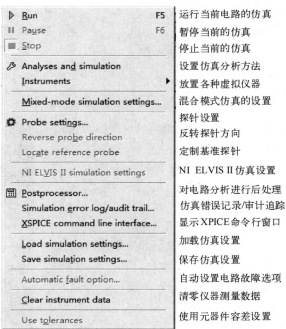

Run	F5	运行当前电路的仿真
Pause	F6	暂停当前的仿真
Stop		停止当前的仿真
Analyses and simulation		设置仿真分析方法
Instruments	▶	放置各种虚拟仪器
Mixed-mode simulation settings...		混合模式仿真的设置
Probe settings...		探针设置
Reverse probe direction		反转探针方向
Locate reference probe		定制基准探针
NI ELVIS II simulation settings		NI ELVIS II仿真设置
Postprocessor...		对电路分析进行后处理
Simulation error log/audit trail...		仿真错误记录/审计追踪
XSPICE command line interface...		显示XPICE命令行窗口
Load simulation settings...		加载仿真设置
Save simulation settings...		保存仿真设置
Automatic fault option...		自动设置电路故障选项
Clear instrument data		清零仪器测量数据
Use tolerances		使用元器件容差设置

图 1.8 Simulate 菜单

图 1.9　Transfer 菜单

（8）Tools（工具）菜单

该菜单提供了各种元器件和电路编辑或管理的命令，如图 1.10 所示。

图 1.10　Tools 菜单

其中 View Breadboard 选项，可以打开如图 1.11 所示的面包板设计窗口，可以在软件中将 3D 的元器件模拟插入面包板中，模拟实际面包板的布线。

（9）Reports（报表）菜单

该菜单提供材料清单等报表生成命令，如图 1.12 所示。

（10）Options（选项）菜单

该菜单提供电路界面和电路某些功能的设置，如图 1.13 所示。

选中 Sheet properties 选项，打开如图 1.14 所示页面设置对话框，在准备绘制电路图时需要对电路图页面的细节进行设置，如果没有改动，软件会按默认选项定制。

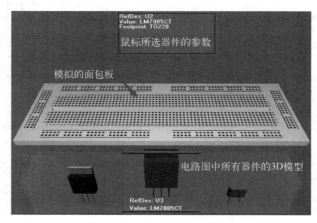

图 1.11　面包板设计窗口

Bill of Materials	生成当前电路图文件的元件清单
Component detail report	生成特定元件在数据库中的详细信息报表
Netlist report	生成网络表文件报表
Cross reference report	生成所有元件的详细参数报表
Schematic statistics	生成电路图的统计信息报表
Spare gates report	生成电路中未使用门的报表

图 1.12　Reports 菜单

Global options	全局参数设置
Sheet properties	页面属性设置
Global restrictions	全局约束设置
Circuit restrictions	当前电路的约束设置
Simplified version	软件设置为简化版
Lock toolbars	锁定工具栏位置
Customize interface	定制用户界面

图 1.13　Options 菜单

图 1.14　页面设置对话框

　　同时对于电路图绘制时放置元器件的模式与元器件符号标准的选择可以通过 Global Options 项中的 Components 页进行设置。具体每个选项的含义如图 1.15 所示。IEC 是国际电工委员会结合各国情况做的一个通用的国际标准图形符号，现在基本被大多数国家采纳，国内教材使用的元器件符号大部分都是参照 IEC 标准的。但个别由于习惯的绘制方式，也有和 ANSI 标准相同的。比如直流电源更多教材选用 ANSI 的符号 ⊣⊢。

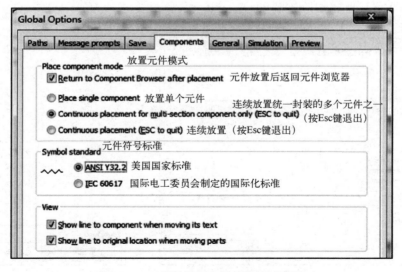

图 1.15　元器件放置和符号设置对话框

（11）Window（窗口）菜单

该菜单用于窗口的纵向排列、横向排列、层叠或关闭等操作，如图 1.16 所示。

（12）Help（帮助）菜单

该菜单用于打开各种帮助信息，如图 1.17 所示。

图 1.16　Window 菜单　　　　　　　　　　　　　　　图 1.17　Help 菜单

2．工具栏

选择菜单栏中"Options"下的"Customize interface"选项，系统弹出如图 1.18 所示工具栏自定义对话框，该对话框中列出了 NI Multisim 14.0 提供的 26 种工具栏，通过勾选，选择需要显示在界面上的工具栏。同时，用户还可以通过菜单栏中"View"下的"Toolbars"进行选择。

这里仅介绍绘制原理图时常用到的工具栏。

（1）Standard（标准）工具栏

Standard 工具栏如图 1.19 所示，该工具栏为用户提供了常用文件操作的快捷方式，依次是：新建、打开、打开图例、保存、打印、打印预览、剪切、复制、粘贴、撤销、重做等按钮。用户将光标悬停在某一按钮图标上，则该按钮所要完成的功能就会在图标下方显示出来，便于用户操作。

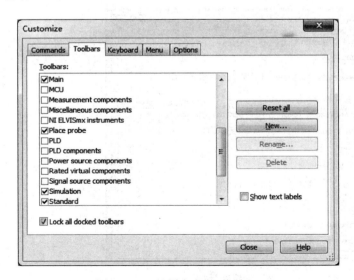

图 1.18　工具栏自定义对话框　　　　　　　　　　　图 1.19　Standard 工具栏

（2）Main（主）工具栏

Main 工具栏如图 1.20 所示，用于电路的建立、仿真及分析，并最终输出设计数据。Main 工具栏中常用按钮的功能如下：

图 1.20　Main 工具栏

🔲🔲🔲：分别表示显示或隐藏设计管理窗口、数据表格窗口、SPICE 网络表查看窗口，是菜单栏中"View"→"Design Toolbox"、"Spreadsheet View"和"SPICE Netlist Viewer"选项的快捷方式。

🔲：打开如图 1.11 所示的面包板设计窗口，该按钮就是菜单栏"Tools"下的"View Breadboard"选项的快捷方式。

🔲：打开仿真分析结果的显示窗口，该按钮是菜单栏"View"→"Grapher"的快捷方式。

🔲：打开后处理窗口，该按钮是菜单栏"Simulate"→"Postprocessor"的快捷方式。

🔲：列出当前电路所有元器件的列表。

🔲：检查电路的电气连接情况，是菜单栏"Tools"→"Electrical rules check"的快捷方式。

（3）Components（元器件）工具栏

元器件工具栏按元器件模型分类放入元器件库中，用鼠标左键单击元器件工具栏的某一个图标即可打开该元器件库。各个按钮所代表的元器件库如图 1.21 所示。

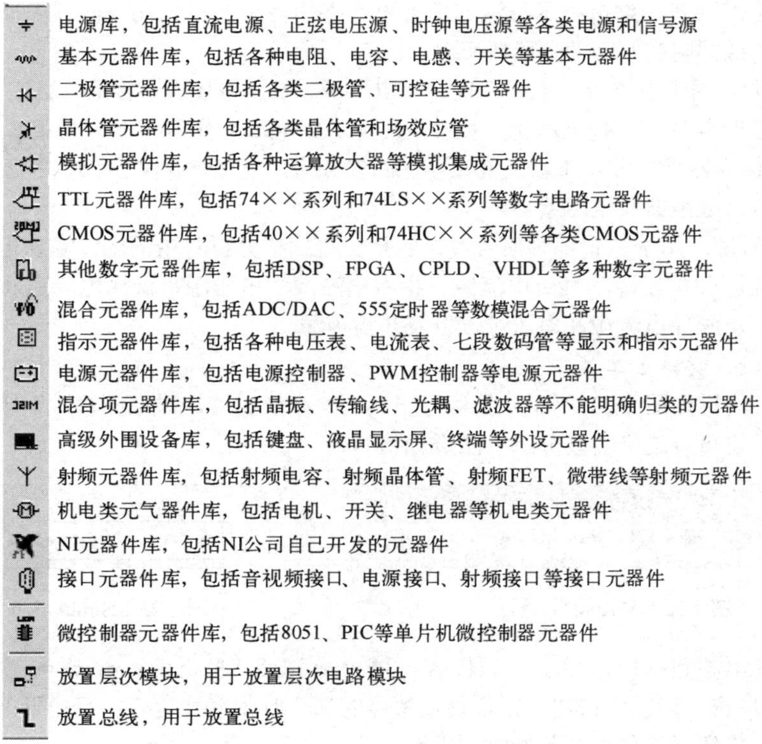

- ✛ 电源库，包括直流电源、正弦电压源、时钟电压源等各类电源和信号源
- ⌇ 基本元器件库，包括各种电阻、电容、电感、开关等基本元器件
- ⊬ 二极管元器件库，包括各类二极管、可控硅等元器件
- ⊁ 晶体管元器件库，包括各类晶体管和场效应管
- ⊹ 模拟元器件库，包括各种运算放大器等模拟集成元器件
- ⊕ TTL元器件库，包括74××系列和74LS××系列等数字电路元器件
- ⊞ CMOS元器件库，包括40××系列和74HC××系列等各类CMOS元器件
- ⊞ 其他数字元器件库，包括DSP、FPGA、CPLD、VHDL等多种数字元器件
- ⊻⊙ 混合元器件库，包括ADC/DAC、555定时器等数模混合元器件
- ⊞ 指示元器件库，包括各种电压表、电流表、七段数码管等显示和指示元器件
- ⊟ 电源元器件库，包括电源控制器、PWM控制器等电源元器件
- ⊔⊔⊔ 混合项元器件库，包括晶振、传输线、光耦、滤波器等不能明确归类的元器件
- 🖳 高级外围设备库，包括键盘、液晶显示屏、终端等外设元器件
- ⅄ 射频元器件库，包括射频电容、射频晶体管、射频FET、微带线等射频元器件
- ⊕ 机电类元气器件库，包括电机、开关、继电器等机电类元器件
- ✗ NI元器件库，包括NI公司自己开发的元器件
- ⊕ 接口元器件库，包括音视频接口、电源接口、射频接口等接口元器件
- 🔋 微控制器元器件库，包括8051、PIC等单片机微控制器元器件
- ⊓⊓ 放置层次模块，用于放置层次电路模块
- ⅂ 放置总线，用于放置总线

图 1.21　Components 工具栏

（4）Virtual（虚拟元器件）工具栏

Virtual 工具栏如图 1.22 所示，该工具栏共有 10 个按钮，单击每个按钮都可打开相应的子工具栏，

利用该工具栏可以放置各种虚拟元器件。与上述 Components 工具栏中元器件不同的是，虚拟元器件都没有封装信息、容差信息等，元器件参数均设定为理想化。

图 1.22 中各按钮从左到右的具体功能如下：

：虚拟 3D 器件，用于放置具有 3D 外观的元器件，包括虚拟的 NPN、PNP 晶体三极管、100μF 电容、10pF 电容、100pF 电容、计数器 74LS160N、二极管、电感、红黄绿的 LED 灯、MOSFET、直流马达、741 运放、电位器、与门、1kΩ电阻、移位寄存器、开关。

：虚拟模拟元器件，用于放置模拟元器件，包括虚拟比较器、3 端理想运放和 5 端理想运放。

：基本元器件，用于放置各种常用基本元器件。包括虚拟电容、虚拟无芯线圈、虚拟电感、虚拟磁芯、虚拟变压器、虚拟电位器、虚拟常开继电器、虚拟组合继电器、虚拟可变电感、虚拟压控电阻器、虚拟常闭继电器、虚拟电阻器、虚拟可变电阻器和虚拟上拉电阻等。

：虚拟二极管元器件，用于放置虚拟二极管元器件，包括虚拟二极管和虚拟齐纳二极管。

：虚拟晶体管元器件，用于放置各种虚拟晶体管元器件，包括 NPN 晶体三极管、PNP 晶体三极管、N 沟道砷化镓 FET、P 沟道砷化镓 FET、N 沟道结型 FET、P 沟道结型 FET、N 沟道耗尽型 MOSFET、P 沟道耗尽型 MOSFET、N 沟道增强型 MOSFET 和 P 沟道增强型 MOSFET。

：虚拟测量元器件，用于放置各种虚拟测量元器件，包括直流电流表、白蓝绿红黄各色逻辑指示灯以及直流电压表。

：虚拟杂项元器件，包括虚拟 555 定时器、虚拟模拟开关、虚拟晶振体、虚拟译码七段数码管、虚拟电流额定熔断器、虚拟指示灯泡、虚拟单稳态器件、虚拟光耦合器、虚拟直流电动机、虚拟锁相环器件、虚拟共阴和共阳的七段数码管。

：虚拟电源，用于放置各种电源，包交流电压源、直流电压源、接地（数字）、接地、三相三角形电源、三相星形电源、TTL 电压源、数字电压源、CMOS 电压源 VDD 和 VSS。

：虚拟定值元器件，可以随意设置元器件的参数值，包括 NPN 管、PNP 管、电容、二极管、电感线圈、电动机、继电器和电阻器。

：虚拟信号源，用于放置各种信号源，包括交流扫描分析时用的电流源和电压源、调幅电压源、时钟脉冲电流源和电压源、直流电流源、指数电流源和电压源、调频电流源和电压源、分段线性电流源和电压源、脉冲电流源和电压源，以及热噪声源。

（5）Simulation（仿真）工具栏

Simulation 工具栏如图 1.23 所示，是运行仿真的一个快捷键，原理图输入完毕后，可以使用虚拟仪器进行测量，也可以选择仿真分析方法进行仿真。

图 1.22　Virtual 工具栏

图 1.23　Simulation 工具栏

Simulation 工具栏包括：运行 ▶、暂停 ❚❚、停止 ■ 和活动分析 Interactive　　　　按钮。如果单击"暂停"按钮后再单击"运行"按钮，则仿真从暂停的那个时刻继续运行；而如果单击"停止"按钮后再单击"运行"按钮，则仿真从起始时刻重新运行。

单击 Interactive　　　　，弹出如图 1.24 所示的对话框，系统默认选项是" Interactive Simulation"（交互仿真），用户可以在这一页中对仿真方式进行常规参数设置，比如瞬态分析的最大间隔、仿真速度等。NI Multisim 14.0 还提供了 19 种仿真分析方法，包括 DC OperatingPoint（直流工作点分析）、AC Sweep（交流分析）、Transient（瞬态分析）、DC Sweep（直流扫描分析）等，每种分析方法的详细介绍见 1.3 节。

（6）Instruments（虚拟仪器）工具栏

Instruments 工具栏是进行虚拟电子实验和电子设计仿真时最快捷、最形象，且使用频率最高的窗口，也是 Multisim 仿真软件的一大特色，该工具栏提供实验室里见到的各种测量仪器，如图 1.25 所示，各种仪器的具体使用见 1.2 节。

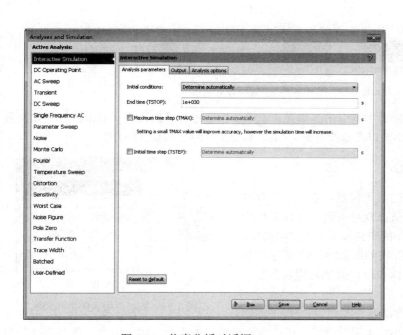

图 1.24　仿真分析对话框

数字万用表
函数信号发生器
瓦特表
双踪示波器
四通道示波器
波特图仪
频率计数器
字信号发生器
逻辑转换仪
逻辑分析仪
IV分析仪
失真分析仪
频谱分析仪
网络分析仪
安捷伦函数信号发生器
安捷伦数字万用表
安捷伦示波器
泰克示波器
LabView仪器

图 1.25　Instruments 工具栏

（7）Place probe（放置探针）工具栏

Place probe 工具栏如图 1.26（a）所示，可以在电路中直接放置电压、电流、功率、电势差等，方便观测某一节点的电压值和某一支路的电流值。需要时只要将这些探针放置到相应位置即可，放置探针后就会显示如图 1.26（b）所示的数据显示框，默认情况下从上到下依次包含五项：电压的瞬时值、电压的峰峰值、电压的有效值、电压中的直流分量和电压的频率。

（a）工具栏　　　　　　（b）数据显示框

图 1.26　Place probe 工具栏和数据显示框

1.2　虚拟仪器仪表的使用

NI Multisim 软件为用户提供了大量虚拟仪器仪表，用于电路的仿真测试和研究，这些虚拟仪器仪表的操作、使用、设置和观测方法与真实仪器几乎完全相同，就好像在真实的实验室环境中使用仪器。这些仪器能够非常方便地监测电路工作情况并对仿真结果进行显示和测量。本节介绍 NI Multisim 14.0 虚拟仪器工具栏（Instruments Toolbars）中的 19 个虚拟仪器仪表，以及指示元器件库中包含的电压表、电流表的使用方法和基本功能。

1.2.1 常用虚拟仿真仪器的使用

1. 电压表（VOLTMETER）和电流表（AMMETER）

单击元器件工具栏中的 田 按钮，即可看到指示元器件库中包含电压表（VOLTMETER）和电流表（AMMETER），其图标如图 1.27 所示。在使用中对数量没有限制，可用来测量直流（DC）电压和电流，也可用来测量交流（AC）电压和电流，注意电压表需要并联到电路中，而电流表需要串联到电路中。

图 1.27　电压表和电流表的图标

为了使用方便，指示元器件库中有引出线垂直、水平、倒置等形式的仪表。双击图标将弹出参数对话框，可设置其内阻的大小，以及修改直流（DC）和交流（AC）的测量模式。

2. 数字万用表（Multimeter）

数字万用表是一种多用途的常用仪器，它除了可以测量电压和电流，还可以测电阻值以及分贝值。在仪器栏中选中数字万用表 ，在电路工作区中会显示万用表的图标，如图 1.28（a）所示。双击图标弹出如图 1.28（b）所示的数字万用表面板，以显示测量数据和进行数字万用表参数的设置。

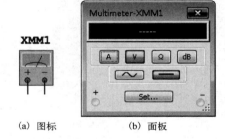

(a) 图标　　　(b) 面板

图 1.28　数字万用表图标和面板

具体使用时，要将图标上的"+"、"−"两个端子连接在所要测量的端点上，连接方法与实际万用表一样：测量电阻和电压时，将万用表与所要测量的器件并联；测量电流时，将万用表与所要测量的支路串联。

万用表的面板中有四个功能选择键，具体功能如下：

（1）A（电流挡）：设置测量电流，若选择 按钮，则测量交流电流，结果显示的是交流电流的有效值；若选择 按钮，则测量直流电流，结果显示的是直流电流值。

（2）V（电压挡）：设置测量电压，若选择 按钮，则测量交流电压，结果显示的是交流电压的有效值；若选择 按钮，则测量直流电压，结果显示的是直流电压值。

（3）Ω（欧姆挡）：测量电路中两节点之间电阻。

（4）dB（电压损耗分贝挡）：测量电路中两节点电压增益或损耗。测量时，以 600Ω 电阻功耗为 1mW 时的端电压（有效值）774.597mV 作为基准电压，也就是基准电压时电压损耗为 0dB。任意两点间的电压与基准电压之比的对数称为电压损耗分贝值，即假设两节点之间电压值为 V_x，那么电压损耗分贝值为：

$$电压损耗 = 20\lg \frac{V_x}{774.597\text{mV}} \quad \text{dB} \tag{1.1}$$

比如当两节点之间的输出电压有效值为 7.74597V 时，其 dB 挡显示的值就为 20dB。

式（1.1）中的标准电压 774.597mV 也是可以在设置面板中设置的，单击控制面板中的 Set... ，就可以打开如图 1.29 所示的对话框。该对话框还可以设置作为电压表和电流表时的内阻，以及电流、电压和电阻显示的极限值，具体可参照图 1.29 中的中文标注。

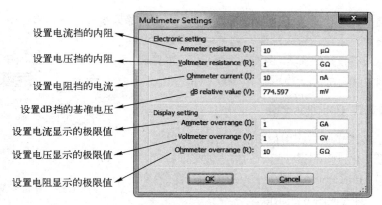

設置电流挡的内阻
設置电压挡的内阻
設置电阻挡的电流
設置dB挡的基准电压
設置电流显示的极限值
設置电压显示的极限值
設置电阻显示的极限值

图 1.29　数字万用表内部参数设置对话框

3．函数信号发生器（Function Signal Generator）

函数信号发生器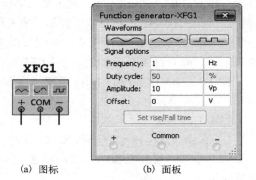可以产生正弦波、三角波和矩形波，信号频率可在 1Hz 到 999MHz 的范围内调节。信号的幅值以及占空比等参数也可以根据需要进行调节。函数信号发生器的图标和面板如图 1.30 所示。

函数信号发生器有三个引线端子：负极、正极和公共端。三个端子的连接规则是：

（1）连接"+"端和 COM 端，输出信号为正极性信号，幅值为面板中振幅（Amplitude）。

（2）连接"−"端和 COM 端，输出信号为反极性信号，幅值为面板中振幅（Amplitude）。

（3）连接"+"端和"−"端，输出信号为正极性信号，幅值为面板中振幅（Amplitude）的两倍。

（a）图标　　（b）面板

图 1.30　函数信号发生器的图标和面板

图 1.30（b）所示面板中 ▭ 、 ▭ 、 ▭ 条形按钮，用于选择输出波形是正弦波、三角波，还是矩形波。

图 1.30（b）所示面板中还包含了信号参数的设置，具体为：

（1）频率（Frequency）：设置输出信号的频率。

（2）占空比（Duty cycle）：设置输出信号的持续期和间歇期的比值，该设置仅对三角波和方波有效，对正弦波无效。

（3）振幅（Amplitude）：设置输出信号的幅度。注意，如果输出信号含有直流成分，那么所设置的幅度指的是从直流电压到信号波峰的大小，也就是说这个振幅是交流部分的幅度。

（4）偏差（Offset）：设置输出信号中直流成分的大小。默认值为 0，表示输出电压没有叠加直流成分。

此外，单击图 1.30（b）中的"Set rise/Fall time"按钮，在弹出的对话框中可以设置输出信号的上升/下降时间。注意该按钮只对矩形波有效。

4．瓦特表（Wattmeter）

瓦特表▦用来测量电路的交流或直流功率，常用于测量较大的有功功率，也就是电压电压和流过电流的乘积。瓦特表不仅可以显示功率大小，还可以显示功率因数，功率因数指的是电压向量和电流向量之间夹角的余弦值。瓦特表的图标和面板如图 1.31 所示。从图 1.31（a）中可以看到瓦特表有 4 个引线输入端：电压输入端（电压正极和负极）和电流输入端（电流正极和负极）。其中电压输入端要与测量电路并联，电流输入端要与测量电路串联。

图 1.31（b）中没有设置的选项，只有两个显示框，主显示框用于显示功率，下方显示框用于显示功率因数，其值为 0~1。

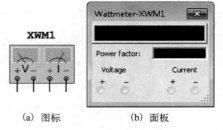

图 1.31 瓦特表的图标和面板

5. 双通道示波器（Oscilloscope）

示波器是电子技术实验中应用最多的仪器之一，用来实时观察信号的波形变化，可测试任意点的信号波形的幅度、频率和周期等。NI Multisim 14.0 提供了双通道示波器 和四通道示波器 ，两者使用方法相似。

双通道示波器可以观察一路或两路信号的波形，分析被测周期信号的幅值和频率。双通道示波器的图标和面板如图 1.32 所示。

图 1.32（a）中有 6 个连接点：A 通道"+""–"输入端、B 通道"+""–"输入端，以及 Ext Trig 外触发器的"+""–"输入端。测量某点电压波形时，只要将 A 通道或 B 通道的"+"端接入即可，测量的就是该点与地之间的电压波形。如果需要测量两个节点之间的电势差的波形，则需要将"+""–"输入端分别接在这两个节点上。例如图 1.33 所示电路，A 通道测量的是图中节点 1 与地之间的电压波形，而 B 通道显示的是节点 1 到节点 2 之间的电势差，也就是电阻 R2 两端的电压波形。

图 1.32（b）中各按键作用、调整及参数的设置与实际的示波器类似，一共分成 4 个参数设置选项和 1 个波形显示区：

（1）Timebase（时间基准）

① Scale（量程）：设置波形 X 轴，即时间轴的时间基准。比如 5ms/Div 表示 X 轴每一格是 5ms。如果一个信号的频率是 1kHz，则表示这个信号的周期是 1ms，时间基准设定为 500μs/Div 比较合适，正好两格显示一个周期。

② X Pos（Div）（X 轴位置）：设置 X 轴的起始位置，比如输入 2，表示 X 轴的起点在第二个格，也就是第二个格才是 X 轴的零点。

③ Y/T Add B/A A/B ：表示显示的四种方式。Y/T 方式是指 X 轴显示时间，Y 轴显示电压，这是最常见的方式，图 1.32（b）的波形显示方式就是 Y/T；Add 方式是指 X 轴显示时间，Y 轴显示 A 通道和 B 通道的电压之和；B/A 和 A/B 方式指的是 X 轴和 Y 轴都显示电压值，B/A 表示 X 轴是 A 通道电压，Y 轴是 B 通道电压；A/B 表示 X 轴是 B 通道电压，Y 轴是 A 通道电压。常用于测量电路传输特性和李莎育图形。图 1.34 所示为用 B/A 方式观察李莎育图形。

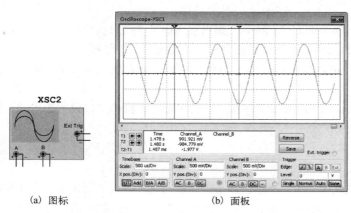

（a）图标　　　　　　　　　　（b）面板

图 1.32 双通道示波器的图标和面板

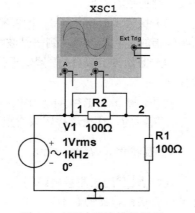

图 1.33 示波器连接的示例

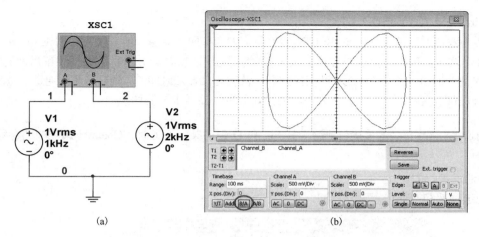

图 1.34　用 B/A 方式观察李莎育图形

（2）Channel A（通道 A）

① Scale（量程）：设置通道 A 的 Y 轴电压刻度。比如 2V/Div 就表示纵轴每格是 2V。可以根据输入信号的大小来选择 Y 轴电压刻度的大小，比如输出信号电压幅度是 10V，那么选用每格 5V 比较合适。

② Y pos(Div)（Y 轴位置）：设置 Y 轴的起始点位置，起始点为 0 表示 Y 轴起始点在示波器显示屏中线，起始点为正值表示 Y 轴原点位置向上移，否则向下移。

③ AC 0 DC：设置输入耦合方式。选中按钮 AC 表示示波器仅显示测试信号中的交流分量；选中按钮 0 表示示波器输入端对地短路；选中按钮 DC 表示示波器显示测试信号中的交、直流分量之和。

（3）Channel B（通道 B）

通道 B 的 Y 轴量程、起始点位置以及输入耦合方式的设置都和通道 A 相同。

（4）Trigger（触发）

① Edge（边沿）：选择两个按钮中的一个，分别表示将测试信号的上升沿或下降沿作为触发信号。

② Level（电平）：设置触发电平的大小，使触发信号在某一电平时启动扫描。

③ Single Normal Auto None：设置触发信号。Single 为单脉冲触发；Normal 为一般脉冲触发；Auto 表示触发信号不依赖外部信号，只要有输入信号就显示波形，示波器一般使用该方式；None 表示不设置触发信号。

（5）显示区

在波形显示区内有两个垂直光标，通过鼠标将它们拖到需要读取数据的位置，显示屏幕下方的方框内就会显示光标与波形垂直相交处的时间和电压值，以及两光标位置之间的时间、电压的差值。

Reverse：单击该按钮可以将示波器屏幕颜色在黑色和白色之间转换。

Save：单击该按钮，可以按 ASC II 码格式存储波形读数。

图 1.34（b）左边的 T1、T2 和 T2-T1 表示的是波形显示框内的两个垂直光标的时间位置，以及两个光标时间位置差。在它们的右侧空白处显示相应的时间值和对应的电压值。

6．四通道示波器（4 Channel Oscilloscope）

四通道示波器的图标和面板如图 1.35 所示，它与双通道示波器的使用方法和参数调整方式基本相同，不过显示略有不同，并且多了一个通道控制器旋钮。

在 Timebase（时间基准）部分：

A/B > 为双通道示波器中 A/B 和 B/A 的扩展，因为有四个通道，所以就有如图 1.36（a）所示的 12 种组合。这么多种组合可以通过单击按钮 A/B >，弹出图 1.36（a）所示的快捷菜单后做选择。

A+B > 为双通道示波器"A+B"按钮的扩展，表示 X 轴显示时间，Y 轴显示两个通道电压之和。同样，单击该按钮，会弹出图 1.36（b）所示的快捷菜单，显示求和的切换通道。

当通道控制旋钮 旋转到 A、B、C 和 D 中的某一通道时，Channel 选项中的参数设置就是针对该通道进行的。

其他选项都和双通道示波器相同，这里不再赘述。

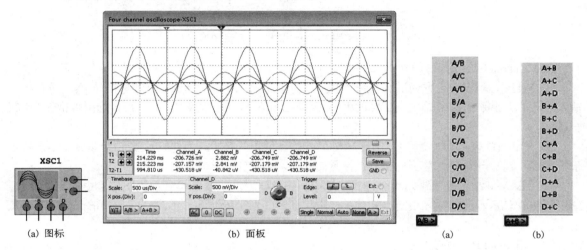

图 1.35　四通道示波器的图标和面板　　　　图 1.36　显示扩展的快捷菜单

1.2.2　模拟电子电路中常用虚拟仪器的使用

1. 波特图仪（Bode Plotter）

波特图仪也就是扫频仪，它可以方便地测量和显示电路的频率响应。波特图仪适合分析电路的频率特性，包括电路的幅频特性和相频特性。波特图仪的图标和面板见图 1.37。图 1.37（a）的图标有 IN 和 OUT 两对端口，其中 IN 端口的"+"和"−"分别接电路输入端的正端和负端；OUT 端口的"+"和"−"分别接电路输出端的正端和负端。使用波特图仪时，必须在电路的输入端接交流信号源。

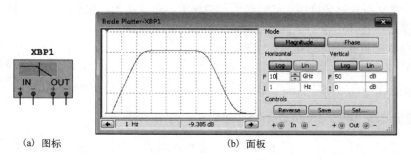

图 1.37　波特图仪的图标和面板

图 1.37（b）所示面板的第一部分是模式（Mode）选择，有幅值（Magnitude）和相位（Phase）选择，选中其中之一后，左边显示区显示的是相应的频率特性。接下来是横轴（Horizontal）和纵轴（Vertical）扫描方式的设置。 Log 表示坐标轴采用对数坐标， Lin 表示坐标轴采用线性坐标。面板中的 F 表示终止值，I 表示初始值，用于设置横纵坐标的绘图范围。

下面以一个简单 RC 高通滤波器电路为例说明波特图仪图标的连接和面板的设置。绘制如图 1.38（a）所示的高通滤波器电路，输入端是一个正弦波信号源，频率可以任意选择。调整横纵坐标测试范围的初值（I）和终值（F）。在仿真分析对话框（见图 1.24）中选择"Interactive Simulation"，单击"Run"按钮，单击"幅值（Magnitude）"按钮，在显示区可以看到幅频特性曲线；单击"相位（Phase）"按钮，在显示区可以看到相频特性曲线所示。同时用鼠标在显示区中还可以拖动光标，如图 1.38（b）所示将光标移动到增益幅值为-3dB 处，在显示区的下方（图 1.38（b）中用椭圆圈出来的标记）会显示对应光标处的频率和增益值，利用这种方式可以获得截止频率值。

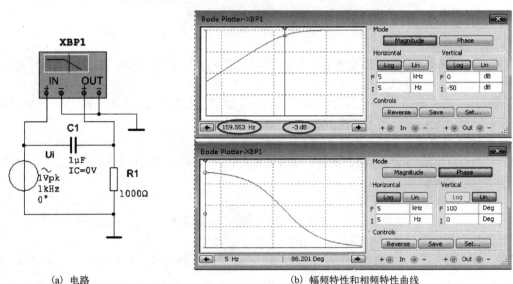

(a) 电路   (b) 幅频特性和相频特性曲线

图 1.38　高通滤波器电路和频率特性曲线

2. 伏安特性分析仪（IV Analyzer）

伏安特性分析仪简称 IV 分析仪，专门用来测量二极管的伏安特性曲线、晶体三极管的输出特性曲线，以及 MOS 场效应管的输出特性曲线。IV 分析仪相当于实验室的晶体管图示仪，需要将晶体管与连接电路完全断开，才能进行 IV 分析仪的连接和测试。图 1.39（a）所示是 IV 分析仪测量晶体三极管的电路。IV 分析仪的图标上有三个连接点，如果是测量 NPN 管或 PNP 管，那么依次接基极、发射极和集电极；如果是测量 MOS 场效应管，那么依次接栅极、源极和漏极；如果是测量二极管，那么只接左边的两个端子，分别接二极管的正极和负极。

图 1.39（b）是 IV 分析仪的面板，面板的左侧是显示窗口，右侧是功能选择和参数设置区域。对 IV 分析仪面板参数进行设置。

（1）选择元器件类型

单击面板右上方的"Components："的下拉菜单，选择需要测量的元器件类型，包括二极管（Diode）、NPN 管（BJT NPN）、PNP 管（BJT PNP）、P 沟道 MOS 场效应管（PMOS），以及 N 沟道MOS 场效应管（NMOS）。选择好元器件类型后，在面板右下方会出现所选元器件类型对应的提示连接方式图标。用户可以根据提示连接图标的三个端子。

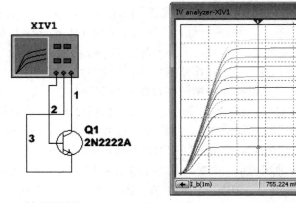

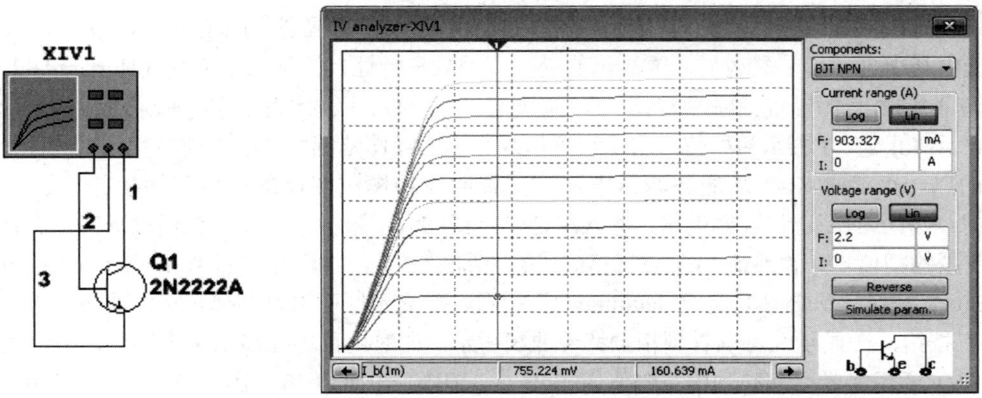

(a) 测量电路   (b) 分析仪面板

图 1.39   IV 分析仪测量晶体三极管

（2）显示参数设置

① Current range（A）：用以设置电流显示范围。F 指电流终止值，I 表示电流初始值。并且还有对数坐标和线性坐标两种显示方式可选。

② Voltage Range（V）：用以设置电压显示范围。F 指电压终止值，I 表示电压初始值。同样也有对数坐标和线性坐标两种显示方式可选。

（3）扫描参数设置

单击"Simulate param."按钮，将弹出参数设置对话框。测量元器件选择不同，弹出的对话框需要设置的参数也是不同的。

① 晶体三极管扫描参数设置

图 1.39（b）显示的是晶体三极管的输出特性曲线，单击图 1.39（b）中的 Simulate param. ，弹出晶体三极管参数设置对话框，如图 1.40 所示。

晶体三极管输出特性曲线方程是 $i_C = f(v_{CE})\big|_{i_B = 常数}$，晶体三极管 C、E 间的电压是特性曲线的横坐标，也就是该对话框中"Source name V_ce"项需要设置的，而晶体三极管输入电流 i_B 是参考变量，也就是该对话框中"Source name I_b"项需要设置的。图 1.40 所示设置的数值表示：绘制的输出特性曲线横坐标为 v_{CE}，起始电压为 0V（Start 项设置的），每间隔 50mV（Increment 项设置的）扫描一次，直至 2V（Stop 项设置的）；参变量 i_B 设置为 10μA（Start 项设置的）是第一个值，100μA（Stop 项设置的）是最后一个值，i_B 需要取 10（Num steps 项设置的）个值，也就是系统自动将 10μA 至 100μA 平均设置出 10 个电流值，最终在特性曲线显示区显示 10 条不同基极电流下的输出特性曲线。按图 1.40 的设置，可得到图 1.39（b）所示的输出特性曲线。

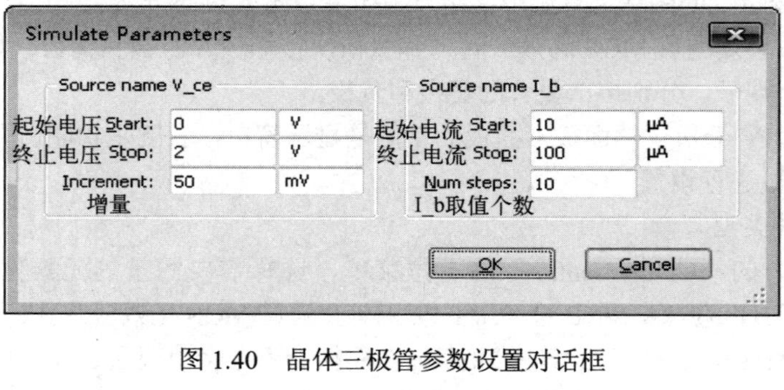

图 1.40   晶体三极管参数设置对话框

② 二极管扫描参数设置

选择二极管（Diode）作为测量元器件，如图 1.41 所示，单击"Simulate param."按钮会出现二极管参数设置对话框。

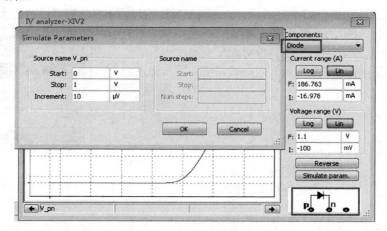

图 1.41　二极管参数设置对话框

由于绘制的是二极管的伏安特性曲线，也就是二极管两端的电压和流过二极管的电流之间的关系，因此横坐标是二极管的电压，也就是图 1.41 中"Source name V_pn"项的设置，图中的数值表示起始电压（Start）为 0V，每隔 10μV 扫描一次，直至终止电压（Stop）为 1V 时结束。

③ MOS 场效应管扫描参数设置

选择场效应管（NMOS）作为测量元器件，如图 1.42 所示，单击"Simulate param."按钮会出现 MOS 管参数设置对话框。

这里是绘制 MOS 场效应管输出特性曲线，因此它的参数设置和晶体三极管是一致的。只是场效应管输出特性曲线方程是 $i_D = f(v_{DS})\big|_{v_{GS}=常数}$，曲线中参考变量是场效应管的 G、S 之间的电压，参变量 v_{GS} 是在图 1.42 所示对话框中的"Source name V_gs"项进行设置的。图 1.42 所示设置的数值表示：输出特性曲线的横坐标为 v_{DS}，其起始电压为 0V（Start 项设置的），每间隔 100mV（Increment 项设置的）扫描一次，直至 12V（Stop 项设置的）；参变量 v_{GS} 的设置中 2V（Start 项设置的）是第一个值，5V（Stop 项设置的）是最后一个值，v_{GS} 需要取 4（Num steps 项设置的）个值，也就是系统自动将 2V 至 5V 平均设置出 4 个电压值，最终在显示区显示 4 条不同 v_{GS} 下的输出特性曲线。

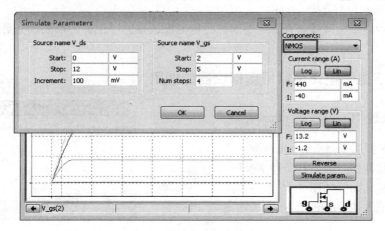

图 1.42　MOS 管参数设置对话框

3．失真分析仪（Distortion Analyzer）

失真分析仪是专门用来测量电路的总谐波失真（THD）和信号与噪声的失真比（SINAD）的仪器。失真分析仪的图标和面板如图 1.43 所示。失真分析仪的两种主要功能可以通过面板中"Controls"项下的"THD"和"SINAD"按钮进行选择。

失真分析仪图标只有一个端子，用来连接电路的输出信号。失真分析仪面板包含以下内容。

（1）测量数据显示区

用于显示总谐波失真（THD）或者信噪比失真（SINAD）的值。

（2）参数设置

Fundamental freq.：用于设置基波的频率。

Resolution freq.：用于设置失真测量的频率间隔。

（3）Controls

(a) 图标   (b) 面板

图 1.43　失真分析仪的图标和面板

THD：用于测量总谐波失真。谐波失真是由于电路中非线性元器件所引起的输出信号比输入信号多出了额外谐波成分。例如对于输入 1kHz 的基频信号，输出信号中含有 2kHz、3kHz、4kHz 等各次谐波分量。总谐波失真有两种计算方式，在软件中通过  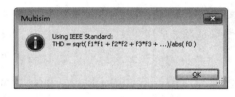 按钮进行选择，一般默认 IEEE 标准，计算式如图 1.44 所示。即

$$\text{THD} = \sqrt{f_1^2 + f_2^2 + f_3^2 + \cdots} \Big/ \left| f_0 \right|$$

式中，f_0 为基波信号有效值；$f_1, f_2, \cdots$ 为各次谐波信号的有效值。

若使用 ANSI/IEC 标准，则计算式如图 1.45 所示。

Multisim

Using IEEE Standard:
THD = sqrt(f1*f1 + f2*f2 + f3*f3 + …)/abs(f0)

OK

Multisim

Using ANSI, CSA and IEC Standard:
THD = sqrt(f1*f1 + f2*f2 + f3*f3 + …)/sqrt(f0*f0 + f1*f1 + f2*f2 + f3*f3 + …)

OK

图 1.44　使用 IEEE 标准计算 THD 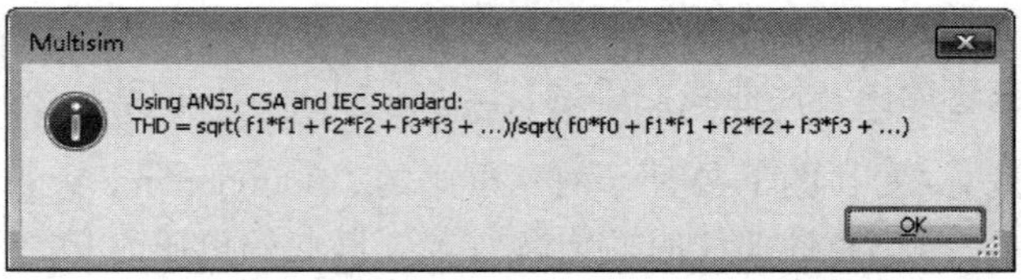   图 1.45　使用 ANSI/IEC 标准计算 THD

SINAD：用于测量信噪比。计算式为：(信号+噪声)/(噪声+失真)。

（4）显示（Display）选择

用于设置显示模式，可以是百分比的形式，也可以是分贝（dB）的形式。分贝值是将百分比取对数后乘以 20。

1.2.3　数字逻辑电路中常用虚拟仪器的使用

1．频率计数器（Frequency counter）

频率计数器主要用于测量信号的频率、周期、相位，以及脉冲信号的上升沿和下降沿。频率计数器的图标和面板如图 1.46 所示，图标只有一个仪器输入端，用来连接电路的输出信号。

XFC1

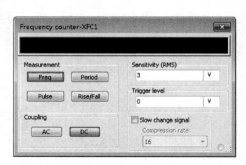

图 1.46　频率计数器的图标和面板

面板的相关选项如下。

（1）测量（Measurement）选项。

Freq：测量频率，单击后显示测量信号的频率值；

Period：测量周期，单击后显示测量信号的周期值；

Pulse：测量正/负半周的持续时间，单击后显示两个时间；

Rise/Fall：测量上升沿/下降沿的时间，单击后显示两个时间。

（2）灵敏度（Sensitivity）选项。用于设置灵敏度，注意，只有当接入信号的有效值大于灵敏度的设置值时，仪器才开始测量。

（3）触发电平（Trigger level）选项。用于设置触发电平值，同样接入信号需要大于触发电平才能进行测量。

（4）缓变信号（Slow change signal）选项。勾选后可以动态显示接入信号的频率、周期、正/负半周持续时间和上升沿/下降沿时间。

2. 字信号发生器（Word Signal Generator）

字信号发生器是一个通用的数字激励元编辑器，可以产生 32 位同步数字信号。在数字电路的测试中应用非常灵活。字信号发生器的图标和面板如图 1.47 所示。字信号发生器图标的左侧有 0～15 共 16 个端子，右侧有 16～31 共 16 个端子，它们是字信号发生器所产生 32 位数字信号的输出端。字信号发生器图标的底部有两个端子，其中 R 端子为准备好的备用信号输入端，T 端子为外触发信号输入端。

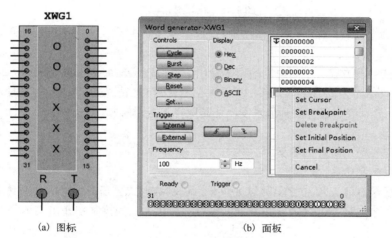

(a) 图标   (b) 面板

图 1.47　字信号发生器的图标和面板

面板的相关选项如下。

（1）Controls 区

用于设置字信号发生器输出信号的格式。

Cycle：字信号发生器在设置好的初始值和终止值之间周而复始地输出信号；

Burst：字信号发生器从初始值开始，逐条输出直至终止值；

Step：每单击鼠标左键一次就输出一个字信号；

Reset：重新设置，返回默认参数；

Set...：单击此按钮，会弹出图 1.48 所示的对话框。该对话框主要用于设置和保存字信号变化的规律或调用以前字信号变化规律的文件。

（2）Display 区

用于选择字信号显示形式。

Hex：字信号缓冲区内的字信号以十六进制数显示。

Dec：字信号缓冲区的字信号以十进制数显示。

Binary：字信号缓冲区内的字信号以二进制数显示。

ASCⅡ：字信号缓冲区内的字信号以 ASCⅡ码显示。

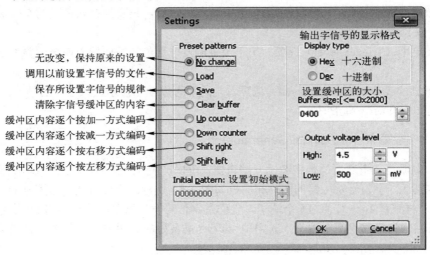

图 1.48　设置对话框

（3）Trigger 区

用于选择触发方式。

Internal：内部触发方式。字信号的输出受输出方式按钮 Cycle 、 Burst 、 Step 的控制；

External：外部触发方式。必须外接触发脉冲信号，只有当触发脉冲信号到来时才输出字信号。

：分别表示选择上升沿触发，还是选择下降沿触发。

（4）Frequency 区

用于设置字信号输出时钟的频率。

（5）字信号编辑显示区

该区位于面板最右侧，32 位字信号以 8 位十六进制数形式显示在该区，单击其中一个信号可以实现定位和改写，选中某一个字信号并单击鼠标右键，在弹出的控制字输出菜单中对该字信号进行设置。

Set Cursor：设置字信号发生器开始输出字信号的起点。单击此命令出现光标 ▶，表示从光标位置开始输出字信号。

Set Breakpoint：表示在当前位置设置一个中断点。单击此命令出现光标 ●，表示输出到光标位置会中断。

Delete Breakpoint：删除当前位置原来设置的中断点。

Set Initial Position：表示在当前位置设置一个循环字信号的初始值。

Set Final Position：表示在当前位置设置一个循环字信号的终止值。

当字信号发生器发送字信号时，输出的每一位值都会在字信号发生器面板的底部显示出来。

3. 逻辑转换仪（Logic Converter）

逻辑转换仪是 NI Multisim 特有的虚拟仪器，它能够完成真值表、逻辑表达式和逻辑电路三者之间的相互转换，而实际中并不存在这种仪器。图 1.49 所示为逻辑转换仪的图标和面板。

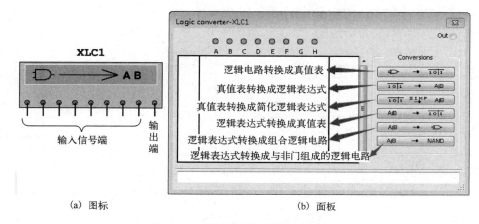

(a) 图标　　　　　　　　　　　　　　(b) 面板

图 1.49　逻辑转换仪的图标和面板

面板上方的 A、B、C、D、E、F、G、H 分别对应着图标中的前八个接线端（输入信号端）。具体操作见图 1.50 的简单例子。在绘图区中先绘制电路图，双击逻辑转换仪的图标后弹出面板，在面板中单击按钮 ，在显示区显示出与电路对应的 A、B、C 和输出端的真值表。

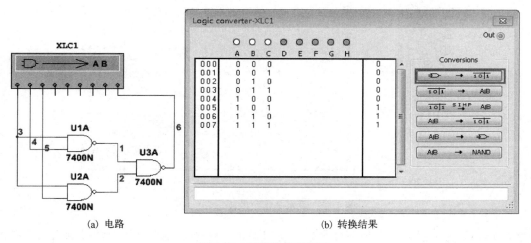

(a) 电路　　　　　　　　　　　　　　(b) 转换结果

图 1.50　逻辑转换器例子

如果需要将真值表转换成表达式，可以单击 ，在面板最下方的编辑框中会出现转换好的表达式 AB'C+ABC'+ABC 。注意编辑框中的 B′ 表示的是 $\overline{B}$。若需要转换成最简表达式，可以单击 ，在面板最下方的编辑框中会将刚才的表达式转换为最简表达式 AB+AC 。

对于已知表达式需要转换成真值表，或者电路图时，可以在面板最下方的编辑框中直接输入表达式，然后单击相应的按钮即可。例如：在编辑框中输入 ABD+ABC，如图 1.51（a）所示，单击 按钮，可以生成图 1.51（b）所示的电路图。如果需要转换成由与非门组成的电路图，可以单击 按钮。读者可以自行体验。

4．逻辑分析仪（Logic Analyzer）

逻辑分析仪用于对数字逻辑信号的高速采集、时序分析以及大型数字系统的故障分析。逻辑分析仪的图标和面板如图 1.52 所示。由图可见，逻辑分析仪图标的连接端口有：16 路信号输入端、外接时钟端 C、时钟限制端 Q 以及触发限制端 T。

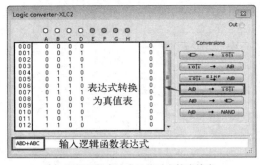

(a) 逻辑函数表达式及其对应的真值表

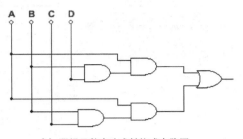

(b) 逻辑函数表达式转换成电路图

图 1.51 逻辑函数表达式转换成真值表和电路图

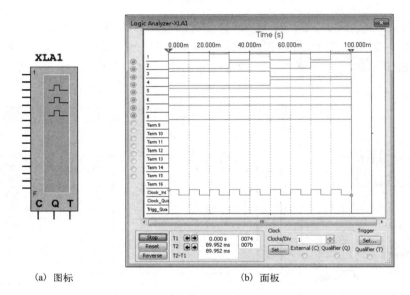

(a) 图标　　　　　　　　　　　　(b) 面板

图 1.52 逻辑分析仪的图标和面板

面板分上下两个部分，上半部分是显示窗口，下半部分是逻辑分析仪的控制窗口，控制信号有：Stop（停止）、Reset（复位）、Reverse（反相显示）、Clock（时钟）设置和 Trigger（触发）设置。

（1）Clock（时钟）设置

通过 Clock/Div 条形框可以设置波形显示区每个水平刻度所显示的时钟脉冲个数。单击面板中 Clock/Div 下面的"Set..."按钮，弹出时钟设置（Clock Setup）对话框，如图 1.53 所示。

（2）Trigger（触发）设置

单击面板中 Trigger 下面的"Set..."按钮，弹出如图 1.54 所示触发设置对话框。

Trigger patterns（触发模式）：设置触发样本，可以通过定义 A、B、C 触发模式，在 Trigger combinations（触发组合）下有 22 种触发组合可以选择。

Trigger qualifier（触发限制字）：设置触发限制字。X 表示只要有信号，逻辑分析仪就采样，0 表示输入为零时开始采样，1 表示输入为 1 时开始采样。

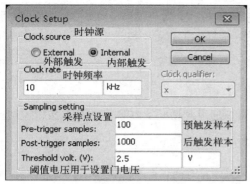

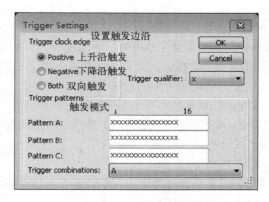

图 1.53　时钟设置对话框　　　　　　　　　　图 1.54　触发设置对话框

1.2.4　通信电子电路中常用虚拟仪器的使用

1. 频谱分析仪（Spectrum Analyzer）

频谱分析仪用于分析信号的频域特性，NI Multisim 14.0 中频谱分析仪频率分析的上限为 4GHz，它是一种分析高频电路的仪器。频谱分析仪图标和面板如图 1.55 所示。图标中 IN 端子是仪器的输入端，用来与电路的输出端连接；T 端子是触发信号的连接端。

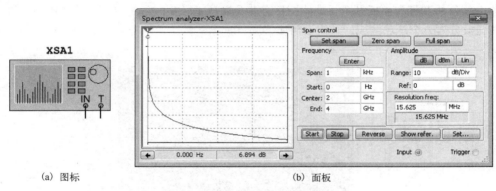

（a）图标　　　　　　　　　　　　　　　　（b）面板

图 1.55　频谱分析仪的图标和面板

频谱分析仪面板的主要功能设置如下。

（1）Span control 选项区

用来设置频率范围，有三个按钮可以选择。

Set span：频率范围由该按钮下方的"Frequency"选项区中设定的区域参数决定。

Zero span：仅显示以中心频率为中心的小范围内的权限，此时在"Frequency"选项区中仅可设置中心频率（Center）值。

Full span：频率范围自动设为 0～4GHz，此时"Frequency"区域不起作用。

（2）Frequency 选项区

用来设置频率，其中 Start 设置起始频率，Center 设置中心频率，End 设置终止频率。

（3）Amplitude 选项区

用来设置幅值单位即纵坐标刻度，以及显示形式。

dB：纵坐标刻度单位为 dB。

dBm：纵坐标刻度单位为 dBm，由 $10\lg(V/0.775)$ 计算而得。0dBm 是当它的电压为 0.775V 时，在 600Ω 电阻中耗散的功率。此功率等于 1mW。如果信号的电平为+10dBm，则意味着它的功率为 10mW。此选项是基于 0dBm 的基准来显示信号功率的。该显示形式针对终端电阻为 600Ω 的情况，读取 dBm 更为方便，因为它与功耗成正比。

Lin：设定幅值坐标为线性坐标。

Range：设置显示屏中纵坐标每格的刻度值。

Ref：设置纵坐标的参考线，参考线的显示与隐藏可以通过对话框下方的 Show refer. 按钮控制，参考线的设置不适合线性坐标的曲线。

（4）Resolution freq 选项区

用来设置频率分辨率，其数值越小，分辨率越高，但计算时间也会相应延长。

（5）控制按钮区

该区域包含五个按钮，单击"Start"按钮将启动分析；单击"Stop"按钮将停止分析；单击"Reverse"按钮将使波形显示区的背景颜色反色；单击"Show refer"按钮表示显示或隐藏波形显示区的参考直线；单击"Set"按钮将弹出设置对话框，可以对触发源、触发方式以及触发开启电压等进行设置。

2. 网络分析仪（Network Analyzer）

网络分析仪是一种测试双端口高频电路的 S 参数（Scattering parameters）的仪器，它可以测量放大器、混频器、衰减器、功率分配器等电子电路及元器件的特性。除了 S 参数，网络分析仪还能测出 H 参数、Y 参数及 Z 参数。

网络分析仪的图标和面板见图 1.56。图标有两个端子 P1 和 P2，分别用于连接电路的输入端和输出端。面板分为五个选项区域，具体说明如下。

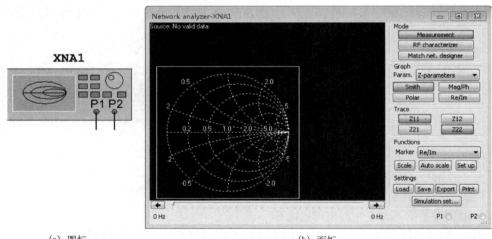

(a) 图标　　　　　　　　　　　　　　　　(b) 面板

图 1.56　网络分析仪的图标和面板

（1）Mode 选项区

用于选择三种不同的分析模式，通过以下三个按钮实现：

Measurement：测量模式。

RF characterizer：射频分析模式。

Match net. designer：高频分析模式。

（2）Graph 选项区

用于设置分析参数及结果显示模式。

Param 选项：可以选择要分析的参数，包括 S 参数、H 参数、Y 参数、Z 参数、Stability（稳定因子）5 种。不同的参数显示的窗口数据不同，也对应着不同显示模式。

Param 选项下面的四个按钮用于设置显示模式："Smith"为史密斯模式；"Mag/Ph"为幅频特性和相频特性的波特图；"Polar"为极化图；"Re/Im"为实部/虚部。

（3）Trace 选项区

用于选择需要显示的参数，只要按下需要显示的参数按钮即可，这些按钮和 Param 选项中选择的显示参数对应。

（4）Functions 选项区

该选项区用于设置控制功能。

Maker 栏的下拉框中有 3 种数据显示模式："Re/Im"为直角坐标模式；"Mag/Ph"为极坐标模式；"dB Mag/Ph"为分贝极坐标模式。

按钮 Scale Auto scale Set up ，用于设置刻度。

（5）Settings 选项区

该选项区提供数据管理功能，包括 5 个按钮：单击"load"按钮将读取专用格式数据文件；单击"Save"按钮将存储专用格式数据文件；单击"Exp"按钮将输出数据至文本文件；单击"Print"按钮将打印数据；单击"Simulation set"按钮会弹出对话框，对仿真信号的起始频率、终止频率、扫描方式、扫描点数，以及特性阻抗进行设置。

1.2.5　安捷伦和泰克仿真仪器的使用

1．安捷伦函数信号发生器（Agilent Function Generator）

NI Multisim 14.0 提供的函数信号发生器是 Agilent 33120A，它是安捷伦公司生产的一种宽频带、多用途、高性能的函数信号发生器，频宽为 15MHz。其内部不仅能够产生正弦波、方波、三角波、噪声、锯齿波这五种标准波形，而且还能产生 $\sin(x)/x$、负斜坡函数、按指数上升的波形、按指数下降的波形和心电波函数这 5 种特殊波形，以及 8～256 个点描述的任意波形。Agilent 33120A 的图标如图 1.57 所示。图标包括两个端子，Sync 端子是同步方式输出端，Output 端子是普通信号输出端。

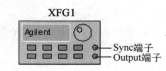

图 1.57　Agilent 33120A 的图标

Agilent 33120A 的面板和面板上的按键名称如图 1.58 所示。

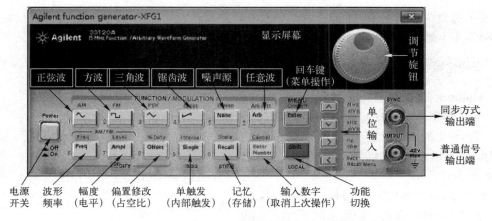

图 1.58　Agilent 33120A 的面板和面板上的按键名称

2. 安捷伦万用表（Agilent Multimeter）

NI Multisim 14.0 提供的数字万用表是 Agilent 34401A，它是一种 $6\frac{1}{2}$ 位高性能的万用表，不仅具有传统的测试功能，如交/直流电压、交/直流电流，以及信号频率、周期和电阻的测试，还具有某些高级功能，如数字运算、dB、dBm、界线测试和最大/最小/平均等功能。Agilent 34401A 的图标如图 1.59 所示，共有 5 个接线端子，用于连接被测电路的被测端点。其中上面的 4 个接线端子分为两对测量输入端，右侧上下两个端子为 1 对，左侧上下两个端子为 1 对：上面的端子用来测量电压（为正极），下面的端子为公共端（为负极）。最下面一个端子为电流测试输入端。

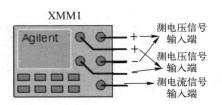

图 1.59　Agilent 34401A 的图标

双击 Agilent 34401A 的图标，弹出如图 1.60 所示的面板。单击面板上的电源（Power）开关，Agilent 34401A 的显示变亮，表明数字万用表处于工作状态，可以完成相应的测量功能。面板中的"Shift"按钮用于不同的主菜单以及不同的状态模式之间的转换。例如测量直流和交流电流，先单击"Shift"按钮，显示屏上显示 shift，再单击按钮上方的 DC V 按钮或 AC V 按钮即可。

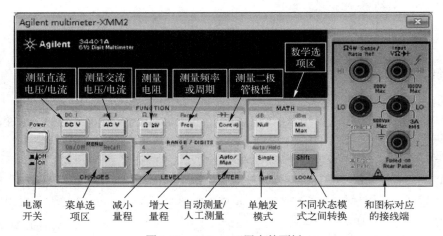

图 1.60　Agilent 万用表的面板

面板中的数学选项区中"Null"表示相对测量方式，将相邻的两次测量值的差值显示出来；"Min/Max"用于显示已经存储的测量过程中的最小-最大值。

3. 安捷伦数字示波器（Agilent Oscilloscope）

NI Multisim 14.0 提供的数字示波器是 Agilent 54622D，它的带宽是 100MHz，是具有 2 个模拟通道和 16 个逻辑通道的高性能示波器。它不仅可以显示信号波形，还可以进行多种数字运算。Agilent 54622D 的图标如图 1.61 所示。

双击 Agilent 54622D 的图标，弹出 Agilent 54622D 数字示波器的面板，如图 1.62 所示。 面板的左侧是显示区，右侧有：时间基准调整区、运行控

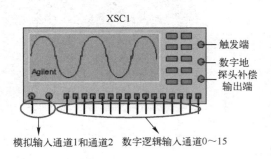

图 1.61　Agilent 54622D 的图标

制区、测量控制区、波形调整区、触发区、模拟通道设置区、数字通道设置区七个选项区。

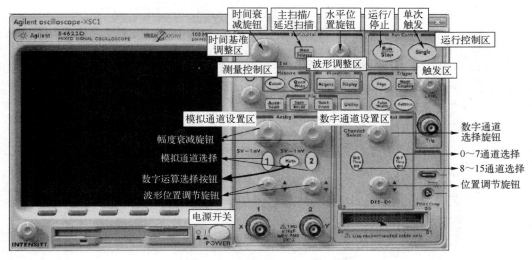

图 1.62　Agilent 54622D 的面板

4. 泰克数字示波器（Tektronix Oscilloscope）

NI Multisim 14.0 提供的泰克数字示波器是 Tektronix TDS 2024，它是一个 4 通道 200MHz 带宽、取样速率高达 2.0GS/s、每个记录长度为 2500 点、彩色的示波器，能自动设置菜单，光标带有读数，并具有波形平均和峰值检测功能。绝大多数 Tektronix TDS 2024 用户手册中提到的功能都能在该仿真虚拟仪器中使用。Tektronix TDS 2024 的图标如图 1.63 所示，图中标注了 7 个接线端的含义。

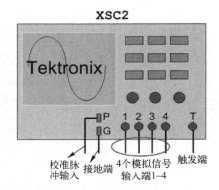

图 1.63　Tektronix TDS 2024 的图标

双击 Tektronix TDS 2024 的图标，弹出 Tektronix TDS 2024 的面板，如图 1.64 所示，由于泰克示波器在国内很多高校的实验室中都有使用，而软件中的示波器操作方法与实际示波器相似，所以这里不再赘述。

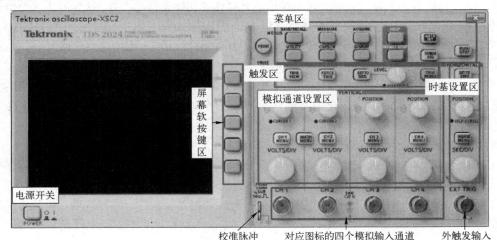

图 1.64　Tektronix TDS 2024 的面板和选项区

1.3 仿真分析方法

NI Multisim 14.0 提供了 19 种仿真分析方法，包括了绝大多数电路仿真软件的分析方法。在主窗口中执行菜单"Simulation→Analyses and simulation"，或者单击仿真工具栏中的 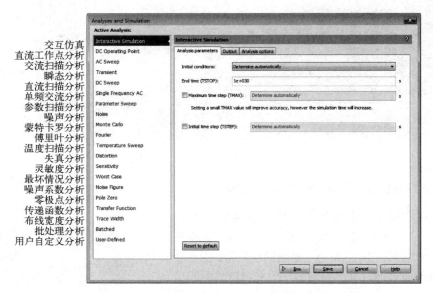 按钮，都会弹出图 1.65 所示仿真分析的对话框。

图 1.65　仿真分析（Analyses and Simulation）对话框

打开图 1.65，系统默认选项就是"Interactive Simulation"（交互仿真），即虚拟仪器仿真方式的常规参数设置。它主要包含以下三个选项卡。

（1）"Analysis parameters"选项卡：设置瞬态分析仪器的默认参数。

首先是初始条件（Initial condition）的选择，有四个下拉列表，包括："设置为零""用户自定义""计算直流工作点"和"自动确定初始条件"。默认选项是"自动确定初始条件"（Determine automatically）。初始条件设置与电容和电感等储能元器件的初始条件相关联，比如双击一个电容元器件，在电容数值设置选项中就有对初始条件设置（Initial conditions）这一项。

然后是结束时间（End time(TSTOP)）的设置，默认是(1e+30)s，比如修改该值为 1s，那么示波器运行时当仿真时间到 1s 后就会自动停止，而无须用户自己按仿真停止按钮。

接下来是设置最大间隔时间（Maximum time step（TMAX））复选框。默认的扫描间隔时间是 10μs，用户可根据需要增大或减小瞬态分析的间隔时间。如果间隔时间变小，时域波形的精确度会增加，但仿真时间也会增加。所以需要权衡后再修改这个值。

最后是设置初始时间步长（Initial time step（TSTEP）），勾选该复选框即可。

（2）"Output"选项卡：该选项下只有一个复选框，勾选这个复选框，表示仿真结束后在检查踪迹中显示所有元器件参数的信息。

（3）"Analysis Options"选项卡：设置仿真分析时软件内置算法的一些任选项，以及仿真运行速度和数据处理方式，一般在仿真出现不收敛的错误时才会手动修改这些默认的任选项，其他时候都不需要修改。

图 1.65 的"Active Analysis"列中除了上述的"Interactive Simulation"（交互仿真）这一项，其

他都是仿真分析方法。针对这 19 种仿真分析方法，本书将其分成四类：第一类是基本分析方法，指最常用的基本分析，包括直流工作点分析、交流扫描分析、瞬态分析、直流扫描分析和单频交流分析；第二类是进阶分析方法，是指在基本分析基础上进一步展开的分析，包括参数扫描分析、噪声分析、蒙特卡罗分析、傅里叶分析、温度扫描分析和失真分析；第三类是高级分析方法，指的是一些更专业性的高级分析，包括灵敏度分析、最坏情况分析、噪声因素分析、零极点分析、传递函数分析，以及光迹宽度分析；最后就是将这些仿真分析方法组合在一起的批处理分析方法和用户自定义分析方法。

1.3.1 基本分析方法

1. 直流工作点（DC Operating Point）分析

直流工作点分析（在放大电路中也常称为静态工作点分析）指在电路中电感短路、电容开路的情况下，对各个信号源取其直流电平值，利用迭代的方法计算电路的直流工作点。分析结果包括：各个节点电压、流过各个元器件的电流、元器件的功耗、晶体三极管的偏置电压和偏置电流等。确定静态工作点十分重要，因为它决定晶体三极管等的小信号线性化参数值。尤其是在放大电路中，晶体三极管的静态工作点直接影响放大器的各种动态指标。因此，这里以一个小信号放大电路为例来说明该分析方法的使用和仿真结果。

在工作区中绘制如图 1.66 所示的固定偏置共射放大电路，注意在绘图之前记得对电路界面进行定制：在菜单栏的 Options 选项中选择 Global Options 和 Sheet Properties，如图 1.67 所示，在 Global Options 中对电路图中符号的标准以及放置元器件的模式等进行设置，并显示电路图中各节点名称。关于 Options 选项中用户界面定制的选项可参见图 1.14 和图 1.15。

电路绘制好后，选择菜单栏"Simulation→Analyses and simulation"，或者单击仿真工具栏中的 🖋Interactive 按钮，在弹出的如图 1.65 所示的仿真分析对话框中选择"DC Operating Point"，弹出如图 1.68 所示的对话框。

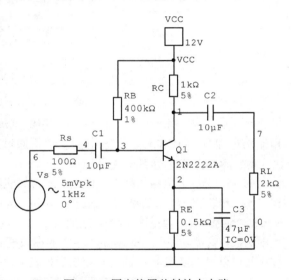

图 1.66　固定偏置共射放大电路

图 1.67　电路界面的定制

图 1.68 中有 3 个选项卡：Output、Analysis options、Summary。其中 Analysis options 中列出了与该分析有关的其他分析选项设置，Summary 中列出了该分析所设置的所有参数和选项。这两个选项卡通常为默认。重点是 Output 的设置。

图 1.68　直流工作点分析的参数设置对话框

图 1.68 所示选择了 1、2、3 节点（即晶体三极管的三个电极）以及晶体三极管的输入电流 I（Q1[IB]）和输出电流 I（Q1[IC]），这五个变量都是通过选中左边"全部变量"中的相应变量，然后单击 ▭ Add ▭ 添加到右边的列表中的。

对于一个放大电路的静态工作点，还希望能够通过软件直接求出晶体三极管的 V_{BEQ}（即 $V_3\text{-}V_2$）和 V_{CEQ}（即 $V_1\text{-}V_2$）的结果。NI Multisim 14.0 提供了添加表达式的功能：单击图 1.68 中的 ▭ Add expression... ▭，弹出图 1.69 所示的对话框。只要双击变量列表中的变量，以及双击函数列表中的数学函数，就可以在"Expression"下方的编辑框中显示得到的表达式，确认没有错误后，单击"OK"按钮就可以添加至图 1.68 的仿真变量的列表中。

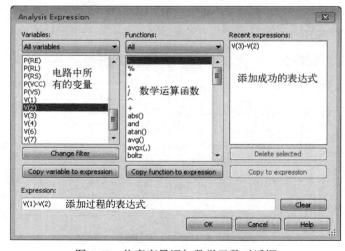

图 1.69　仿真变量添加数学函数对话框

晶体三极管的 V_{BEQ} 还可以通过按钮 Add device/model parameter... 来添加。如图 1.70 所示，选择晶体三极管模型参数中的 vbe，然后单击"OK"按钮。这时图 1.68 中的"Variables in circuit"电路变量的列表中会出现 @qq1[vbe] 这个变量，可通过单击"Add"将其添加到仿真变量的列表中。

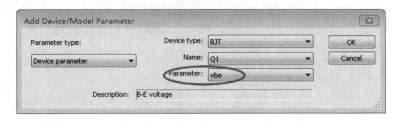

图 1.70　添加器件或模型参数

经过了前面的设置后，单击图 1.68 中的"Run"按钮，运行仿真。仿真完成会弹出图 1.71 所示的仿真结果。从结果中可以得到图 1.66 的共射放大电路的静态工作点为：$I_{BQ} = 22.3\mu A$；$I_{CQ} = 4.79\text{mA}$；$V_{BEQ} = 0.67\text{V}$；$V_{CEQ} = 4.8\text{V}$。

2．交流扫描分析（AC Sweep）

交流扫描分析是在正弦小信号工作条件下的一种频域分析方法。它是计算电路的幅频特性和相频特性，是一种线性分析方法。NI Multisim 14.0 软件在进行交流扫描分析时，首先分析电路的直流工作点，并在直流工作点处对各个非线性元器件做线性化处理，得到线性化的交流小信号等效电路，并据此计算电路输出交流信号的变化。在进行交流分析时，电路中的瞬态激励源的输入信号都将被设置为正弦信号，也就是说若电路中的激励源是三角波或矩形波等，在进行交流扫描分析时，都会自动设置为正弦信号，而且幅度值设置为 1。在激励源的模型中都有一个设置项是针对交流扫描分析的幅度的。比如图 1.72 所示的脉冲信号源，双击后可以看到信号源参数设置中有一项是针对交流扫描时信号源的幅度和相位设置的。

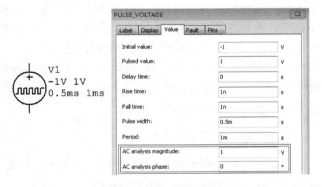

图 1.71　直流工作点的仿真结果　　　　图 1.72　脉冲信号源和参数中针对交流扫描的设置

交流扫描分析是分析电路的频率特性，这里以一个简单的带通滤波器为例来说明该分析方法的使用和仿真结果。首先在工作区中绘制出如图 1.73 所示的带通滤波器电路，并参照上面介绍直流工作点分析时的电路界面定制方法显示各节点名称。

电路绘制好后，选择菜单栏"Simulation→Analyses and simulation"，或者单击仿真工具栏中的 Interactive 按钮，在弹出的如图 1.65 所示的仿真对话框中选择"AC Sweep"，弹出如图 1.74 所示的对话框。

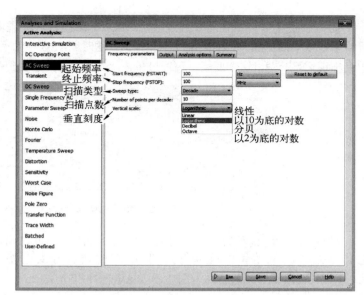

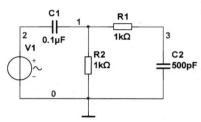

图 1.73 带通滤波器电路　　　　　　　　　　图 1.74 交流分析频率设置的对话框

图 1.74 中包含 4 个选项卡，除 "Frequency parameters" 选项卡外，都与上面介绍的直流工作点分析的对话框中的选项卡设置一样。

"Frequency parameters" 选项卡主要用来设置频率特性中的起始频率、终止频率、频率扫描类型，以及频率点的个数，还有频率特性波特图中垂直坐标的刻度。垂直坐标有四种扫描刻度：线性、以 10 为底的对数、分贝和以 2 为底的对数。按照图 1.74 中参数的设置，交流扫描分析的频率从 100Hz 分析到 100MHz，频率按照十进制数变化，每十倍频率内取 10 个点频。如果图 1.74 显示的就是对图 1.73 所示的带通滤波器的频率设置，那么在"Output"选项卡中选择节点 3 的电压 V(3)作为分析变量，单击"Run" 按钮，得到其交流分析结果如图 1.75 所示。测试结果给出了 V(3)的幅频特性曲线和相频特性曲线。单击工具栏里的 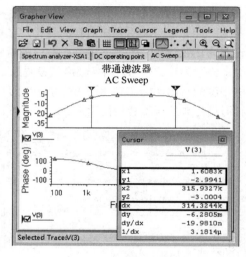 按钮，弹出指针数据窗口，可以利用指针对应的数据得到下限截止频率为 1.6kHz，上限截止频率为316.9kHz，带宽是 314.3kHz。

图 1.75 交流分析结果

3. 瞬态分析（Transient）

瞬态分析是一种非线性时域分析方法，是在给定输入激励信号时，分析电路输出端的瞬态响应。NI Multisim 14.0 软件在进行瞬态分析时，首先计算电路的初始状态，然后从初始时刻起到某个给定的时间范围内，选择合适的时间步长，计算输出端在每个时间点的输出电压，输出电压由一个完整周期中的各个时间点的电压来决定。瞬态分析在分析某节点的输出电压时，仿真结果与虚拟示波器分析结果是一样的。启动瞬态分析时，只要定义了起始时间和终止时间，NI Multisom 14.0 软件就会自动调节至合理的时间步长，以兼顾分析精度和计算时需要的时间；也可以自行定义时间步长，以满足特殊需要。下面以分析直流工作点的放大电路（见图 1.66）为例来说明瞬态分析的操作步骤。首先绘制好电路图后，选择菜单栏"Simulation→Analyses and simulation"，或者单击仿真工具栏中的按钮，在弹出的如图 1.65 所示的仿真对话框中选择"Transient"，弹出如图 1.76 所示的对话框。

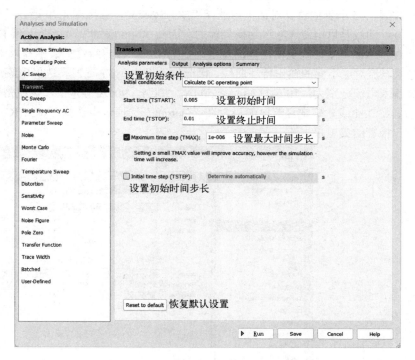

图 1.76　瞬态分析仿真参数设置对话框

"Initial Conditions"选项用于设置初始值条件，默认由电路的直流工作点（Calculate DC operating point）决定，一般当电路中存在有初始值的电容和电感时，就需要将节点初始值考虑在内。对于设置最大时间步长选项，属于任选项，当发现输出波形不够平滑时，可以考虑减小时间步长。如果感觉运算速度过慢，也可以考虑适当增大时间步长。注意修改时，需要勾选"TMAX"项。在"Output"选项卡中选择节点 7 的电压，运行后得到图 1.77 所示的仿真结果。

这个分析结果和虚拟示波器仿真后的结果是一样的，但是瞬态分析除了能分析电压的瞬态响应，还能分析电路支路电流、器件功率，以及晶体三极管参数的时域变化情况。

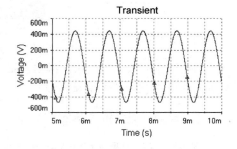

图 1.77　瞬态分析仿真结果

4．直流扫描分析（DC Sweep）

直流扫描分析是根据电路直流电源数值的变化，计算电路中某一节点直流工作点随着电路中一个或两个直流电源数值变化的情况。在分析前，可以选择直流电源的变化范围和增量。在直流扫描分析时，电路中的所有电容视为开路，所有电感视为短路。

在分析前，需要确定扫描的电源是一个还是两个，并确定分析的变量。如果只扫描一个电源，则得到的是输出变量与该电源值的关系曲线。如果扫描两个电源，则输出曲线的数目等于第二个电源被扫描的点数。第二个电源的每一次扫描都对应一条输出变量与第一个电源值的关系曲线。

以绘制晶体三极管输出特性曲线为例说明该仿真分析方法的使用。晶体三极管的输出特性曲线是指当基极电流 i_B 一定的情况下，输出电流 i_C 与输出电压 v_{CE} 之间的关系曲线。首先在工作区中绘制如图 1.78 所示的电路，构建两个电源：输入电流 I_B 和输出电压 V_{CE}。

然后选择菜单栏"Simulation→Analyses and simulation"，或者单击仿真工具栏中的 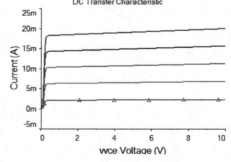 按钮，在弹出的如图 1.65 所示的仿真对话框中选择"DC Sweep"，弹出图 1.79 所示的对话框。由于需要绘制的输出特性曲线是以电源 V_{CE} 作为横坐标的，因此"Source 1"选择电压源 V_{CE}，并通过设置开始值、终止值和扫描增量来确定横坐标的范围和扫描间隔。输出特性曲线中输入电流 I_B 是参考变量，不同的输入电流对应不同的输出特性曲线，因此勾选"Use source 2"，选择电流源 I_B 作为第二个电源，并设置输入电流分别为：10μA、30μA、50μA、70μA、90μA 五个值，也就是最终在一个坐标轴内画五条输出特性曲线。确定直流电源后，在"Output"选项卡中选择"I(Q1(IC))"，确定输出的纵坐标是晶体三极管的集电极电流。

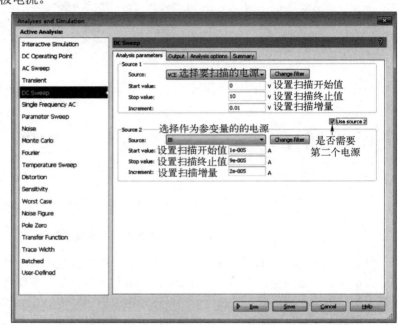

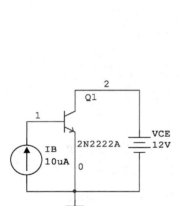

图 1.78　晶体三极管电路　　　　　　　图 1.79　直流扫描分析参数设置对话框

最后单击"Run"按钮，得到如图 1.80 所示的输出特性曲线，的确画出了五条不同基极电流下输出电压和输出电流的关系曲线。

5. 单频交流分析（Single Frequency AC）

单频交流分析是 NI Multisim 14.0 中包含的虚拟仪表的仿真分析。它类似于交流扫描分析（AC Sweep），只是它仅在一个频率上计算结果。因此，仍使用 AC Sweep 分析方法中的带通滤波器（见图 1.73）。选择菜单栏"Simulation→Analyses and simulation"，或者单击仿真工具栏中的 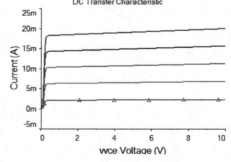 按钮，在弹出的如图 1.65 所示的仿真对话框中选择"Single Frequency AC"，弹出如图 1.81 所示的对话框。

图 1.80　输出特性曲线仿真结果

若设置频率为 10kHz，显示输出的幅度值和相位值，并勾选频率列（Frequency column），单击"Run"按钮后，得到图 1.82 所示的仿真结果。可以看出单频交流分析就是以表格的形式显示某一频率下输出量的实部和虚部，或是幅度值和相位值。

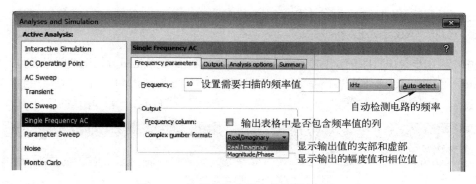

图 1.81 单频交流分析参数设置对话框

	Variable	Frequency (Hz)	Real	Imaginary
1	V(3)	10000	974.51098 m	123.25057 m

Single Frequency AC Analysis @ 10000 Hz

图 1.82 单频交流分析的仿真结果

1.3.2 进阶分析方法

由于 NI Multisim 14.0 软件针对分析方法自带了很多经典范例电路，并提供各种分析方法的设置，因此本节的进阶分析均采用自带范例。软件关于分析方法的范例一般保存在：C:\Users\Public\Documents\National Instruments\Circuit Design Suite 14.0\samples\Analyses\..

进阶分析方法，是指在基本分析基础上进一步展开的分析，包括：参数扫描分析、噪声分析、蒙特卡罗分析、傅里叶分析、温度扫描分析和失真分析。下面逐一介绍。

1. 参数扫描分析（Parameter Sweep Analysis）

参数扫描分析用来监测电路中某个元器件的参数在一定取值范围内变化时对电路直流工作点、瞬态特性、交流频率特性的影响。所以，参数扫描分析是直流、交流或瞬态分析的进阶分析。在实际电路设计中，可以针对电路的某些技术指标进行优化。

首先在 ..\samples\Analyses\Parameter Sweep-Colpitts Oscillator.ms14 下打开仿真软件，在显示区内显示图 1.83 所示的考毕兹振荡器。

然后选择菜单栏"Simulation→Analyses and simulation"，或者单击仿真工具栏中的 ▷ ‖ ■ Parameter sweep 按钮，得到如图 1.84 所示的对话框。

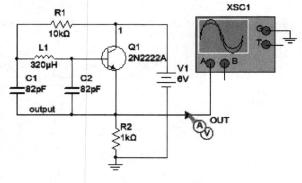

图 1.83 考毕兹振荡器

该范例电路通过扫描电感 L1 数值的变化，观察输出端电压时域波形的变化，因此，基本分析类型项中应选择瞬态分析（Transient），其参数设置可以单击"Edit analysis"完成，设置页面与基本分析方法中瞬态分析的参数设置一致。

依照已设置好的参数，单击"Run"按钮得到图 1.85 所示的仿真结果。在一个坐标系下显示了电感 L1 在三个不同值下，得到的三条输出端电压时域波形。

2. 噪声分析（Noise Analysis）

电路中电阻和半导体器件在工作时都会产生噪声，噪声分析就是定量分析电路中噪声的大小。它是与交流分析一起使用的，会计算出不同频率下对指定输出端的等效输出噪声，同时对指定输入端计算出等效输入噪声。输出和输入噪声电平都对噪声带宽的平方根进行归一化，噪声电压的单位是 $V/\sqrt{Hz}$。

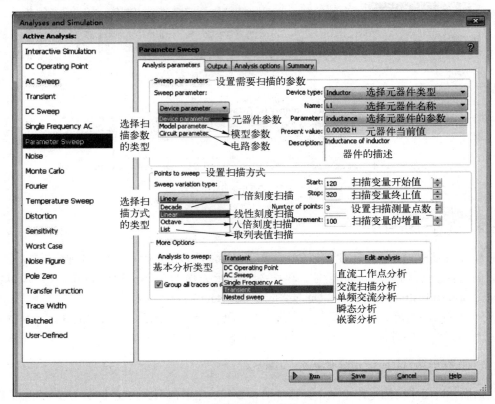

图 1.84　参数扫描分析参数设置对话框

NI Multisim 自带的关于噪声分析的范例是测量一个电阻的热噪声，以说明热噪声的存在并验证它的值。首先在..\samples\ Analyses\Noise-Thermal Noise.ms14 下打开仿真软件，在显示区内显示图 1.86 所示的电路。

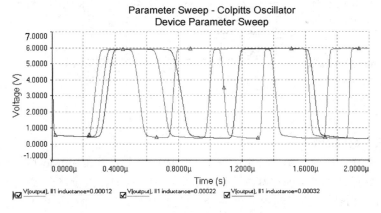

图 1.85　参数扫描分析结果

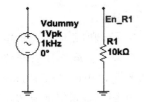

图 1.86　电阻热噪声测量电路

然后选择菜单栏"Simulation→Analyses and simulation",或者单击仿真工具栏的 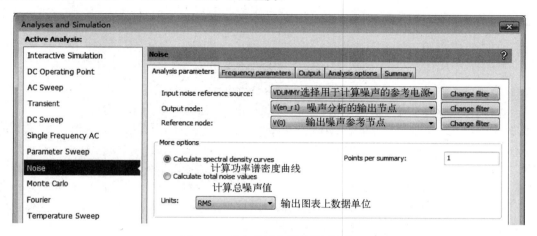 按钮,得到图 1.87 所示的对话框。

选择输出噪声的节点后,软件求解的是在该节点处电路所有元器件产生的噪声电压均方根之和。该电路只有一个电阻,因此可以试着根据理论计算得到电阻热噪声。电阻热噪声计算的是 1Hz 带宽下产生的噪声电压:

$$V_n = \sqrt{4kTR} \tag{1.2}$$

其中 k 是玻耳兹曼常数,$k=1.38\times10^{-23}$J/K;T 是温度。

图 1.87 噪声分析参数设置对话框

图 1.86 所示电路温度默认为 27℃,也就是 300K;电阻 $R=10\text{k}\Omega$;将以上参数代入式(1.2)得到噪声电压为 1.287×10^{-8}V$/\sqrt{\text{Hz}}$。

按照图 1.87 的设置,选择"Output→onoise_spectrum"后,单击"Run"按钮,弹出图 1.88 所示的仿真结果,可以看出仿真结果和理论计算一致。

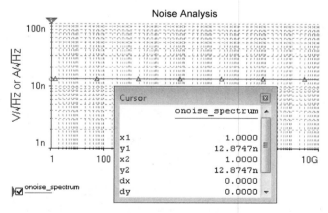

图 1.88 输出噪声电压的仿真结果

3. 蒙特卡罗(Monte Carlo)分析

蒙特卡罗分析是一种统计方法,用来分析电路元器件参数在一定数值范围内按照指定的误差分布变化时对电路性能的影响,它可以预测电路在批量生产时的合格率和生产成本。它是直流工作点分析、交流扫描分析和瞬态分析的进阶分析,是对所选择的基本分析多次运行后的统计分析。第一次运行采用元器件的标称值进行运算，随后按器件容差的分布进行取值，将各次运行结果同第一次运行结果进行比较，得到元器件的容差对输出结果偏离的统计分析，如方差、均值等。

同样使用软件自带范例电路，打开软件安装目录下的..\samples\Analyses\Monte Carlo-RLC Circuit. ms14，在显示区内显示图 1.89 所示的 RLC 电路。

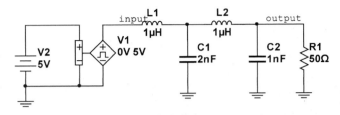

图 1.89　PLC 电路

然后选择菜单栏"Simulation→Analyses and simulation"，在弹出的仿真对话框中选择"Monte Carlo"，或者单击仿真工具栏的 ▶ ⅱ ■ ⊘ Monte Carlo 按钮，得到图 1.90 所示的对话框。

前面所讲的仿真分析都是在元器件取标称值下的分析，而蒙特卡罗分析需要考虑元器件的容差。所以在图 1.90 的对话框中第一个选项卡就是"Tolerance"。可以添加器件的容差，比如该对话框中就是通过"Add tolerance"，将电阻 R1 的容差设为 10%。也可以对添加器件的容差进行编辑和删除。还有一些电路在绘制电路图时就对某些元器件的容差进行设置，可以通过"Load RLC tolerance data from circuit"，将电路中设置过的器件容差加入该对话框内。电路中电阻、电容、电感、晶体三极管等都可以设置容差，本范例中只设定了电阻 R1 的容差。

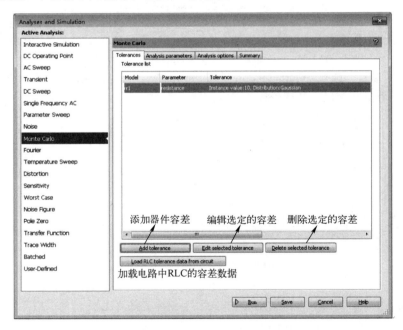

图 1.90　蒙特卡罗分析设置器件容差的对话框

设定好具有容差的元器件后，蒙特卡罗分析还需要设置分析参数，具体见图 1.91 所示的"Analysis parameters"选项卡的各参数含义。由图中可知直流分析、交流扫描分析和瞬态分析都可以加载蒙特卡罗分析。蒙特卡罗分析次数由"Number of runs"后的编辑框决定，其值必须大于或等于 2，因为蒙特卡罗分析的第一次是按器件标称值运行的。

图 1.91 中"Output control"用于选择显示，如果没有勾选下方的复选框，那么每进行一次分析就会显示一个图。按照图 1.90 和图 1.91 进行两个选项卡设置后，单击"Run"按钮，弹出图 1.92 所示的仿真结果。仿真结果显示了 R1 取不同值时的输出电压瞬态波形，共 11 条，其中 1 条是标称值下的波形。在波形下方显示了取容差时的分析结果和标称值下的结果进行比较所得到的偏离情况、方差值等。

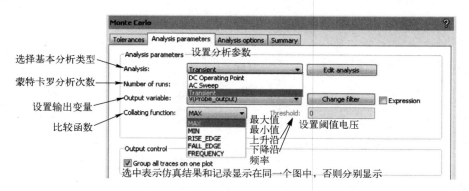

图 1.91　蒙特卡罗分析参数设置对话框

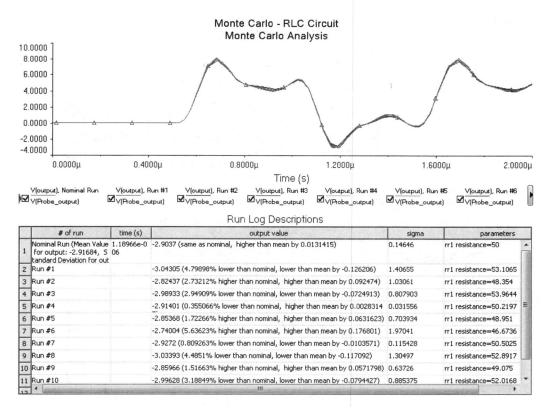

图 1.92　蒙特卡罗分析仿真结果

4．傅里叶分析（Fourier）

傅里叶分析用于分析复杂的周期性信号。它将输出波形进行谐波分析，将其分解为各次谐波分量和直流分量之和。根据傅里叶级数的数学原理，周期函数 $f(t)$ 的周期为 T，角频率为 $\omega_0 = 2\pi f_0 =$

$2\pi/T$，则该信号可展开为三角函数形式的傅里叶级数：

$$f(t) = a_0 + a_1 \cos \omega_0 t + a_2 \cos 2\omega_0 t + \cdots + b_1 \sin \omega_0 t + b_2 \sin 2\omega_0 t + \cdots$$

NI Multisim 14.0 的傅里叶分析是在瞬态分析的基础上，将其输出信号进行傅里叶级数分解，并以图表或图形方式给出信号电压分量的幅度谱和相位谱。同时还计算了信号的总谐波失真（THD）。总谐波失真指的是信号的各次谐波幅度的均方根（RMS）值与信号基波幅度均方根值的比值。

同样使用软件自带范例电路，打开软件安装目录下的…\samples\Analyses\Fourier-Pulse Width Modulator. ms14，在显示区内显示图 1.93 所示的脉宽调制电路。

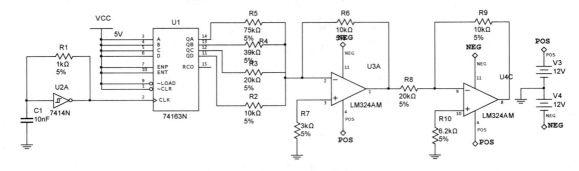

图 1.93　脉宽调制电路

然后选择菜单栏"Simulation→Analyses and simulation"，在弹出的仿真对话框中选择"Fourier"，或者单击仿真工具栏的 ▶ Ⅱ ■ ⊘ Fourier 按钮，得到图 1.94 所示的对话框。

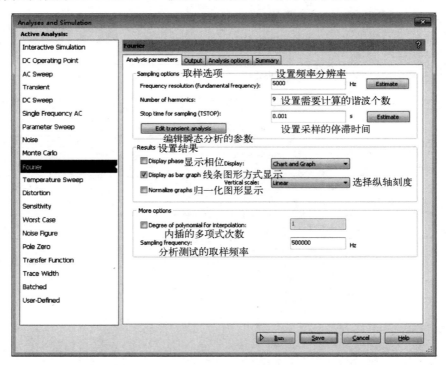

图 1.94　傅里叶分析参数设置对话框

单击"Output"下的"V（Probe_output）"，再单击"Run"按钮，弹出图 1.95 所示的仿真结果。

可以看到仿真结果包含两部分，上半部分以表格形式显示总谐波失真（THD）值，以及基波和各次谐波的频率、幅度和相位情况；下半部分以线条图形方式显示各次谐波的幅值。

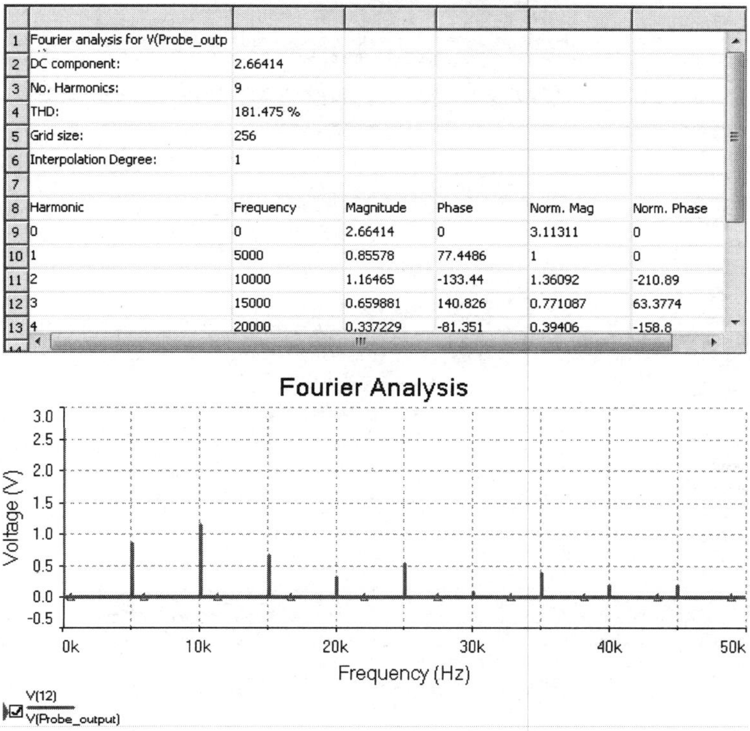

Fourier - Pulse Width Modulator

1	Fourier analysis for V(Probe_outp					
2	DC component:	2.66414				
3	No. Harmonics:	9				
4	THD:	181.475 %				
5	Grid size:	256				
6	Interpolation Degree:	1				
7						
8	Harmonic	Frequency	Magnitude	Phase	Norm. Mag	Norm. Phase
9	0	0	2.66414	0	3.11311	0
10	1	5000	0.85578	77.4486	1	0
11	2	10000	1.16465	-133.44	1.36092	-210.89
12	3	15000	0.659881	140.826	0.771087	63.3774
13	4	20000	0.337229	-81.351	0.39406	-158.8

Fourier Analysis

图 1.95　傅里叶分析仿真结果

5. 温度扫描分析（Temperature Sweep）

温度扫描分析用于分析在不同温度条件下的电路特性。电路中许多元器件参数与温度有关，比如电阻和温度的关系：

$$R = R_O \times \{1 + T_{C1} \times (T - T_O) + T_{C2} \times [(T - T_O)^2]\}$$

式中，R_O 为电阻值，T_O 为 300K，T_{C1} 和 T_{C2} 为温度系数。

当温度变化时，元器件的值会发生变化，电路特性也会发生变化，因此相当于元器件每次取不同温度值进行多次仿真。在基本仿真分析方法（直流工作点、交流扫描、瞬态分析、单频交流分析）中都能对元器件参数和模型参数进行温度分析。

同样使用软件自带范例电路，打开软件安装目录下的 … \samples\Analyses\Temperature Sweep- Comparator.ms14，在显示区内显示图 1.96 所示的运放比较器电路。

温度分析的关键是元器件的温度系数，该

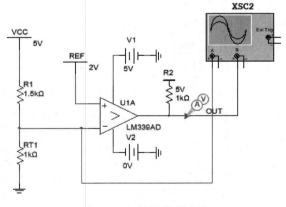

图 1.96　运放比较器电路

电路中 RT1 是热敏电阻，双击该电阻，可以看到其温度系数 $T_{C1}=1m\Omega/^\circ C$。设置好需要的温度系数后，选择菜单栏"Simulation→Analyses and simulation"，在弹出的仿真对话框中选择"Temperature Sweep"，或者单击仿真工具栏的 ▷ Ⅱ ▣ Temperature sweep 按钮，得到图 1.97 所示的对话框。

图 1.97　温度分析的参数设置对话框

单击"Output"下的"V（OUT）"，单击"Run"按钮，弹出图 1.98 所示的仿真结果。可以看到不同温度下输出端的电压值。

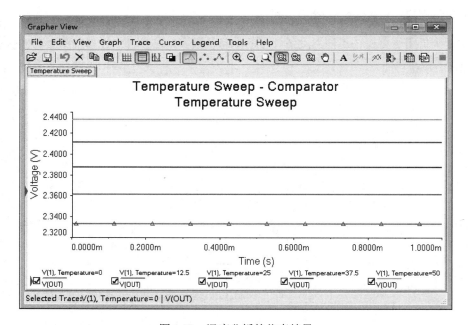

图 1.98　温度分析的仿真结果

6. 失真分析 (Distortion Analysis)

失真分析用于分析电子电路的谐波失真和互调失真,通常非线性失真会导致谐波失真,而相位偏移会导致互调失真。该分析方法是对电路进行小信号的失真分析,采用多维的"沃尔泰(Volterra)"分析法和多维"泰勒(Taylor)"级数来描述工作点处的非线性特性,级数要用到三次方项,这种分析方法尤其适合分析那些采用瞬态分析不易觉察的微小失真。

同样使用软件自带范例电路,打开软件安装目录下的···\samples\Analyses\Distortion-Harmonic.ms14,在显示区内显示图 1.99 所示的甲乙类互补推挽放大器。

进行失真分析前,需要对交流信号源参数进行设置。双击输入信号 V1,在弹出的参数设置对话框(见图 1.100)中对频率 F1 和频率 F2 的幅度和相位进行设置。如果只设置了 F1,那么该分析能确定电路中每一个节点的二次谐波和三次谐波的幅值;若 F1 和 F2 都设置了,那么该分析能确定电路变量在三个不同频率处(F1+F2、F1-F2 和 2F1-F2)的幅值。

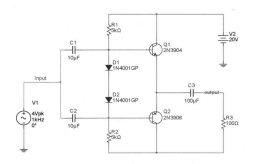

图 1.99　甲乙类互补推挽放大器

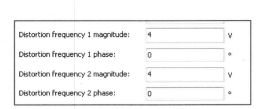

图 1.100　信号源设置的部分对话框

信号源设置好后,选择菜单栏"Simulation→Analyses and simulation",在弹出的对话框中选择"Distortion",或者单击仿真工具栏的 ▶ ▌▌ ■ ⟨Distortion⟩ 按钮,得到图 1.101 所示的对话框。由于和交流扫描分析(AC Sweep)的参数设置相似,所以可以参考图 1.74 中对各项的注解。

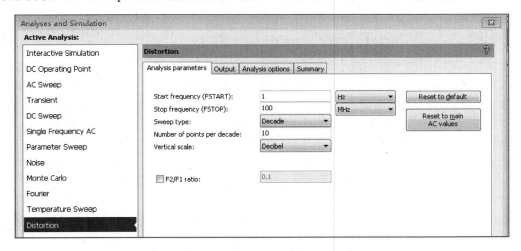

图 1.101　失真分析的参数设置对话框

图 1.101 对话框中的最后一个选项框是"F2/F1 ratio",未选中时,仿真分析结果将给出两页,第一页给出二次谐波的失真结果(见图 1.102(a)),第二页给出三次谐波的失真结果(见图 1.102(b))。

勾选图 1.101 对话框的"F2/F1 ratio",并输入 F2/F1 的比值为 0.5,该值必须在 0 到 1 之间。仿真结果将给出(F1+F2)、(F1-F2)和(2F1-F2)三个频率点相对于频率 F1 的互调失真，如图 1.103 所示。

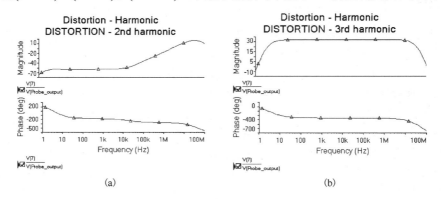

图 1.102　谐波失真分析结果

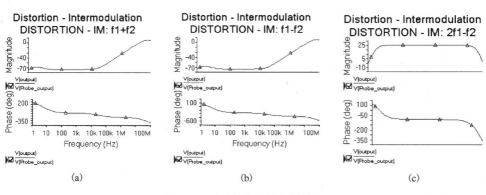

图 1.103　互调失真的分析结果

1.3.3　高级分析方法

1. 灵敏度分析（Sensitivity Analysis）

一般情况下电路元器件值的微小变化都可能改变电路某些方面的特性，灵敏度分析研究电路中某一个元器件的参数发生变化时对电路节点或支路电流的影响程度。在调试电路时，可以重点调试高灵敏度的元器件，所以灵敏度分析对电路优化有着重要的作用。

灵敏度分析可以分为直流灵敏度分析和交流灵敏度分析，直流灵敏度分析的作用是定量分析、比较电路特性对每个电路元器件参数的灵敏程度，主要用于分析指定的节点电压对电路中电阻、独立电压源和独立电流源、电压控制开关和电流控制开关、二极管、双极晶体管这五类元器件参数的灵敏度，并将计算结果以数值形式输出，并不涉及图形的输出。而交流灵敏度分析的仿真结果则是分析不同频率下各元器件对节点电压或支路电流的影响情况，并绘出相应的曲线。

使用软件自带范例电路，打开软件安装目录下的…\samples\ Analyses\ Sensitivity-Amplifier Bias Stability. ms14，在显示区内显示图 1.104 所示的共射放大电路的直流通路。

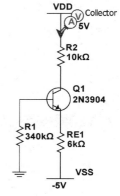

图 1.104　共射放大电路的直流通路

该电路用于分析共射放大电路静态工作点的稳定性，希望通过灵敏度分析找到对晶体三极管集电极电流影响比较大的元器件或是晶体三极管的内部参数。于是选择菜单栏"Simulation→Analyses and simulation"，在弹出的对话框中选择"Sensitivity"，或者单击仿真工具栏的 ▶ ⏸ ■ Sensitivity 按钮，得到图 1.105 所示的对话框。

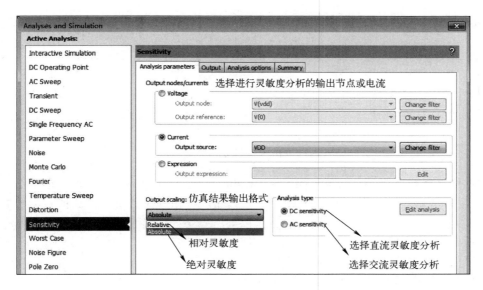

图 1.105　灵敏度分析参数设置对话框

这里需要了解一下相对灵敏度（Absolute）和绝对灵敏度（Relative）。相对灵敏度是指元器件参数变化自身的 1%时，输出变量的变化量。而绝对灵敏度是指元器件参数变化 1 个单位时，输出变量的变化量。图 1.105 中选择相对灵敏度，在"Output"选项卡中选择晶体三极管的部分参数和电路的电阻作为输出量，单击"Run"按钮后得到如图 1.106 所示的输出结果。

仿真结果中"Sensitivity"列的数值越大，说明该变量对于晶体三极管的集电极电流影响越大，属于关键器件或关键参数。

2．最坏情况分析（Worst case）

最坏情况分析是指电路中的元器件参数在其容差域边界点上取某种组合时所引起的电路性能的最大偏差。最坏情况分析是先进行标称值的电路仿真，然后计算灵敏度，将各个元器件逐

Sensitivity - Amplifier Bias Stability Sensitivity Analysis

	Variable		Sensitivity
1	qq1:bf	晶体管的正向电流增益	94.02056 m
2	qq1:br	反向电流增益	-13.69676 n
3	qq1:ikf	正向β大电流下降点	2.02740 m
4	qq1:is	饱和电流	187.46479 m
5	qq1:ise	发射结泄漏饱和电流	-228.34918 m
6	qq1:nc	集电结泄漏发射系数	-6.94072 n
7	qq1:ne	发射结泄漏发射系数	4.53543
8	qq1:rb	基极体电阻	-9.32105 u
9	qq1:rc	集电极体电阻	-1.86239 u
10	qq1:vaf	正向欧拉电压	-5.36372 m
11	rr1		-316.67961 m
12	rr2		-18.55447 m
13	rre1		-703.60899 m
14	vddvdd		18.76684 m
15	vssvss		1.17778

图 1.106　直流灵敏度输出结果

个变化进行电路仿真，在得到灵敏度后，最后再做一次最坏情况分析。所以，如果电路中有 n 个变量的话，最坏情况分析其实是进行了 $n+2$ 次的电路性能分析。

最坏情况分析和蒙特卡罗（Monte Carlo）分析一样，也是一种统计分析；它和蒙特卡罗分析一致，都得对器件容差进行设置。

使用软件自带范例电路，打开软件安装目录下的···\samples\Analyses\Worst Case-Speech Filter.ms14，

在显示区内显示图 1.107 所示的语音滤波电路。

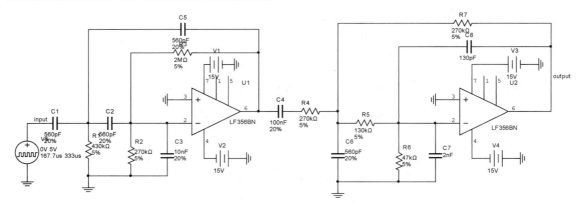

图 1.107　语音滤波电路

然后选择菜单栏"Simulation→Analyses and simulation",在弹出的仿真对话框中选择"Worst Case",或者单击仿真工具栏的 ▶ Ⅱ ■ Worst case 按钮,弹出的参数设置对话框和蒙特卡罗分析非常相似,其中"Tolerance"选项卡的设置可以参考图 1.90,而"Analysis parameter"选项卡的设置见图 1.108,它跟蒙特卡罗分析的参数设置窗口相似,只是增加了"Direction"项,它表示分析结果的朝向,其中包括"Low"和"Hight"两个选项,"Low"表示测量的仿真结果比标称值低,"Hight"表示测量的仿真结果比标称值高。读者可以分别选择这两种情况,观察其差别。

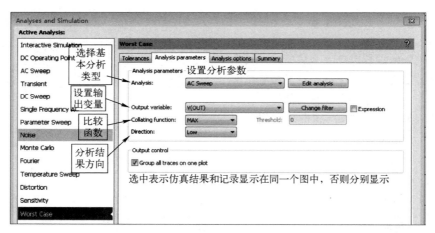

图 1.108　最坏情况分析的参数设置对话框

参数设置好后,单击"Run"按钮,弹出图 1.109 所示的仿真结果。仿真结果显示了各个具有容差的器件分别取最大误差下,输出电压的频率特性,仿真结果包括两部分,一部分为最坏情况和标称值下的幅频特性和相频特性曲线,另一部分用来显示最大偏差下的频率,以及各个具有容差的器件所取的数值。

3.　噪声系数（Noise Figure）

噪声系数分析是指分析电路的噪声系数,也就是求解输入信噪比/输出信噪比,单位常用"dB",用来衡量加入信号中的噪声值。

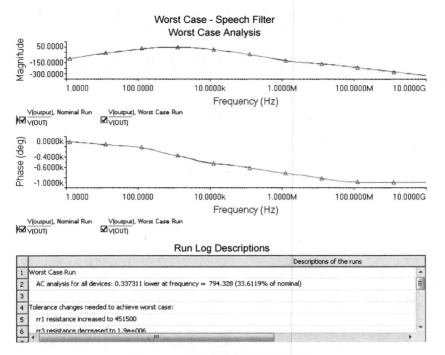

图 1.109　最坏情况分析的仿真结果

使用软件自带范例电路，打开软件安装目录下的 ··· \samples\Analyses\Noise Figure-RF Amplifier. ms14，在显示区内显示图 1.110 所示的射频放大电路。

选择菜单栏"Simulation→Analyses and simulation"，在弹出的对话框中选择"Noise Figure"，或者单击仿真工具栏的 ▷ ⅱ ⬛ Noise Figure 按钮，弹出如图 1.111 所示的参数设置对话框。

参数设置后单击"Run"按钮，弹出图 1.112 所示的仿真结果。仿真结果显示了射频放大电路在 10kHz 频率下噪声系数的值。

4. 零极点分析（Pole-Zero Analysis）

零极点分析主要是求解交流小信号电路传递函

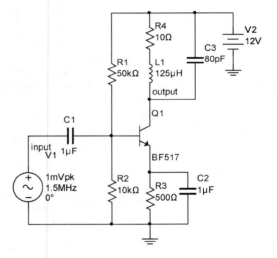

图 1.110　射频放大电路

数中的零点和极点，这对电路的稳定性分析相当有用。通常先进行直流工作点分析，对非线性元器件求得线性化的小信号模型，在此基础上再进行传递函数的零点和极点分析。NI Multisim 14.0 提供的传输函数可以是电压增益（输出电压与输入电压之比）或互阻增益（输出电压与输入电流之比）中的任意一个。

使用软件自带范例电路，打开软件安装目录下的 ··· \samples\Analyses\Pole Zero-Lowpass Filter.ms14，在显示区内显示图 1.113 所示的低通滤波电路。

选择菜单栏"Simulation→Analyses and simulation"，在弹出的仿真对话框中选择"Pole Zero"，或者单击仿真工具栏的 ▷ ⅱ ⬛ Pole zero 按钮，弹出如图 1.114 所示的参数设置对话框。

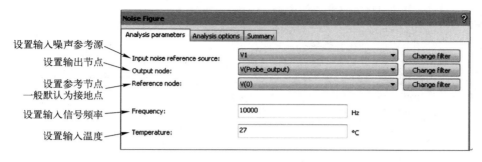

图 1.111 噪声系数分析的参数设置对话框

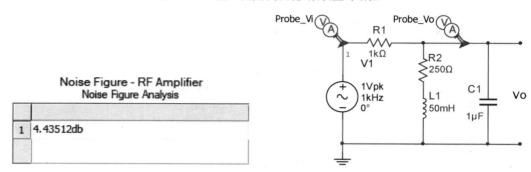

图 1.112 噪声系数分析的仿真结果

图 1.113 低通滤波电路

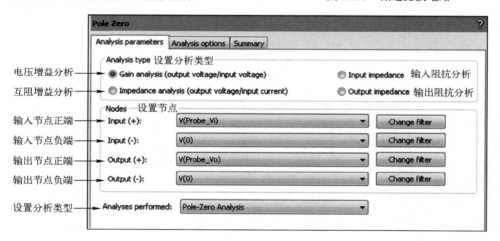

图 1.114 零极点分析的参数设置对话框

若对图 1.113 的电路进行拉普拉斯变换，可以得到电路输出电压和输入电压的关系为：

$$V_O = \frac{1000(s+5000)V_i}{s^2 + 6000s + 25 \times 10^6} \qquad (1.3)$$

使用图 1.114 中的参数设置，单击"Run"按钮后，弹出图 1.115 所示的仿真结果。仿真结果显示了电路电压增益的零点和极点的值，这与理论分析（式（1.3））的结果一致。

Pole Zero Analysis

	Poles/Zeros	Real	Imaginary
1	pole(1)	-3.00000 k	4.00000 k
2	pole(2)	-3.00000 k	-4.00000 k
3	zero(1)	-5.00000 k	0.00000e +000

图 1.115 零极点分析的仿真结果

5. 传递函数分析（Transfer Function）

传递函数分析是分析一个输入源与两个节点间的输出电压或一个输入源与一个电流源输出变化量之间的小信号传递函数。该分析也可以用于计算电路的输入阻抗和输出阻抗。在传递函数分析中，输出变量可以是电路中的节点电压，但输入源必须是独立电源。在进行该分析前，软件先自动对电路进行直流工作点分析，求得线性化的模型，然后再进行小信号分析，求出传递函数。

使用软件自带的范例电路，打开软件安装目录下的···\samples\Analyses\Transfer Function-Inverting Opamp.ms14，在显示区内显示图 1.116 所示的反相比例运算放大器。

选择菜单栏"Simulation→Analyses and simulation"，在弹出的对话框中选择"Transfer Function"，或者单击仿真工具栏的 ▶ ‖ ⌐ Transfer function 按钮，弹出如图 1.117 所示的参数设置对话框。

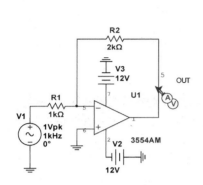

图 1.116　反相比例运算放大器

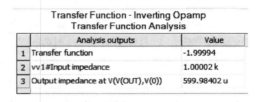

图 1.117　传递函数分析的参数设置对话框

图 1.116 的反相比例运算放大器，很明显其输出电压与输入电压之比为-2，图 1.117 中的参数设置是为了计算电路的电压增益。单击"Run"按钮后，弹出图 1.118 所示的仿真结果，即输出电压/输入电压的数值。

Transfer Function - Inverting Opamp Transfer Function Analysis	
Analysis outputs	Value
1　Transfer function	-1.99994
2　vv1#Input impedance	1.00002 k
3　Output impedance at V(V(OUT),V(0))	599.98402 u

图 1.118　传递函数分析的仿真结果

6．布线宽度分析（Trace Width Analysis）

布线宽度分析就是计算制作 PCB 板时导线有效的传输电流所允许的最小导线宽度。在制作 PCB 板时，PCB 的覆铜厚度限制了导线的厚度，而导线的电阻率与电流通过导线的横截面积有关，导线的电阻主要取决于 PCB 板设计者对导线宽度的设置。

使用软件自带范例电路，打开软件安装目录下的···\samples\Analyses\TraceWidth-Power Supply.ms14，在显示区内显示图 1.119 所示的直流稳压电源电路。

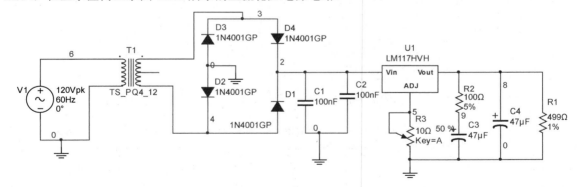

图 1.119　直流稳压电源电路

选择菜单栏"Simulation→Analyses and simulation"，在弹出的仿真对话框中选择"Trace Width"，或者单击仿真工具栏的 ▶ ‖ ⌐ Trace Width 按钮，弹出如图 1.120 所示的参数设置对话框。

图 1.120　布线宽度分析的参数设置对话框

图 1.120 中，"Analysis Parameter"选项卡的设置与瞬态分析的参数设置一致，这里不再赘述。单击"Run"按钮，得到仿真结果如图 1.121 所示，即显示了每个元器件每个管脚的布线宽度值和流过的电流值。

1.3.4　组合分析

1. 批处理分析（Batched Analysis）

在实际电路中，通常需要对同一个电路进行多种分析，例如对于一个放大电路，既需要进行静态工作点分析，又需要进行直流扫描分析，还需要进行参数扫描分析，可以通过批处理分析，将这些不同的分析功能放在一起，一次执行。

使用软件自带范例电路，打开软件安装目录下的…\samples\Analyses\ Batched Analyses-CMOS Common Source Amplifier.ms14，在显示区内显示图 1.122 所示的共源放大电路。

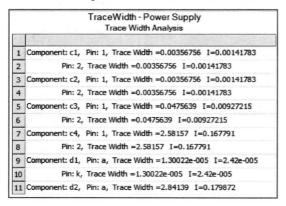

图 1.121　布线宽度分析的仿真结果

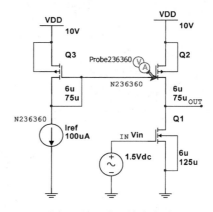

图 1.122　共源放大电路

选择菜单栏"Simulation→Analyses and simulation"，在弹出的仿真对话框中选择"Batched"，或者单击仿真工具栏的 ▷ Ⅱ　 Batched　 按钮，弹出如图 1.123 所示的参数设置对话框。

当用户在图 1.123 的左边选中需要的分析方法后，单击"Add analysis"按钮，弹出该分析方法的参数设置对话框。比如选中"DC operating Point"分析方法，会弹出图 1.68 所示的直流工作点分析的参数设置对话框，设置好后，在右边的"Analysis to perform"区域内就会增加一种分析方法。图 1.123 的对话框中共选择了三种分析方法，单击"Run"按钮，可以同时得到三种分析方法的仿真结果。如图 1.124 所示，同时显示了直流工作点分析的仿真结果、直流扫描分析的仿真结果和参数扫描的仿真结果。

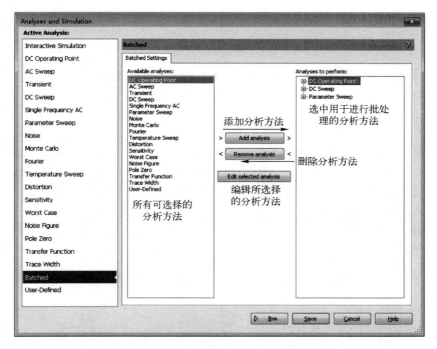

图 1.123　批处理分析的参数设置对话框

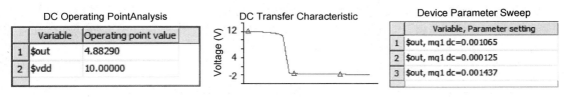

图 1.124　批处理分析的仿真结果

2. 用户自定义分析

用户自定义分析由用户通过 SPICE 命令来定义某些仿真分析的功能，以达到扩充仿真分析的目的。

本章涉及的所有实例文件可以通过扫描二维码 1-1 获取。

二维码 1-1

第 2 章　常用模拟电路 Multisim 设计与仿真

Multisim 提供了诸多针对模拟电路的仿真分析方法与虚拟仪器，对模拟电路的设计起着很大的辅助作用，毕竟在计算机上对电路进行仿真，比构建和调试实际的电路要快得多，可以减轻设计方案验证阶段的工作量。本章涉及四个基本的模拟实验电路（实验条件均为：计算机 1 台，NI Multisim 14.0 软件 1 套（以下简称 Multisim）），用于巩固和加深模拟电路中重要基础理论知识，激发学生对电子电路设计的兴趣。

2.1　单级放大电路设计与仿真

放大器就是将微弱的电信号进行处理而变成幅度较大的信号。一般对微弱信号进行的放大为线性放大。线性放大器意味着放大器的输出信号等于输入信号乘以一个常数，即输出信号与输入信号成正比。放大的前提是不失真，因为只有在不失真的情况下放大才有意义。晶体三极管和场效应管是放大电路的核心元件，只有它们工作在合适的区域内，才能使输出量与输入量始终保持线性关系。对于晶体三极管（简称三极管）构成的基本放大电路，如果静态工作点不合适，输出波形会产生非线性失真——饱和失真和截止失真，而不能正常放大。

设计放大电路时必须遵循以下原则：

（1）必须根据所用放大管的类型提供直流电源，以便设置合适的静态工作点，并作为输出的能源。对于三极管放大电路，电源的极性和大小应使三极管发射结处于正向偏置，集电结处于反向偏置状态，即保证三极管工作在放大区。

（2）电阻取值要得当，保证和电源搭配后使三极管具有合适的静态工作电流。

（3）电路设置要求输入信号能有效地传输到输出回路。

1. 实验目的

（1）使用 Multisim 软件进行原理图仿真。

（2）掌握用仿真软件调整和测量基本放大电路静态工作点的方法。

（3）掌握用仿真软件观察静态工作点对输出波形的影响。

（4）掌握利用特性曲线测量三极管小信号模型参数的方法。

（5）掌握放大电路动态参数的测量方法。

2. 实验要求

（1）设计一个分压偏置的单管共射放大电路，调节基极偏置电阻，观察电路出现饱和失真和截止失真的输出信号波形，并测试对应的静态工作点的值。

（2）放大器输入端接入峰值为 1mV 的正弦信号，调节电路静态工作点（调节偏置电阻），观测电路输出信号，使得输出波形不失真。在此状态下：

① 测量电路静态工作点；

② 绘制三极管的输入、输出特性曲线，得到三极管小信号模型参数 r_{be}、β、r_{ce} 的值；

③ 利用示波器得到输出波形，求出该放大电路的放大倍数；

④ 仿真和测量电路的输入电阻和输出电阻；

⑤ 测试电路的频率特性，得到通频带 BW。

3. 实验内容

打开 Multisim，在绘图区绘制如图 2.1 所示分压偏置的单管共射放大电路，其中滑动变阻器用于调节放大电路中三极管的工作区域。

（1）非线性失真分析

放大器要求输出信号与输入信号之间是线性关系，不能产生失真。由于三极管存在非线性，使输出信号产生了非线性失真。从图 2.2 所示三极管的输出特性曲线可以看出，当静态工作点（Q 点）处于放大区时，三极管才能处于放大状态；当静态工作点接近饱和区或截止区时，都会引起失真。

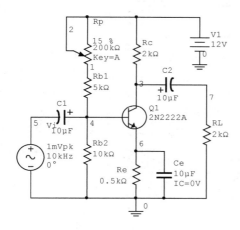

图 2.1　分压偏置的单管共射放大电路

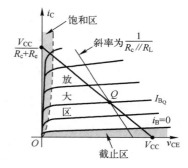

图 2.2　三极管输出特性曲线

放大电路的静态工作点因接近三极管的饱和区而引起的非线性失真称为饱和失真，如图 2.3 所示，对于 NPN 管，输出电压表现为底部失真。放大电路的静态工作点接近或到达三极管的截止区而引起的非线性失真称为截止失真，对于 NPN 管，输出电压表现为顶部失真。不过由于静态工作点达到截止区，三极管几乎失去放大能力，输出的电流非常小，于是输出电压波形也非常小，因此有时很难看到顶部失真的现象，而只能观察到输出波形已经接近于零。

失真波形可以通过示波器观察，也可以通过总谐波失真（THD）的大小来判断。总谐波失真的定义：在某一正弦信号输入下，输出波形因非线性而产生失真，其谐波分量的总有效值与基波分量之比。

① 饱和失真

调节图 2.1 中的滑动变阻器，由于饱和失真时静态工作点偏高，也就是 I_{BQ} 的值偏大，因此，应调小滑动变阻器的阻值。当输入信号峰值为 5mV，滑动变阻器的百分比为 10% 时，输出端显示图 2.4 所示的饱和失真波形。

此时电路的静态工作点通过 Multisim 提供的直流工作点分析求得。选择菜单栏 "Simulation→Analyses and Simulation"，在弹出的仿真对话框中选择 "DC Operating Point"，并将求三极管放大器静态工作点所需的四个量添加为分析变量，如图 2.5 所示。

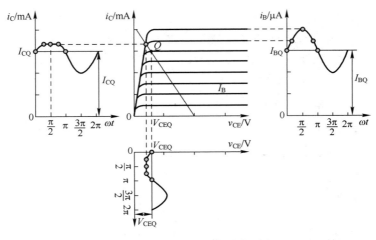

图 2.3　饱和失真的图解分析过程

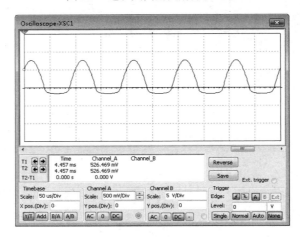

图 2.4　饱和失真波形

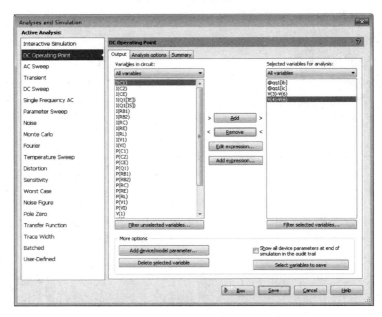

图 2.5　静态工作点变量选择

单击"Run"按钮，得到图 2.6 所示的仿真结果。

由图 2.6 可看出三极管的静态工作点为（取近似值）：$I_{BQ} = 51.58\mu A$，$I_{CQ} = 4.73mA$，$V_{BEQ} = 0.67V$，$V_{CEQ} = 0.15V$。

② 截止失真

调节滑动变阻器，增大基极偏置电阻，那么基极的电流 I_B 逐渐减小，同时集电极电流也逐渐减小并趋于零，从而使得集电极的电位越发接近直流电源电压 V_{CC}，三极管近似于断路。因此，这时的输出信号非常小，甚至小于输入信号。图 2.7 是滑动变阻器选择在 100%下的静态工作点分析结果。

<table>
<tr><td colspan="3">DC Operating Point Analysis</td></tr>
<tr><td></td><td>Variable</td><td>Operating point value</td></tr>
<tr><td>1</td><td>@qq1[ib]</td><td>51.57966 u</td></tr>
<tr><td>2</td><td>@qq1[ic]</td><td>4.72976 m</td></tr>
<tr><td>3</td><td>V(3)-V(6)</td><td>149.80887 m</td></tr>
<tr><td>4</td><td>V(4)-V(6)</td><td>669.47515 m</td></tr>
</table>

图 2.6　饱和失真的静态工作点

<table>
<tr><td colspan="3">DC Operating Point Analysis</td></tr>
<tr><td></td><td>Variable</td><td>Operating point value</td></tr>
<tr><td>1</td><td>@qq1[ib]</td><td>168.88651 n</td></tr>
<tr><td>2</td><td>@qq1[ic]</td><td>35.84860 u</td></tr>
<tr><td>3</td><td>V(3)-V(6)</td><td>11.91029</td></tr>
<tr><td>4</td><td>V(4)-V(6)</td><td>538.52046 m</td></tr>
</table>

图 2.7　截止失真的静态工作点

由图 2.7 可以看出三极管的静态工作点为：$I_{BQ} = 0.17\mu A$，$I_{CQ} = 0.036mA$，$V_{BEQ} = 0.54V$，$V_{CEQ} = 11.91V$。I_{BQ}、I_{CQ} 的值均趋于零，V_{CEQ} 也接近 V_{CC}。三极管的 Q 点已经进入截止区，但由于集电极的电流很小，使得输出信号也非常小，若没有观测到较为明显的顶部失真现象，则可以适当增大输入信号，得到图 2.8（a）所示的输出波形。还可以在输出端接入失真分析仪（Distortion Analyzer），得到图 2.8（b）所示的总谐波失真（THD）值。

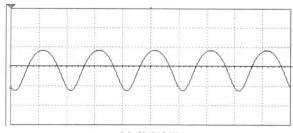

(a) 输出波形

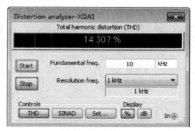

(b) 总谐波失真值

图 2.8　截止失真的仿真结果

（2）正常放大状态下的分析

1）静态分析

① 仿真分析

打开图 2.2 的电路，放大电路要正常放大需要静态工作点处于放大区，调节滑动变阻器使得静态工作点尽量接近交流负载线的中心。选择直流工作点（DC Operating Point）分析方法，图 2.9 所示的静态工作点是滑动变阻器选择在 15%，即滑动变阻器接入电阻为 30kΩ 时的仿真结果。

由图 2.9 可以看出三极管的静态工作点为（取近似值）：$I_{BQ} = 17.65\mu A$，$I_{CQ} = 3.72mA$，$V_{BEQ} = 0.66V$，$V_{CEQ} = 2.7V$。

<table>
<tr><td colspan="3">DC Operating Point Analysis</td></tr>
<tr><td></td><td>Variable</td><td>Operating point value</td></tr>
<tr><td>1</td><td>@qq1[ib]</td><td>17.64765 u</td></tr>
<tr><td>2</td><td>@qq1[ic]</td><td>3.71706 m</td></tr>
<tr><td>3</td><td>V(3)-V(6)</td><td>2.69853</td></tr>
<tr><td>4</td><td>V(4)-V(6)</td><td>662.05361 m</td></tr>
</table>

图 2.9　正常放大状态下的静态工作点

② 理论分析（估算法）

利用 Multisim 查看三极管 2n2222A 的模型，电流放大倍数 $\beta=220$，同时理论估算发射结导通的电压值，这里取 $V_{BE}=0.7\text{V}$。则

$$I_{BQ}=\frac{\dfrac{R_{b2}}{R_{b1}+R_p+R_{b2}}V_{CC}-V_{BE}}{(1+\beta)R_e}=\frac{\dfrac{10}{5+30+10}\times12-0.7}{(1+220)\times0.5}=17.79(\mu A)$$

$$I_{CQ}=\beta I_{BQ}=3.91(mA)$$

$$V_{CE}\approx V_{CC}-I_C(R_c+R_e)=2.21(V)$$

③ 分析研究

根据仿真分析和理论估算的数据对比，发现仿真分析中的电流放大倍数及发射结的导通电压随着电路静态工作点变化而变化，比理论分析中的固定值更加符合实际电路，说明仿真实验对实际电路的分析具有指导意义，并且静态工作点的值比理论估算更接近实际电路。因此，接下来应用仿真获得的静态工作点的值，分析三极管小信号模型参数。

2）三极管小信号模型参数确定

处于小信号线性放大器中的三极管可以用图 2.10 所示的 H 参数小信号模型代替。

① 小信号参数的物理意义

图 2.10 模型中 r_{be} 是指输出端交流电压短路，即 $v_{CE}=V_{CEQ}$ 时三极管 b-e 极间的输入电阻。它的物理意义是指当 $v_{CE}=V_{CEQ}$ 时，v_{BE} 对 i_B 的偏导数。从输入特性上看，就是 $v_{CE}=V_{CEQ}$ 那条输入特性曲线在 Q 点处切线斜率的倒数，求解方法如图 2.11 所示。

$$r_{be}=(\Delta v_{BE}/\Delta i_B)\big|_{v_{CE}=V_{CEQ}} \tag{2.1}$$

图 2.10 模型中的 β 是指输出端交流电压短路，即 $v_{CE}=V_{CEQ}$ 时，三极管的电流放大系数。它的物理意义是指当 $v_{CE}=V_{CEQ}$ 时，i_C 对 i_B 的偏导数。从输出特性上看，就是 Q 点附近的电流放大系数，求解方法如图 2.12 所示。

$$\beta=(\Delta i_C/\Delta i_B)\big|_{v_{CE}=V_{CEQ}} \tag{2.2}$$

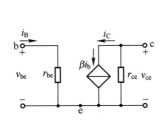

图 2.10　H 参数小信号模型

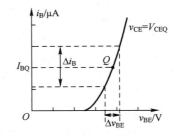

图 2.11　r_{be} 的物理意义和求解方法

图 2.10 模型中的 r_{ce} 是指输入端交流电流开路，即 $i_B=I_{BQ}$ 时，三极管 c-e 间的输出电阻。它的物理意义是指当 $i_B=I_{BQ}$ 时，v_{CE} 对 i_C 的偏导数。从输出特性上看，r_{ce} 是在 $i_B=I_{BQ}$ 的那条输出特性曲线上 Q 点处切线斜率的倒数，求解方法如图 2.13 所示。

$$r_{ce}=(\Delta v_{CE}/\Delta i_C)\big|_{i_B=I_{BQ}} \tag{2.3}$$

② 直流扫描分析小信号参数

由图 2.11、图 2.12 和图 2.13 可知三极管的小信号参数均与静态工作点有关，图 2.9 所示三极管

的静态工作点为（取近似值）：$I_{BQ}=17.65\mu A$，$I_{CQ}=3.72mA$，$V_{BEQ}=0.66V$，$V_{CEQ}=2.7V$。因此，需要构建如图 2.14（a）所示的绘制输入特性曲线的电路，其中 c-e 间的电压源取 $V_{CE}=V_{CEQ}$。

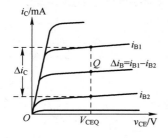

图 2.12 β 的物理意义和求解方法

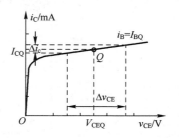

图 2.13 r_{ce} 的物理意义和求解方法

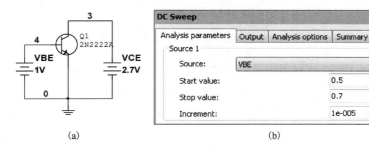

(a)   (b)

图 2.14 绘制输入特性曲线的电路和直流扫描分析设置对话框

绘制好电路后，选择菜单栏"Simulation→Analyses and Simulation"，或者单击仿真工具栏中的 ⚙Interactive 按钮，在弹出的对话框中选择"DC Sweep"，变量 V_{BE} 如图 2.14（b）所示，设置从 0.5V 变化至 0.7V，为了提高精确度，增量（Increment）可以设置得小一些。输出变量（Output 选项卡）选择 I(Q1(IB))，单击"Run"按钮，得到图 2.15 所示的仿真结果。图中光标的放置参考图 2.11 中纵向的虚线，图 2.15 中显示的 dx 就是式（2.1）中的 Δv_{BE}，dy 就是式（2.1）中的 Δi_B。因此，此状态的三极管小信号输入电阻为

$$r_{be}=(\Delta v_{BE}/\Delta i_B)\big|_{v_{CE}=V_{CEQ}}=dx/dy$$
$$=11.6732mV/7.1239\mu A\approx 1.6k\Omega \qquad (2.4)$$

三极管的 β 和 r_{ce} 均和输出特性曲线有关（绘制三极管输出特性曲线在本书 1.3.1 节的直流扫描分析中有详细介绍），构建图 2.16（a）所示的电路，分析方法中选择"DC Sweep"，直流扫描分析的参数设置如图 2.16（b）所示，设定自变量为电压源 V_{CE}，从 0V 变化到 5V，每次增量为 0.001V；设定参变量为电流源 I_B，初始值为 15.65μA，终

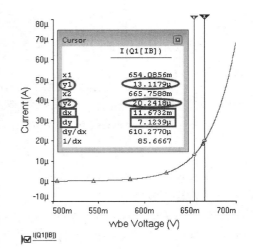

图 2.15 输入特性曲线的仿真结果

止值为 19.65μA，增量为 2μA，所以共设置了三个值：15.65μA、17.65μA 和 19.65μA，而 17.65μA 正好就是 I_{BQ} 的值。

图 2.16（b）所示对话框中的输出变量（Output 选项卡）选择 I(Q1(IC))，完成设置后，单击"Run"按钮，得到如图 2.17 所示的仿真结果。将图中的光标 2 的横坐标放在 V_{CEQ} 的位置，参考图 2.12 纵向的虚线，三极管此状态下的 β 为

$$\beta = (\Delta i_C / \Delta i_B)\big|_{v_{CE}=V_{CEQ}} = (4.1392 - 3.2958)\text{mA}/(19.65 - 15.65)\mu\text{A} \approx 211 \qquad (2.5)$$

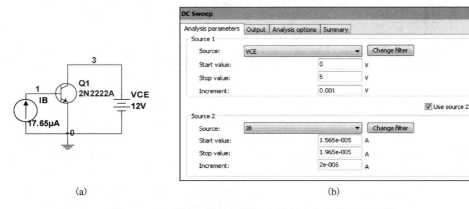

(a)	(b)

图 2.16　绘制输出特性曲线的电路图和参数设置对话框

图 2.17 的输出特性曲线还可以用于计算三极管的 r_{ce}，图中显示的 dx 就是式（2.3）中的 Δv_{CE}，dy 就是式（2.3）中的 Δi_C，则此状态下三极管的小信号输出电阻为

$$r_{ce} = (\Delta v_{CE} / \Delta i_C)\big|_{i_B=I_{BQ}} = \text{d}x/\text{d}y = 709.9237\text{mV}/25.4794\mu\text{A} \approx 28\text{k}\Omega \qquad (2.6)$$

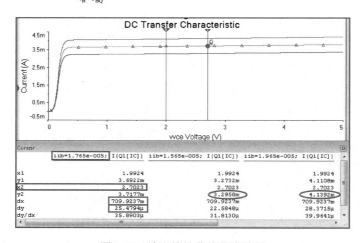

图 2.17　输出特性曲线仿真结果

3）电压放大倍数的估算与测量

① 微变等效理论估算

图 2.1 所示放大电路正常放大情况下的微变等效电路如图 2.18 所示。图中滑动变阻器放置在 15% 位置，三极管小信号参数取式（2.4）、式（2.5）、式（2.6）得到的结果。

$$A_v = -\frac{\beta r_{ce}\mathbin{/\mkern-5mu/} R_C \mathbin{/\mkern-5mu/} R_L}{r_{be}} = -\frac{211 \times 28 \mathbin{/\mkern-5mu/} 2 \mathbin{/\mkern-5mu/} 2}{1.64} \approx -127$$

② 仿真和测量电压放大倍数

在输出电压不失真的情况下，电路的电压放大倍数常用示波器或电压表进行测量。用示波器仿真测量输入和输出波形，如图 2.19 所示，依据电压放大倍数的定义进行估算，由于输入峰值为 1mV 的信

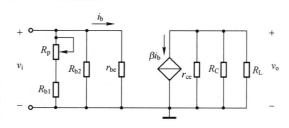

图 2.18　图 2.1 的微变等效电路

号，因此测量的电压放大倍数为

$$A_v = v_o / v_i = V_{om} / V_{im} \approx -129$$

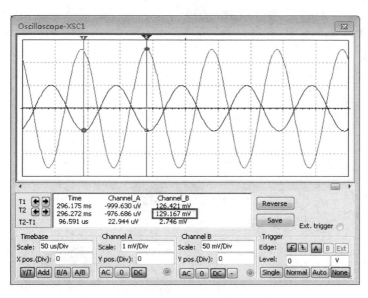

图 2.19　示波器测量输入和输出电压波形

4）放大电路输入电阻和输出电阻的估算与测量

① 微变等效理论估算

图 2.18 所示微变等效电路中，滑动变阻器放置在 15% 位置，则

$$R_i = (R_p + R_{b1}) // R_{b2} // r_{be} = (30 + 5) // 10 // 1.64 \approx 1.4 (k\Omega)$$

$$R_o = r_{ce} // R_C \approx 1.87 (k\Omega)$$

② 使用电压表和电流表测量输入电阻和输出电阻

仿真测量输入、输出电阻可以采用定义分析。由定义 $R_i = V_i / I_i$，用输入电压有效值和输入电流有效值的比值获得。因此在输入端接入电压表和电流表，如图 2.20 所示。

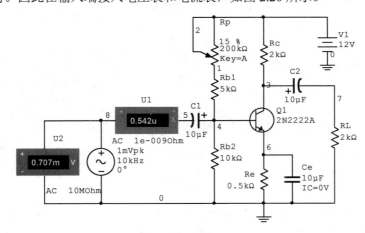

图 2.20　输入电阻测量电路

由电压表和电流表数值可得到

$$R_i = V_i / I_i = 0.707\text{mV}/0.542\mu\text{A} \approx 1.3\text{k}\Omega$$

输出电阻的测量电路如图 2.21 所示，根据定义求放大电路的输出电阻，首先要对放大电路输入端所加的信号源做处理：如果信号源是电压源则令 $V_s = 0$，即将电压源短路；如果信号源是电流源则令 $I_s = 0$，即将电流源开路。其次还要将负载 R_L 去掉，并在输出端加一个测试电压源 V_o。这样若输出端电流为 I_o，则输出电阻 $R_o = V_o / I_o$。

由电压表和电流表数值可得到：

$$R_o = V_o / I_o = 0.707\text{mV}/0.377\mu\text{A} \approx 1.875\text{k}\Omega$$

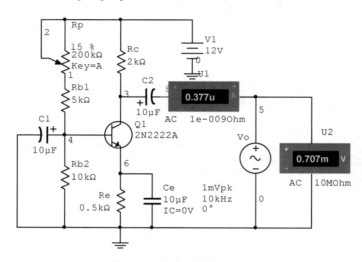

图 2.21   输出电阻测量电路

③ 使用交流扫描分析（AC Sweep）测量输入电阻和输出电阻

在图 2.20 的输入电阻的测量电路中，选择菜单栏"Simulation→Analyses and Simulation"，在弹出的对话框中选择"AC Sweep"，频率参数设置和输出变量设置如图 2.22 所示。

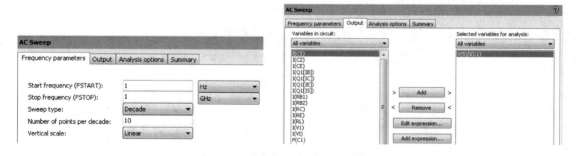

图 2.22   测量输入电阻的频率参数设置和输出变量设置对话框

设置完成后，单击"Run"按钮得到图 2.23 所示的仿真结果，从结果中可以看出放大电路的输入电阻也是频率的函数，在频率为 10kHz 时，输入电阻为 1.3051kΩ，与电压表和电流表分析结果一致。

同理，在图 2.21 的输出电阻测量的电路中，选择"交流扫描分析（AC Sweep）"，在参数设置对话框中设置频率参数，并将输出变量设置为输出电压与输出电流的比值。单击"Run"按钮得到图 2.24 所示的仿真结果，可以看出放大电路的输出电阻也是频率的函数，在频率为 10kHz 时，输出电阻为 1.8752kΩ，与电压表和电流表分析结果一致。

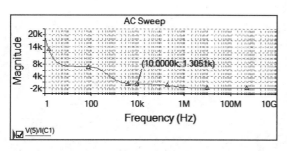

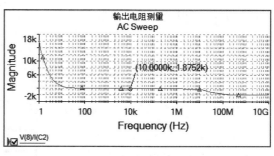

图 2.23 交流扫描分析测量输入电阻的仿真结果　　　图 2.24 交流扫描分析测量输出电阻的仿真结果

5）测量电路的频率特性

① 使用交流扫描分析测量通频带

打开图 2.1 所示的放大电路，注意滑动变阻器仍放置于 15% 的位置。选择菜单栏"Simulation→Analyses and Simulation"，在弹出的仿真对话框中选择"AC Sweep"，注意在频率参数设置（Frequency Parameters）选项卡中纵坐标刻度（Vertical Scale）项需要选择"Decibel"，表示幅频特性纵坐标以分贝为单位。输出（Output）选项卡中，选择待分析的输出电路节点 V(7)，也就是负载两端的电压。单击"Run"按钮得到图 2.25 所示的仿真结果。

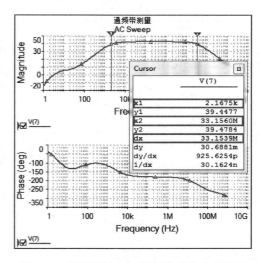

由图 2.25 可看出，图 2.1 放大电路的中频增益约为 42.4dB，光标 1 和光标 2 对应于图中中频增益下降 3dB 时的位置，从而得到下限频率为 x1 的坐标值，约为 2.17kHz，上限频率为 x2 的坐标值，约为 33.16MHz，通频带宽度就是 dx 的值，约为 33.15MHz。

图 2.25 幅频特性和相频特性曲线仿真结果

② 使用波特图仪测量频率特性

同样打开图 2.1 的放大电路，接上波特图仪，如图 2.26（a）所示，输入端和输出端均连接波特图仪，运行仿真即可得到图 2.26（b）和图 2.26（c）所示的幅频特性曲线，以及图 2.26（d）所示的相频特性曲线。

由图 2.26（b）和（c）同样得到了上限频率约为 33.14MHz，下限频率约为 2.17kHz，通频带约等于上限频率，与交流扫描分析的结果几乎一致。

6）分析研究

根据理论分析的静态工作点、电压增益、输入电阻和输出电阻的数据，比对仿真测量的数据，可知仿真分析数据与理论估算数据基本一致，说明仿真实验对实际电路的分析具有一定的指导意义。

同时通过 Multisim 提供的虚拟仪器电压表、电流表测量输入、输出电阻，以及用波特图仪测量频率特性，比对交流扫描分析的仿真结果，可知两种结果数据基本一致，说明仿真软件提供多种方式供用户选择，以获得用户需要的结果，指导实际电路设计。

4. 实验报告内容

（1）给出满足一定技术指标的分压式单管共射放大电路原理图。

（2）给出电路饱和失真和截止失真时输出电压的波形图，以及两种状态下三极管的静态工作点，分析出现失真的原因。

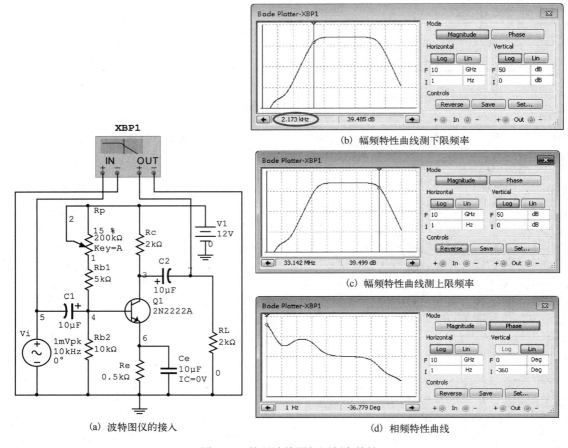

(a) 波特图仪的接入

(b) 幅频特性曲线测下限频率

(c) 幅频特性曲线测上限频率

(d) 相频特性曲线

图 2.26　使用波特图仪测频率特性

（3）调节静态工作点，使得电路工作在不失真状态。

① 给出三极管静态工作点的测量值。

② 给出测量三极管输入、输出特性曲线和测量 β、r_{be}、r_{ce} 值的实验电路图，并给出测量结果。

③ 给出输出波形图，求出放大倍数，并与理论计算值进行比较。

④ 给出输入电阻和输出电阻的测量结果，并和理论计算值进行比较。

⑤ 给出电路的幅频特性和相频特性曲线，并得出下限截止频率 f_L、上限截止频率 f_H，以及通频带 BW 的值。

5．思考题

（1）设计一个放大电路应注意哪些原则？

（2）温度对放大电路有什么样的影响？（可以使用温度扫描（Temperature Sweep）分析结果来说明）

（3）耦合电容 C_1、C_2 和旁路电容 C_e 对放大电路的频率特性有什么影响？（可以使用参数扫描（Parametric Sweep）分析结果进行说明）

（4）设计的共射放大电路在保持静态工作点不变的前提下，改变信号的输入端和输出端，分别连接成共集组态的放大电路和共基组态的放大电路，测量电压增益、输入电阻、输出电阻，以及通频带，并列表进行比较。

2.2 差分放大电路设计与仿真

差分放大电路（差分放大器，简称差放）是模拟集成电路中的重要单元电路，常作为直接耦合多级放大电路的第一级，这是因为它具有放大差模信号、抑制共模信号的良好品质，能很好地抑制直接耦合多级放大电路中的零点漂移现象。差分放大电路分为两种：长尾式差分放大电路和带恒流源的差分放大电路。前者电路简单，但在单端输出时，尾部的电阻需要取值比较大才能实现较大的共模抑制，在集成电路中受到限制，因此在单端输出时，一般多采用带恒流源的差分放大电路。

现在越来越多的产品采用国产的晶体管，这些晶体管的 SPICE 模型在软件自带库中都找不到，这一节将给出创建新元器件模型的方法。

1. 实验目的

（1）掌握差分放大电路的工作原理。
（2）进一步熟悉使用 Multisim 仿真工具辅助电路分析。
（3）掌握在 Multisim 中创建新元器件模型。
（4）掌握差分放大电路放大直流小信号时主要性能指标的分析。
（5）掌握分析差分放大电路传输特性曲线的方法。

2. 实验要求

（1）使用 S9013 三极管，设计一个带恒流源的差分放大电路，要求空载时双端输出的差模增益 A_{VD} 大于 20。

（2）电路输入 20mV 的直流差模小信号，分别测试双端输出时的差模增益 A_{VD} 和单端输出时的差模增益 A_{VD1}。

（3）电路输入 1V 的直流共模信号，分别测试双端输出的共模增益 A_{VC} 和单端输出的共模增益 A_{VC1}。

（4）测量差分放大电路的传输特性曲线。

3. 实验内容

（1）创建新元器件模型

S9013 是实验室中常用的小功率 NPN 型三极管，但在 Multisim 的器件库中并没有搜索到该型号。这时就需要先构建该器件的 SPICE 模型。考虑到 S9013 属于常见型号的三极管，可以到官网上下载它的 SPICE 模型。如果没有找到，也可以将如下的模型文件输入到记事本中，存储成后缀名为.cir 的文件。

S9013 的模型文件如下：

```
.MODEL S9013 NPN
+ (IS=34.068E-15 BF=200 VAF=67 IKF=1.1640 ISE=12.368E-15 NE=2 BR=15.173 VAR=40.840
+ IKR=.26135 ISC=1.9055E-15 NC=1.0660 RE=20.000E-3 RB=63.200 RC=.7426 CJE=35.300E-12
+ VJE=.808 MJE=.372 CJC=17.400E-12 VJC=.614 MJC=.388 TF=10.000E-9 XTF=10 VTF=10
+ ITF=1 TR=10.000E-9 EG=1.0999 XTB=1.4025 )
```

打开 Multsim，新建空白设计项目，选择菜单栏"Tools→Component Wizard"，之后根据依次出现的对话框向导进行设置。

第一步是输入元器件的基本信息，如图 2.27（a）所示，本项目仅用于原理图仿真，所以选择"Simulation only"，选择不同功能，那么向导的步骤也有所不同。单击"Next"后进入第二步。

第二步是输入管脚信息，由于在第一步中没有选择兼顾布局，所以封装信息部分是灰色的，不需要设置，如图 2.27（b）所示。单击"Next"后进入第三步。

第三步是输入元器件符号信息，如图 2.27（c）所示，可以选择"Edit"直接修改符号，也可以选择套用现有的器件符号，三极管属于常用器件，有固定的符号，所以选择"Copy from DB"，从自带库中导入已有符号。

第四步是设置引脚类型，如图 2.27（d）所示。

第五步选择仿真模型，如图 2.27（e）所示，这里选择从文件中加载，选择 S9013 的库文件 S9013.cir，加载之后在模型数据框中就会显示模型文件的内容。

第六步设置引脚映射，如图 2.27（f）所示，单击"Next"后进入第七步。

第七步是将自建模型放入用户数据库中，如图 2.27（g）所示，双击"Family tree"框中的 User Database，选择 Transistor，输入"S9013"，单击"Finish"，完成新器件模型的创建。

新的模型构建完成后，用户就可以像调用自带库元器件一样调用新建的元器件了。

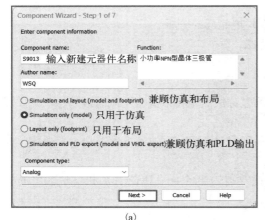

(a)

(b)

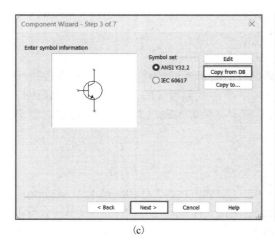

(c)

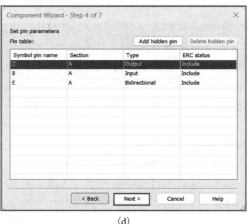

(d)

图 2.27　创建新元器件模型的步骤

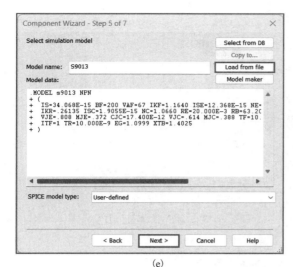
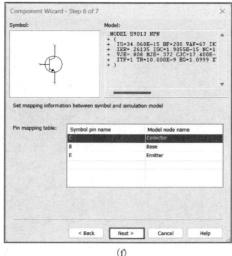

(e)   (f)

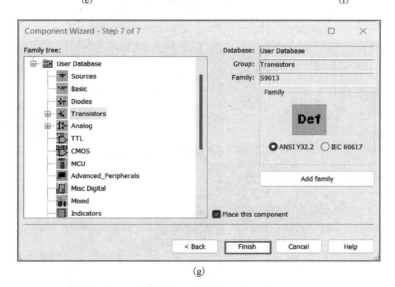

(g)

图 2.27　创建新元器件模型的步骤（续）

（2）绘制差分放大电路，分析差分放大电路的静态工作点

元器件模型都具备后，在绘图区中绘制如图 2.28 所示的差分放大电路，注意在选择 S9013 管子时记得在 User Database 中选取。图中函数信号发生器设置成频率为 1kHz、幅度为 10mV 的正弦波。示波器连接方式：通道 A 的 "+" "−" 端分别连在两个输入端上，测量差分放大电路两个输入端的电压差，也就是差模输入信号的波形；通道 B 的 "+" "−" 端分别连在两个输出端上，测量差分放大电路两个输出端的电压差，也就是差模输出信号的波形。运行仿真，示波器上的波形如图 2.29 所示。

将输出波形的峰值与输入波形的峰值相比，得到图 2.28 所示电路的差模增益约为 45 倍，满足设计要求。

电路的静态工作点通过 Multisim 提供的直流工作点（DC Operating Point）分析求得。选择菜单栏 "Simulation→Analyses and Simulation"，在弹出的对话框中选择 "DC Operating Point"，并将图 2.28 中的三个三极管的静态工作点添加为分析变量，如图 2.30 所示。

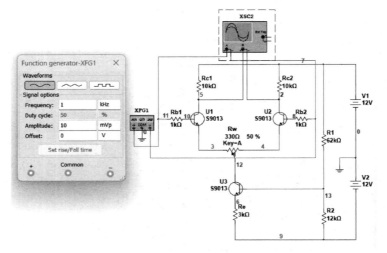

图 2.28　差分放大电路

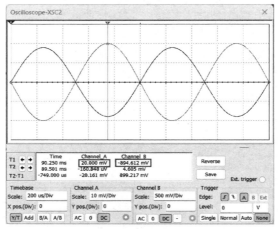

图 2.29　差分放大电路输入/输出波形

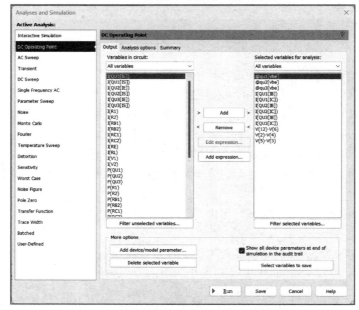

图 2.30　差分放大电路静态工作点变量选择

单击"Run"按钮，得到图 2.31 所示的仿真结果。

由图 2.31 可看出差分对管的静态工作点为：$I_{BQ1} = I_{BQ2} = 2.45\mu A$，$I_{CQ1} = I_{CQ2} = 0.53mA$，$V_{BEQ1} = V_{BEQ2} = 0.6V$，$V_{CEQ1} = V_{CEQ2} = 7.29V$。恒流源的静态工作点为：$I_{BQ3} = 4.89\mu A$，$I_{CQ3} = 1.07mA$，$V_{BEQ3} = 0.62V$，$V_{CEQ3} = 7.96V$。

（3）分析输入直流差模小信号下的电压增益

差分放大电路不仅可以放大交流小信号，也可以放大直流小信号。将输入信号修改为一对幅度值为 ±10mV 的差模直流信号，并增加一个负载，如图 2.32 所示，使用电压表测量输入和输出的差模电压，从而得到双端输出时的差模增益为

$$A_{VD} = \frac{V_{Od1} - V_{Od2}}{V_{Id1} - V_{Id2}} = \frac{-0.302}{0.02} = -15.1$$

DC Operating Point Analysis

	Variable	Operating point value
1	V(12)-V(6)	7.95914
2	V(2)-V(4)	7.29051
3	V(5)-V(3)	7.29051
4	I(QU1[IB])	2.45286 u
5	I(QU1[IC])	531.70701 u
6	@qu1[vbe]	604.96003 m
7	I(QU2[IB])	2.45286 u
8	I(QU2[IC])	531.70701 u
9	@qu2[vbe]	604.96003 m
10	I(QU3[IB])	4.88777 u
11	I(QU3[IC])	1.06832 m
12	@qu3[vbe]	622.79750 m

图 2.31 静态工作点的仿真结果

图 2.32 所示电路中，由于输入是直流小信号，直流小信号经过差分放大电路放大后仍然是直流信号，放大后的信号在三极管的输出端（集电极上）和静态工作点 V_C 叠加。当差分放大电路为双端输出时，差分对管的集电极静态工作点 V_C 由于相同而相抵消。但是当负载仅接在其中一个三极管的集电极，即单端输出时，需要注意此时的集电极电压既包含放大的直流小信号，还包含无小信号输入时静态工作点 V_C 的值。因此，采用图 2.33 所示的处理方式获得单端输出时的差模输出电压，从而得到单端输出时的差模电压增益为

$$A_{VD1} = \frac{V_{Od1}}{V_{Id1} - V_{Id2}} = \frac{-0.224}{0.02} = -11.2$$

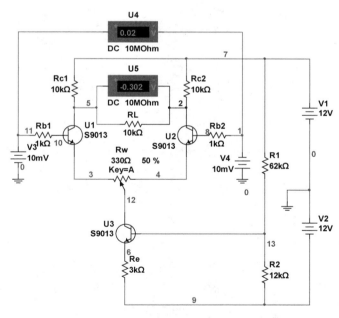

图 2.32 测量双端输出的差模增益

（4）分析输入直流共模小信号下的电压增益

将输入信号修改为一对幅度值为 1V 的共模直流信号，并增加一个负载，如图 2.34 所示，由于差分放大电路是完全对称的两个共射放大电路，因此共模输入时，双端输出也是对称的，双端输出

时的共模增益几乎为零：

$$A_{\mathrm{VC}} = \frac{V_{\mathrm{OC1}} - V_{\mathrm{OC2}}}{V_{\mathrm{IC}}} \approx 0$$

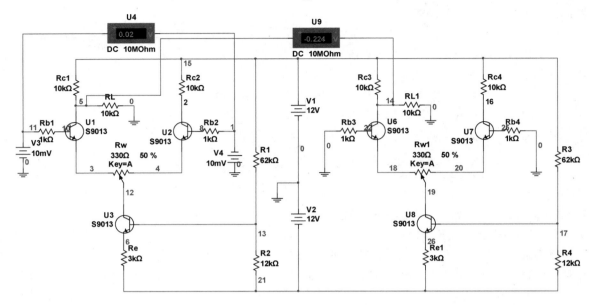

图 2.33　测量单端输出的差模电压增益

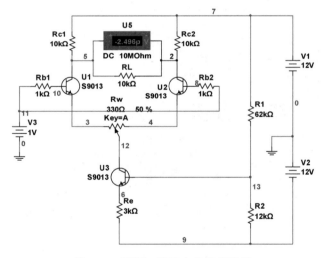

图 2.34　测量双端输出的共模增益

　　与测量单端输出的差模增益相同，测量单端输出的共模增益也需要将无小信号输入时的静态工作点电压去除，如图 2.35 所示，得到带恒流源差分放大电路的单端输出共模增益：

$$A_{\mathrm{VC1}} = \frac{V_{\mathrm{Oc1}}}{V_{\mathrm{Ic}}} = -\frac{0.000565}{1} = -5.65 \times 10^{-4}$$

（5）测量差分放大电路的传输特性曲线

　　放大电路输出电压与输入电压之间的关系称为电压传输特性，即 $v_o = f(v_i)$。如果将差分放大电路的差模输入信号 v_{id} 作为输入信号，令其幅度从零逐渐增大或减小，输出 v_{od} 也将出现对应的变化，得到的曲线就是差分放大电路的电压传输特性曲线。绘制电压传输特性曲线可以借助 Multisim 的直流扫描（DC Sweep）分析方法。

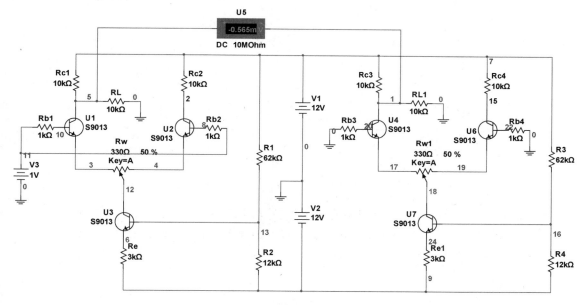

图 2.35　测量单端输出的共模增益

打开图 2.32，由于直流扫描分析的自变量只能是电路中的某一个直流电源，于是将图中的 V3 改为 VI，并使 V4＝0。选择"Simulation→Analyses and Simulation→DC Sweep"，得到如图 2.36 所示的直流扫描分析参数设置对话框，设置差模输入信号 VI 从−0.8V 变化至 0.8mV，增量设置为 0.001V，输出变量设置为差分对管的集电极电位 V(2) 和 V(5)。

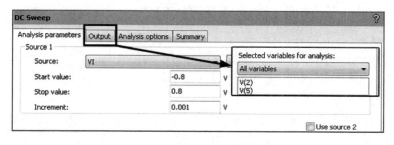

图 2.36　直流扫描分析的参数设置对话框

单击"Run"按钮，得到如图 2.37 所示的仿真结果。从仿真结果可以看出，当|VI|在 200mV 之内时，差模传输特性可以近似看成直线，这可视为该差分放大电路的线性放大区域。当|VI|超过 300mV 之后，差分放大电路中的管子一个导通，另一个截止，差分放大电路处于非线性区域。

若要增大差分放大电路的线性放大区域，可以将射极电阻 R_W 的阻值变大，比如从原来的 330Ω 增大至 800Ω，仿真参数设置不变，重新运行仿真，得到图 2.38 所示的电压传输特性曲线，明显看到线性区域增大了。

4．实验报告内容

（1）给出自行设计的差分放大电路原理图，测量其空载时的差模增益。

（2）给出测量双端输出和单端输出差模增益的电路，求出差模增益的值，并说明单端输出时从

V1 管输出和从 V2 管输出的不同。

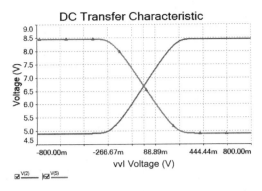
图 2.37 差分放大电路的电压传输特性曲线

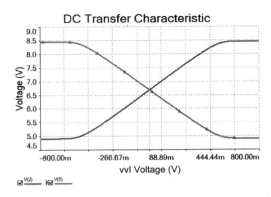
图 2.38 增大射极电阻后的电压传输特性曲线

（3）给出测量双端输出和单端输出共模增益的电路，求出共模增益，并计算共模抑制比。

（4）理论计算电路的 A_{VD}、A_{VD1}、A_{VC}、A_{VC1}，并和仿真结果做比较，分析误差来源。

（5）给出电压传输特性曲线，并对曲线进行必要的说明。

5．思考题

（1）将带恒流源的差分放大电路修改为长尾式差分放大电路，试分析动态指标的差别，思考它们的差模小信号等效电路是一致的，为什么差模增益仍有差别？

（2）带恒流源的差分放大电路中的恒流源在电路中起什么作用？

（3）怎样提高差分放大电路的共模抑制比和减小零点漂移？

2.3 负反馈放大电路设计与仿真

几乎所有的实用放大电路都要视实际需要引入不同的负反馈，以改善放大电路某些方面的性能。要设计一个负反馈放大电路，首先需要保证未接反馈的基本放大电路已经工作在放大区，这样才能根据需求引入不同组态的负反馈。

其次需要了解负反馈的四种组态（电压串联负反馈、电压并联负反馈、电流串联负反馈和电流并联负反馈）的接入特点。最后要知道负反馈对性能影响的具体情况：

（1）直流负反馈可以稳定静态工作点。

（2）串联负反馈使放大电路输入电阻增大；并联负反馈使放大电路输入电阻减小；电压负反馈使放大电路输出电阻减小；电流负反馈使放大电路输出电阻增大。

（3）负反馈可以使放大电路的增益稳定性提高。

（4）负反馈可以使放大电路的通频带展宽。

（5）负反馈可以使由基本放大电路引起的非线性失真有所改善。

1．实验目的

（1）熟悉两级放大电路的设计方法。

（2）掌握在放大电路中引入负反馈的方法。

（3）掌握放大电路性能指标的测量方法。

（4）加深理解负反馈对电路性能的影响。

（5）进一步熟悉利用 Multisim 辅助电路设计的过程。

2．实验要求

（1）设计一个正常放大的两级电压放大电路，要求电压增益大于 100。

（2）测试两级放大电路动态技术指标，包括电压增益、输入电阻、输出电阻及通频带。

（3）给两级放大电路引入电压串联负反馈，测试引入反馈后电路的电压增益、输入电阻、输出电阻及通频带，分析反馈前后的变化。

（4）分析负反馈前后对非线性失真的影响。

3．实验内容

多级放大电路的级间耦合方式主要有阻容耦合、直接耦合和变压器耦合等。集成电路内部均采用直接耦合方式，直接耦合方式有着更多的实际意义。因此本实验以设计直接耦合为例来说明。直接耦合具有低频特性好，能够放大变化缓慢的信号，便于集成的优点，但是它的缺点是各级静态工作点相互影响，前一级的温漂会直接传到后一级，因此需要解决各级间直流电位的设置和电路的温漂问题。

解决各级直流电位的匹配，可以采用抬高后一级发射极电位，使后级的基极电位与前级的集电极电位相匹配，这种办法适用于级数不多时；如果级数较多，逐级抬高电位的结果也会降低电路的放大能力。另一种办法就是前后级使用异型三极管，因为工作在放大状态的三极管，NPN 管要求集电极电位高于基极电位，而 PNP 管则要求集电极电位低于基极电位，因此前后级相互搭配可以方便配置工作点。

解决温漂问题，第一级放大器的设计采用差分放大电路，因为差分放大电路中使用特性相同的三极管，它们的温漂相互抵消，差分放大电路的共模抑制比越大，抑制温漂的能力越强。

由此确定如图 2.39 所示的直接耦合两级放大电路作为本实验的仿真电路，第一级采用差分放大电路，第二级采用 PNP 管构成的共射放大电路。

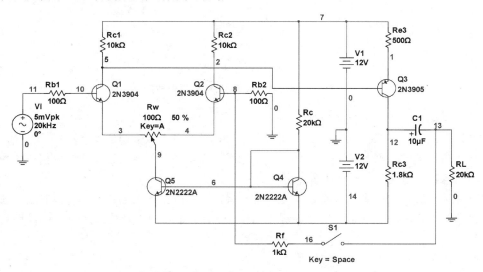

图 2.39　直接耦合两级放大电路

（1）放大电路的静态工作点分析

打开 Multisim，在绘图区内绘制如图 2.39 所示的电路图，断开负反馈的开关，使电路工作在开环状态。选择菜单栏"Simulation→Analyses and Simulation",在弹出的对话框中选择"DC Operating Point",并将两级放大电路中起放大作用的三极管 Q1、Q2、Q3 的静态工作点均添加至分析变量列表中(如图 2.40(a)所示),单击"Run"按钮,得到图 2.40(b)所示的仿真结果,可以看出三个放大管均处于放大区中。

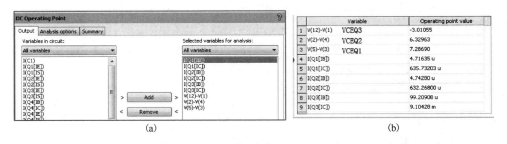

(a)　　　　　　　　　　　　　(b)

图 2.40　两级放大电路静态工作点的分析

将电路输入端(图 2.39 中节点 11)和输出端(图 2.39 中节点 13)接到示波器上,得到图 2.41 所示的波形,可以看出输出波形不失真,且放大倍数高于 100 倍。

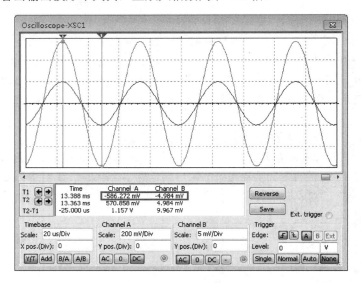

图 2.41　两级放大电路的输入/输出波形

(2)放大电路开环下动态性能的仿真

同样在图 2.39 的开关断开状态下,按照 2.1 节分析单管共射放大电路动态指标的方法,分析两级放大电路的动态指标。放大器的电压增益可以根据图 2.41 所示的示波器波形的峰值比值求得,或者通过在输入端和输出端分别接电压表测出有效值后求得。

而输入电阻、输出电阻及通频带,均可根据交流扫描分析获得相应的频率特性曲线,通过读取相应的数据获得(步骤和方法详见 2.1 节)。图 2.42 给出了相应的仿真结果,读者可以将测量结果填入表 2.1 中。

(3)放大电路闭环下动态性能的仿真

打开图 2.39 的电路,将反馈支路的开关合上,引入电压串联负反馈。

图 2.43 给出了通过电压表测量输出电压有效值和输入电压有效值的方法得到的闭环电压增益,读者可以根据自己设计的电路将数据填入表 2.1 中。

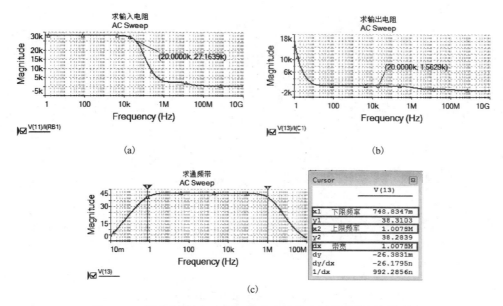

图 2.42　开环时的输入电阻、输出电阻及电压增益的幅频特性

表 2.1　反馈前后放大器技术指标测量数据表

放大电路	电压增益 A_v	输入电阻 R_i	输出电阻 R_o	下限频率 f_L	上限频率 f_H	通频带 BW
无反馈						
有反馈						

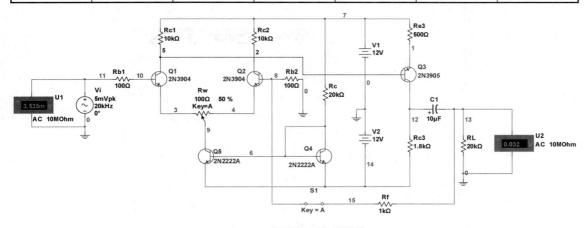

图 2.43　测量闭环电压增益

而输入电阻、输出电阻及通频带，均可根据交流扫描分析获得相应的频率特性曲线，通过读取相应的数据获得（步骤和方法详见 2.1 节）。图 2.44 给出了相应的仿真结果，读者可以将自己的测量结果填入表 2.1 中。

（4）负反馈对非线性失真的影响

由于组成放大电路的三极管是非线性的，当输入信号幅度较大时，放大电路的输出因部分进入饱和区或截止区而产生非线性失真。引入负反馈后，可使这种由于放大电路内部产生的非线性失真减小。

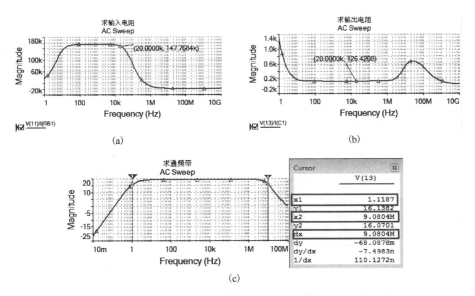

图 2.44   闭环时输入电阻、输出电阻及电压增益的幅频特性

① 放大电路在开环时产生非线性失真

打开图 2.39，负反馈支路开关断开，在其他电路参数不变的情况下，增大输入信号的幅度，发现当将幅度增加到 22mV 时，输出电压已经超过 2V，输出波形开始出现饱和失真，图 2.45 所示为示波器观察到的开始出现失真的波形，以及用失真分析仪检测的 THD 的数值。

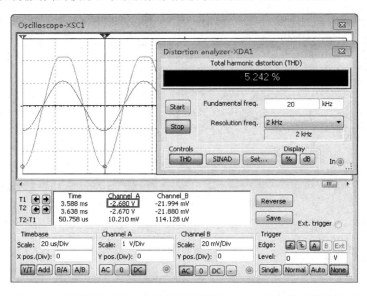

图 2.45   开环放大器在输入信号的幅度为 22mV 时出现非线性失真

② 放大电路在闭环时减小非线性失真

在出现图 2.45 的失真状态后，将负反馈支路的开关合上，会很明显地发现输出波形的非线性失真现象消失，仿真结果如图 2.46 所示。

为了说明引入负反馈后对非线性失真的改善作用，在闭环下继续增大输入信号的幅度，直到输入信号幅度达到 210mV，输出波形才开始出现失真，达到和图 2.45 所示差不多的 THD，如图 2.47 所示。

图 2.46 和图 2.47 均充分说明了负反馈对于放大电路内部产生的非线性失真有明显的改善。

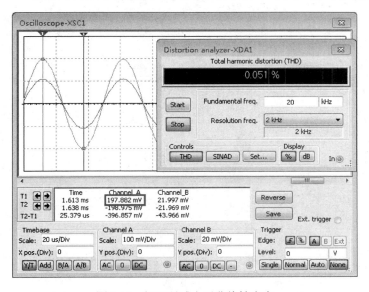

图 2.46　闭环后减小了非线性失真

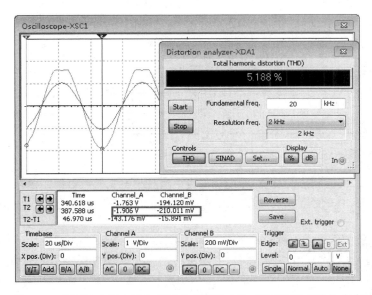

图 2.47　闭环放大器在输入信号的幅度为 210mV 时出现非线性失真

（5）分析反馈电阻与反馈系数的关系

打开图 2.43 的闭环电路，反馈系数是反馈量与输出量的比值，图 2.43 中反馈量是反馈网络引到 Q2 管基极的电压，也就是图中的 V(8)，因此反馈系数就是 V(8)/V(13)；而闭环的电压增益是 V(13)/V(11)。分析反馈电阻 R_f 对反馈系数的影响可以选用 Multisim 提供的参数扫描分析。选择菜单栏"Simulation→Analyses and Simulation"，在弹出的对话框中选择"Parameter Sweep"，参数设置如图 2.48 所示。在输出变量选项卡中分别选择 V(8)/V(13) 和 V(13)/V(11)，单击"Run"按钮，得到仿真结果后，将频率为 20kHz 时对应的反馈系数和闭环电压增益的数据记录到表 2.2 中。

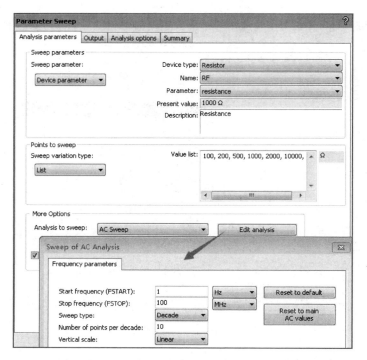

图 2.48　反馈电阻作为变量的参数扫描分析设置对话框

表 2.2　反馈电阻与反馈系数及闭环增益的数据记录表

反馈电阻阻值 R_f（Ω）	100	200	500	1000	2000	10000
反馈系数 V_f/V_o						
闭环电压增益 V_o/V_i						

4．实验报告内容

（1）给出自行设计的两级放大电路原理图，提供两级静态工作点数据，并说明放大器设计依据。

（2）给出电压串联负反馈接入前后放大电路的电压增益、输入电阻、输出电阻及通频带的测量值。

（3）改变输入信号幅度，观察非线性失真情况，说明负反馈减小非线性失真的特性。

（4）给出参数扫描分析观察反馈电阻与反馈系数和闭环增益的关系，记录数据并分析仿真结果。

5．思考题

（1）分析放大器的上下限频率和电路中的哪些参数有关？

（2）图 2.39 的电路除了引入电压串联负反馈，还可以引入哪几种负反馈？使用 Multisim 画出电路图，仿真并说明这几种反馈类型对电路性能的影响。

2.4　阶梯波发生器设计与仿真

在一些扫描电路中常用到阶梯波信号，比如三极管特性曲线测试中使用的图示仪，其扫描电路就需要阶梯波发生器。本实验要求综合运用所学的电子电路的知识，采用集成运算放大器等模拟器件设计一个周期性阶梯波发生器。

1．实验目的

（1）掌握阶梯波发生器电路的结构特点。
（2）掌握阶梯波发生器电路的工作原理。
（3）熟悉使用仿真软件辅助完成复杂电子项目的设计。

2．实验原理

采用集成运算放大器等模拟器件构成的阶梯波发生器原理方框图如图 2.49 所示。

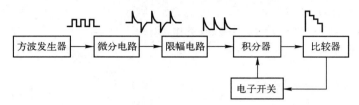

图 2.49　阶梯波发生器原理方框图

首先由一个方波发生器产生方波，经微分电路得到上、下都有的尖脉冲，然后经限幅电路，只留下所需的正脉冲，再通过积分器后，因脉冲作用时间很短，积分器输出就是一个负阶梯。对应一个尖脉冲就是一个阶梯，在没有尖脉冲时，积分器的输出不变，在下一个尖脉冲到来时，积分器在原来的基础上进行积分，因此，积分器就起到了积分和累加的作用。当积分累加到比较器的比较电压时，比较器翻转，并输出正值电压，使电子开关导通，积分电容放电，积分器输出对地短路，恢复到起始状态，完成一次阶梯波输出。积分器输出由负值向零跳变的过程中，又使比较器发生翻转，比较器输出变为负值，使电子开关截止，积分器进行积分累加，如此循环往复，就形成了一系列阶梯波。

具体电路如图 2.50 所示，由三个运算放大器组成：A_1 组成方波发生器电路，A_2 组成积分器电路，A_3 组成比较器电路。

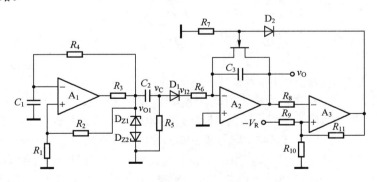

图 2.50　阶梯波发生器电路

方波发生器电路中电阻 R_1、R_2 组成正反馈电路，R_4、C_1 组成负反馈电路，A_1 起比较器的作用，稳压二极管 D_{Z1}、D_{Z2} 和电阻 R_3 组成限幅电路，使方波的幅度一定。方波的周期为：

$$T = 2R_4 C_1 \ln\left(1 + 2\frac{R_1}{R_2}\right) \tag{2.7}$$

由式（2.7）可知，改变电容的充放电时间常数和 R_1、R_2 的值就可以调节方波发生器的周期。方波发生器的输出电压 v_{O1} 波形如图 2.51 所示。

C_2、R_5 以及二极管 D_1 组成微分限幅电路，它的等效电路如图 2.52 所示。图 2.52 中当输入端电压 v_{O1} 是正值时，D_1 导通，其正向导通电阻为 r，则微分电路的时间常数为 $C_2[R_5//(r+R_6)]$。当 v_{O1} 是负值时，D_1 截止，微分电路的时间常数为 C_2R_5。因为 D_1 只有在 v_{O1} 为正值时才导通，所以 R_6 上的电压只有 v_C 的一半，即 D_1 和 R_6 还起到了限幅的作用。

A_2、R_6 和 C_3 构成一个反相积分器。积分器的输入 v_{I2} 为尖脉冲，因此积分时间很短，使 v_O 近似发生突变，尖脉冲过后，v_O 保持不变，下一个尖脉冲到来时，v_O 再有一个突变，则 v_O 为阶梯波，其理想波形如图 2.51 所示。图 2.50 的电路中每一个台阶的电压为

$$V_{step} = -\frac{1}{R_6C_3}\int v_{I2}dt \qquad (2.8)$$

式（2.8）的电压值决定了每个台阶的高度。因此阶梯波的高度与积分的时间常数 R_6C_3 成反比，同时与输入的尖脉冲信号的幅度与脉宽成正比。

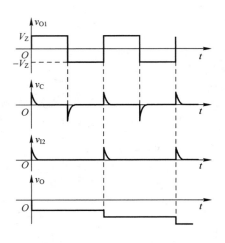

图 2.51　图 2.50 电路的各处波形图

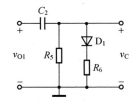

图 2.52　等效的微分限幅电路

经积分器后就已经形成阶梯信号了，但要生成周期性变化的阶梯波还需要 A_3 构成的迟滞比较器和场效应管组成的控制开关的联合作用。N 沟道结型场效应管的转移特性曲线如图 2.53 所示。当 V_{GS} 的绝对值超过一定值（$|V_P|$）时，场效应管夹断，积分器正常积分，场效应管等效于开关断开状态。反之，当 $|V_{GS}|<|V_P|$ 时，场效应管导通，开关接通。开关状态由栅源电压来控制，积分器的电容通过场效应管进行放电，放电的电流由场效应管的 I_D 决定。

图 2.50 中由 A_3 构成的迟滞比较器的两个门限电压分别为：

$$V_{TH} = \frac{V_{OH} \times (R_9 // R_{10})}{R_{11} + R_9 // R_{10}} - \frac{V_R \times (R_{10} // R_{11})}{R_9 + R_{10} // R_{11}}$$

$$V_{TL} = \frac{V_{OL} \times (R_9 // R_{10})}{R_{11} + R_9 // R_{10}} - \frac{V_R \times (R_{10} // R_{11})}{R_9 + R_{10} // R_{11}} \qquad (2.9)$$

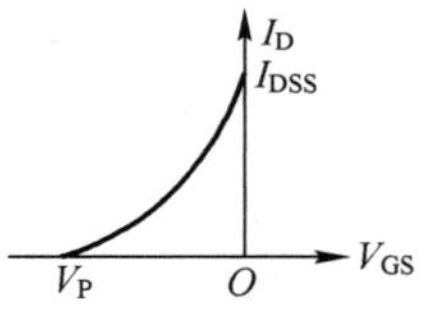

图 2.53　转移特性曲线

式中，V_{OH} 和 V_{OL} 分别是 A_3 输出端的正饱和值和负饱和值。

在阶梯波开始产生的过程中，阶梯波的输出电压高于两个门限电压，因此比较器的输出电压为 V_{OL}，此时 D_2 导通，使场效应管栅极电压为负值，其绝对值大于 $|V_P|$，场效应管处于夹断状态，等效于开关断开状态，对积分器也没有影响。随着积分器的输出电位不断降低，阶梯的个数也不断增加，一旦 A_3 的反相输入端和同相输入端的电位相同，即阶梯波的输出电压达到 V_{TL} 时，A_3 就会发生翻转，A_3 的输出电压变为 V_{OH}。这时 D_2 截止，场效应管的栅极电位变为零，使得场效应管导通，C_3 很快通过场效应管放电。当积分器通过场效应管放电后，直至 A_2 的输出电压达到 V_{TH} 时，A_3 再次发生翻转，场效应管回到夹断状态，积分电路开始充电，阶梯再次出现。重复上述过程，从而形成了周期的阶梯波。

3．实验要求

（1）设计一个周期性阶梯波电路。

（2）要求阶梯波周期在 20～30ms 之间。

（3）要求至少产生 3 个台阶。

（4）要求一个周期阶梯波的电压范围在 8～10V 之间。

（5）要求改变电路元器件参数，确定影响阶梯波个数、电压范围和周期的元器件。

（6）使用直流扫描（DC Sweep）分析绘制结型场效应管的转移特性曲线，分析场效应管参数 I_{DSS} 对积分电路放电的影响。

4. 实验步骤

（1）方波发生器

从图 2.51 所示的波形图可知，方波的周期就是每一个台阶的周期，而且每一个向下的台阶都需要持续一段时间，这段时间就是方波的周期。若目标设定为产生 3 个台阶，那么方波的周期就需要设计成 5～7.5ms 之间。

在 Multisim 绘图区绘制如图 2.54 所示的方波发生器仿真电路。图中稳压管 D_1、D_2 起限幅作用，决定方波输出幅度，R_3 是限流电阻，时间常数 R_4C_1 和方波周期成正比，R_1、R_2 构成正反馈网络，R_1/R_2 的值影响方波的周期。

① 理论分析方波周期。由式（2.7）可得

$$T = 2R_4C_1\ln\left(1 + 2\frac{R_1}{R_2}\right) = 2 \times 75 \times 10^3 \times 82 \times 10^{-9} \times \ln\left(1 + 2\frac{10k}{30k}\right) \approx 6.3(\text{ms})$$

② 仿真分析结果。双击图 2.54 的示波器，运行仿真得到如图 2.55 所示的波形。从图中可以读出方波的周期为 6.345ms，与理论值接近。

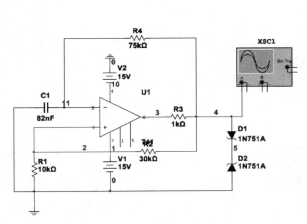

图 2.54　方波发生器仿真电路

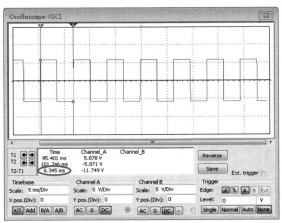

图 2.55　方波发生器的仿真波形

（2）微分限幅电路

图 2.50 使用 RC 微分电路将方波信号转变为双向尖脉冲信号，由于目标信号为单向阶梯波形，因此通过限幅二极管将双向脉冲信号转变为单向脉冲信号。于是微分和限幅就联系在一起了，可得到如图 2.56 所示的仿真电路和仿真波形。可见电容的充放电时间常数变得不同了，当输入方波的正半周时，限幅二极管 D_5 导通的，若忽略二极管的导通电阻，那么充的时间常数为 $C_2 \cdot (R_5//R_6)$；当输入方波的负半周时，D_5 截止，二极管反向电阻假设为无穷大，那么微分电容放电的时间常数为 C_2R_5。

图 2.56 中，限幅后的输出波形才是积分电路的输入信号，也就是图 2.56 中微分器输出波形的正半周信号才是积分的输入信号，于是将 R_6 作为扫描变量，观察 R_6 对于输出波形的影响。选用参数扫描分析（菜单栏"Simulation→Analyses and Simulation"，在弹出的对话框中选择"Parameter Sweep

Analysis"），设置 R_6 的值为 500Ω、1kΩ、10kΩ，观察图 2.56 中 V(7)的波形，运行仿真后得到图 2.57 的结果。

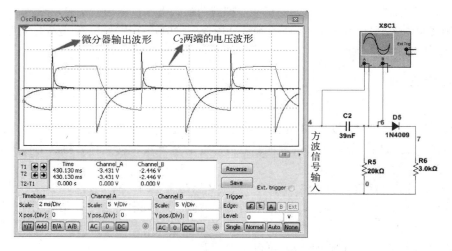

图 2.56　微分限幅电路的仿真电路与仿真波形

（a）参数扫描设置

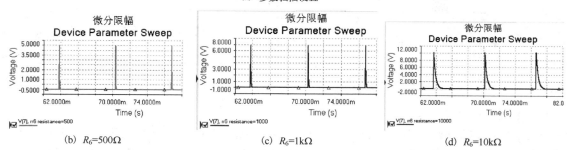

（b）R_6=500Ω　　　　　　　（c）R_6=1kΩ　　　　　　　（d）R_6=10kΩ

图 2.57　参数扫描设置和 R_6 分别取 500Ω、1kΩ 和 10kΩ 时的仿真结果

从仿真结果可以看出，R_6 越小，脉冲宽度越窄，幅度也越小。脉冲宽度是决定后续台阶陡峭程度的关键，因此选择 R_6=500Ω。

（3）积分器电路

为了理解积分器电路，这里将积分器模块独立出来，通过仿真图 2.58（a）来辅助分析。假设输入脉冲信号 V_1 的幅度设置为 1.5V，周期为 1ms，占空比为 1%，也就是脉宽为 10μs，通过前面的式（2.8）可计算得到每个台阶的高度约为 1.5V。使用 Multisim 的瞬态分析（Transient），得到图 2.58（b）的仿真结果。从结果中可以看出台阶通过输入一个个的尖脉冲进行向下累加。

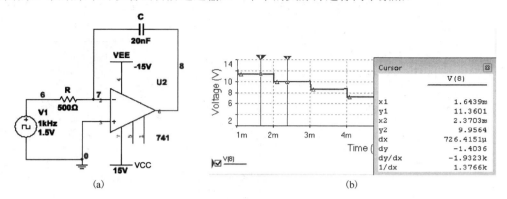

图 2.58　独立积分电路与仿真结果

本设计生成 3 个台阶，并且要求每个周期的电压范围为 8～10V，则每个台阶的高度应该不超过 3.3V。将图 2.56 中的 R_6 作为积分电路的电阻，V(7)就是积分电路的输入信号，结合图 2.58 的积分电路，调节电容，获得图 2.59 所示的积分累加电路，满足每个台阶高度低于 3.3V。这个台阶高度由式（2.8）决定，即与 R_6C_3 的乘积有关，同时与限幅输出的尖脉冲信号的幅度和脉宽也有关系。

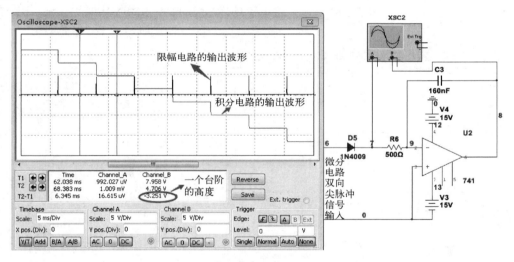

图 2.59　接入系统的积分累加电路和仿真波形

（4）迟滞比较器

由阶梯波发生器的原理可知，迟滞比较器是决定每个周期的阶梯波电压范围的关键。要求设计的电压范围是 8～10V，也就说明迟滞比较的两个门限电压差值为 8～10V。利用式（2.9），令 V_R=15V，由于运算放大器在非线性区时的输出电压 V_{OH} 和 V_{OL} 与运算放大器的直流供电电压有关，设计时运算放大器的供电电压为±15V，理论计算时，令 V_{OH}=15V，V_{OL}=-15V，如果正反馈支路的三个电阻取相同的值，由式（2.9）能得到两个门限电压分别为 0 和-10V。按照这样的思路设计得到如图 2.60 所示反相输入的迟滞比较器，从示波器的显示波形可以看出，实际 V_{OH}≈14.1V，V_{OL}≈-14.1V，门限电压分别约为-0.3V 和-9.7V。同样满足设计要求。

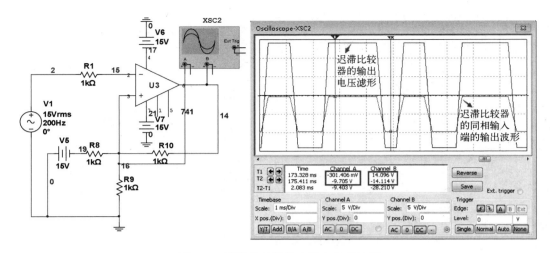

图 2.60　迟滞比较器的电路和仿真波形

根据图 2.60 的仿真结果，可以得到该迟滞比较器的传输特性曲线如图 2.61 所示。

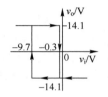

图 2.61　迟滞比较器的
传输特性曲线

（5）电子开关

本设计使用结型场效应管（JFET）作为电子开关。当迟滞比较器输出为负饱和值时，JFET 处于夹断状态；当迟滞比较器输出跳变为正饱和值时，JFET 处于导通状态，如图 2.62 所示，将电子开关连接至积分电路的积分电容两端。

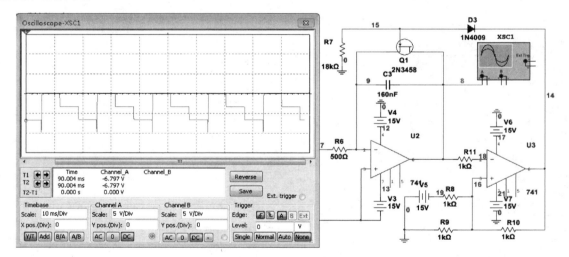

图 2.62　电子开关和迟滞比较器的仿真电路和仿真波形

图 2.62 显示了电子开关和迟滞比较器的配合实现了周期性的台阶输出，但阶梯个数并不满足设计要求，究其原因应该是每个台阶的高度太大，因此需要减小台阶高度。由式（2.5）可知，最方便的办法是调节积分电容 C_3，图 2.63 是将 C_3 增大至 164nF 时得到的最终的周期性阶梯波波形。

图 2.63 的波形预示整个阶梯波发生器的设计基本结束。但是作为实现周期性阶梯波的关键环节——电子开关，它的"断开"和"关闭"决定着每一个周期阶梯信号的"开始"和"结束"。

再次关注电子开关的工作过程。图 2.62 的仿真电路中，当迟滞比较器输出低电平时，连接迟滞比较器和场效应管的二极管 D_3 是导通的，因此场效应管的栅源电压近似为迟滞比较器的输出电压，而这个电压为负值，且远小于该场效应管的夹断电压，因此场效应管处于夹断状态。而只有当迟滞比较器输出高电平，D_3 截止时，场效应管栅源电压近似为零，场效应管才处于导通状态，漏源电流 I_D 接近场效应管的漏极饱和电流 I_{DSS}。这个电流也正是积分电容放电的电流。

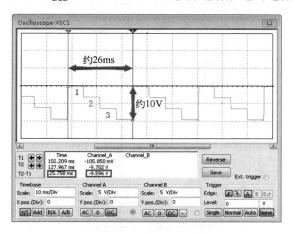

图 2.63　最终的周期性阶梯波波形

因此，在电容值不变，也就是电容两端的电荷量一定时，场效应管的 I_D 越大，其导通时间就越短。表 2.3 给出了图 2.62 的仿真电路中，使用两个不同型号场效应管的转移特性曲线和对应的阶梯波波形。表 2.3 表明 2N3370 管的 I_{DSS} 较小，积分电路放电时间较长。

表 2.3　场效应管的转移特性曲线和阶梯波波形

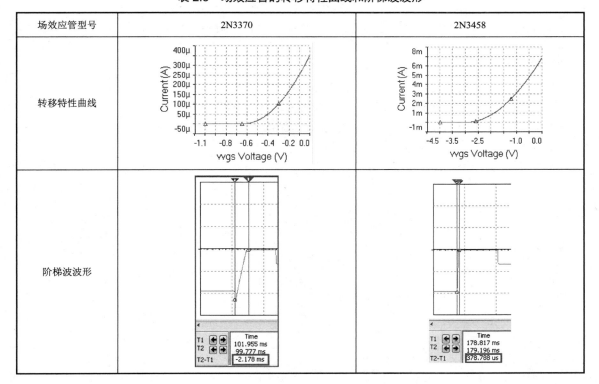

积分电路的放电时间除了与 I_{DSS} 有关，还与积分电容的容值有关。表 2.4 是在图 2.62 的电路下，保持场效应管型号不变，仅改变电容值，观察到的阶梯波波形。由表 2.4 的结果可以看出，若场效应

管不变，积分电路的积分电容越大，放电时间就越长。

表 2.4　积分电容容值与输出波形的关系

积分电容的容值	C_3=100nF	C_3=500nF	C_3=1000nF
阶梯波的波形	 Time T1 4.344 s T2 4.344 s T2-T1 284.091 us	 Time T1 393.904 ms T2 395.041 ms T2-T1 1.136 ms	 Time T1 1.218 s T2 1.220 s T2-T1 1.799 ms

5．实验报告要求

（1）给出阶梯波发生器仿真实验原理图。

（2）介绍电路的工作原理。

（3）设计电路中各元件参数的相关计算结果。

（4）给出 Multisim 分段测试的仿真波形。

（5）给出实际硬件电路图。

（6）绘制场效应管的转移特性曲线，分析场效应管的 I_{DSS} 对阶梯波的影响。

6．思考题

（1）调节电路中哪些元器件的值可以改变阶梯波的周期？

（2）调节电路中哪些元器件的值可以改变阶梯波的输出电压范围？

（3）调节电路中哪些元器件的值可以改变阶梯波的阶梯个数？

（4）阶梯波电路中比较器电路的作用如何？

（5）若阶梯波电路输出正阶梯，如何改进设计？

第 3 章 Cadence/OrCAD PSpice 17.4 基本应用

PSpice 是全球最大的 EDA 软件公司 Cadence Design System, Inc.在并购 OrCAD 公司之后，整合原 OrCAD 系统推出 OrCAD 系列产品中的一个重要模块。它结合了业界领先的模拟信号和模数混合信号的分析工具，为电路设计工作者提供了一个完整的电路仿真和验证解决方案。无论简单电路的原型设计、复杂的系统设计，还是验证元件的成品率和可靠性，Cadence/OrCAD PSpice（下文简称 PSpice）技术都能在布线和生产之前提供最佳的、高性能的电路仿真方案，帮助设计者分析和改进电路。本章主要介绍 PSpice 17.4 的基本功能和应用。

3.1 Cadence/OrCAD PSpice 17.4 简介

PSpice 主要分两大部分，一部分称为 PSpice A/D，也称为模拟和数字混合信号仿真器，可以仿真模拟电路，也可以仿真数字电路，以及模数混合仿真；PSpice 的另一部分称为 PSpice AA（Advanced Analysis），提供一些高级的分析方法，包括灵敏度分析、优化分析、电应力分析、蒙特卡罗分析等，可以帮助提高设计性能，优化成本，并提高可靠性。本书仅介绍 PSpice A/D 部分的应用。

3.1.1 PSpice 起源

PSpice 是一款源于模拟电路仿真的 SPICE（Simulation Program with Integrated Circuit Emphasis）的商业化产品。SPICE 最初于 1972 年由美国加州大学伯克利分校的计算机辅助设计小组利用 FORTRAN 语言开发，主要用于大规模集成电路的计算机辅助设计。随后，SPICE 陆续推出改进版本，其中较有影响的是 SPICE2 和 SPICE3 系列。1988 年，SPICE 被确立为美国国家工业标准。

在 SPICE 的基础上，各种商用模拟电路仿真软件纷纷涌现，它们以 SPICE 为核心进行了大量实用化工作，使得 SPICE 成为最流行的电子电路仿真软件之一。市场上许多 SPICE 同类软件，如 PSpice（Cadence Design System, Inc.）、Star-Hspice（Synopsys）、IsSpice4（Intusoft）、TINA（DesignSoft）等，都是以 SPICE2 和 SPICE3 系列为基础加以改进而成的。

PSpice 的历史可以追溯到 1984 年，当时 MicroSim 公司以 SPICE2 系列中的 SPICE2G.6 为基础，将其改造为可在 IBM-PC 和兼容机上运行的电路仿真软件。起初，PSpice 采用 FORTRAN 语言编写，直到 3.0 版本改用 C 语言重新编写。4.0 版本加入了模拟行为模型（Analog Behavioral Model）和数字电路（Digital Circuit）的仿真功能，这标志着 PSpice 正式进入"模拟-数字混合式仿真"（Mixed-Model Simulation）的时代。PSpice 的 5.0 版本采用了自由格式语言，自 20 世纪 80 年代以来在我国得到了广泛应用。从 6.0 版本开始，PSpice 引入了图形界面，使得操作更加直观和便捷。1998 年，著名的 EDA 商业软件开发商 OrCAD 公司与 Microsim 公司合并，PSpice 产品正式并入 OrCAD 公司的商业 EDA 系统中。

2000 年，OrCAD 公司与 Cadence Design System 合并，并随即推出了 OrCAD 9.21 版。随后的几

年里，产品持续升级和完善。特别是在 2003 年至 2005 年期间，相继推出了 10.x 系列的不同版本，不仅增强了产品的通用性，还扩充了大量的元件库。2006 年至 2007 年，OrCAD 推出了 15.x 版本，进一步提升了软件的功能性。自 2007 年起，OrCAD 开始推出 16.x 版本，至 2011 年，版本已升级至 16.5。

2012 年，OrCAD 发布的 16.6 版中，PSpice 部分取得了显著进步。其中最大的亮点是开始支持多核技术，显著提高了运行速度。同时，产品的实用性和操作性也得到了增强，收敛性方面增加了众多用户配置项，甚至允许用户自定义仿真算法，为高端用户提供了更多的选择和解决方案。此外，绘图 Capture 菜单中还新增了快速参数建模的 Modeling Application 工具，为用户提供了构建 SPICE 模型的新方法。

到了 2016 年，Cadence 推出了 OrCAD 17.2 版本，在 Model Editor 工具中引入了通过 C/C++编写的 DMI 模板代码生成器，用于生成 PSpice 模型代码。在 2019 年，Cadence 发布了 OrCAD 17.4 版本，该版本在界面设计上进行了大胆创新，采用了暗色主题风格，并且图标全部以线框画形式呈现。同时，在元件搜索和模型库方面也进行了大规模的优化和改进。2023 年 Cadence 推出 22.1，但在 PSpice 模块上并没有做太多得改变，因此，本书介绍软件界面和功能变化都较大的 17.4。

3.1.2 PSpice 的特点

（1）丰富的仿真元器件库

元器件库是仿真的精髓，没有元器件，再强大的仿真功能也没有用。PSpice 包括超过 34000 种可以直接进行仿真的元器件，以及各种数学函数和行为模型，使仿真更为高效。并且许多 IC 供应商会以 PSpice 兼容格式提供 SPICE 模型，可不断更新 PSpice 的仿真模型库。

（2）强大的集成功能

用 Capture 绘制电路图，然后利用高整合度的互动界面调用 PSpice A/D 进行仿真，强大的波形显示、分析和后处理功能可以帮助深入探索仿真结果，再到调用 PSpice AA（Advanced Analysis）优化电路的特性，最后用 OrCAD PCB Editor 进行印刷板设计，所有步骤全在 OrCAD 集成环境中完成，无须频繁切换工作环境。

（3）完整的分析和显示功能

除了可以完成基本的分析功能，如偏置点（Bias Point）分析、直流扫描（DC Sweep）分析、交流扫描（AC Sweep）分析、瞬态分析（Transient Analysis），还可以完成温度（Temperature）分析、参数扫描（Parametric Sweep）分析、傅里叶分析（Fourier Analysis）、蒙特卡罗（Monte Carlo）分析、最坏情况（Worst case）分析、噪声（Noise）分析等功能。并且 PSpice 还提供了一套专门用于观测和测量仿真结果的 Probe 程序，它可以测量出电路参数和性能特性函数，如波特图、直方图等。

（4）数模混合仿真功能

除了模拟电路的仿真功能，还可以进一步执行数字电路以及模数混合仿真功能。数字电路仿真包含数字最坏情况时序（digital worst-case timing）分析及自动查错的功能。

（5）模块化和层次化设计功能

PSpice 支持模块化和层次化设计的功能，对于复杂电路的设计可以先依据其特性及复杂度分成适当数量的子电路，待相关的子电路一一设计完成后，再将它们组合起来仿真，调整参数，直到满足相应的性能指标时，整个电路的设计才算完成。

（6）提供多种高级分析工具

PSpice AA 模块提供多种高级分析工具，包括灵敏度（Sensitivity）分析工具、优化（Optimizer）分析工具、电应力（Smoke）分析工具，蒙特卡罗（Monte Carlo）分析工具，以及参数测绘仪（Parametric

Plot）工具。通过灵敏度分析工具确定电路中对指定电路特性影响最大的关键元器件参数；通过优化工具可以设置多个优化电路特性函数和优化目标函数，通过运行优化工具，得到新的元器件参数值；通过蒙特卡罗分析工具对批量生产时产品成品率进行分析；通过电应力分析工具可以检查电路中是否存在超出安全工作条件的元器件，提高电路的可靠性；通过参数测绘仪工具同时进行多个复杂参数功能的扫描，并用图形显示。

（7）支持模拟行为级仿真

对于复杂或尚未设计完成的子电路，用户可以用模拟电路行为特性的描述方式进行仿真，不需真实电路，从而大大减小仿真复杂度。利用行为模拟器件也使得仿真电路系统变得更为方便，甚至还可以推广到非电子电路系统的仿真和分析。

（8）PSpice 和 MATLAB/Simulink 的联合仿真

Cadence 和 MathWorks 合作，为同时使用 MATLAB/Simulink 和 PSpice 的客户提供系统级仿真解决方案，该特性在电力电子系统的仿真设计中极为重要。PSpice 17.4 版本对两个软件相互传输进行了提升，不仅可以在 PSpice 中直接调用 MATLAB 的数据和函数，还可以利用 MATLAB 强大的绘图功能，将 PSpice 的仿真结果在 MATLAB 中进行处理显示。同时可以使用"PSpice Simulink 协同仿真接口"模块，在 MATLAB 的 Simulink 中调用 PSpice 的实际电路，实现与 PSpice 的联合仿真。PSpice 17.4 版本直接将 MATLAB 联合仿真的功能放入 PSpice 的菜单中，而 Simulink 的模型库中也增加了"PSpice Block"，直接和 PSpice 电路关联，真正实现两种软件的无缝结合。

3.1.3 Cadence/OrCAD PSpice 组件

（1）Capture

Capture 的界面如图 3.1 所示，它是 PSpice 的前端主程序模块，相当于软件的"面包板"，使用者可以在上面画好电路图后调用 PSpice 进行电路仿真和显示结果。通过 Capture 的菜单可以调用和控制其他程序模块运行，可以根据需要创建、编辑和管理各类模拟电路、数字电路以及数模混合电路，设置仿真分析类型和参数，然后运行和分析仿真结果。

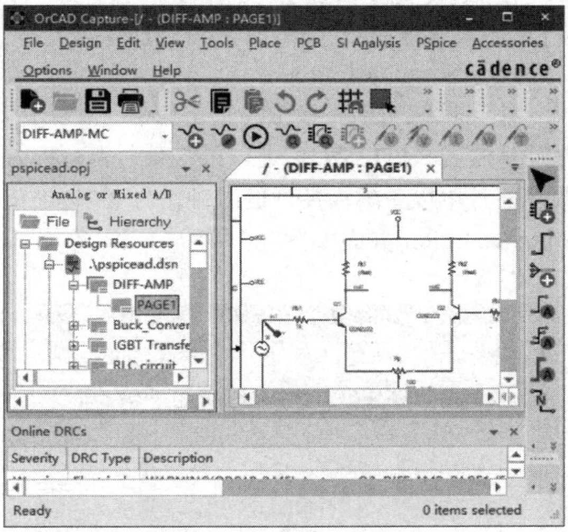

（2）PSpice A/D

其界面如图 3.2 所示，主要负责执行模拟、数字或混合式电路的仿真，并为仿真计算结果提供进一步的观察与分析。不但可以显示电路中的各个电压、电流、功率以及噪声等重要电气特征量的波形和数值，而且还可以利用其强大的数据处理功能显示更多重要的输出统计数据。

图 3.1 D Capture 的界面

（3）PSpice Advanced Analysis（AA）

PSpice AA 界面如图 3.3 所示。它以 PSpice A/D 分析为基础，通过高级分析工具来提高设计电路的性能及可靠性。PSpice AA 中的 Optimizer 工具可以用于电路设计的优化，使用者可以运用该软件自动计算出使电路特性达到各项规格要求的各个元器件值，大幅度缩短设计过程中常出现的"尝试错误"（Trial and Error）时间。

（4）Model Editor

利用此工具使用者可以自行利用元器件的 Datasheet，通过描点法构建 PSpice 元器件库中未提供的元器件。可以建模的元器件包括以下 11 种：二极管（Diode）、晶体三极管（BJT）、结型场效应管（JFET）、绝缘栅型场效应管（MOSFET）、绝缘栅双极型晶体管（IGBT）、运算放大器（Operational Amplifier）、电压比较器（Voltage Comparator）、调压器（Voltage Regulator）、基准电压源（Voltage Reference）、磁芯（Magnetic Core），以及达林顿管（Darlington Transistor）。Model Editor 界面如图 3.4 所示。

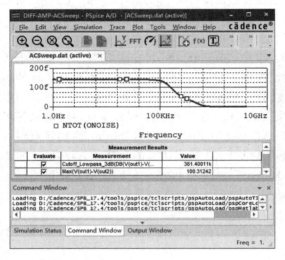

图 3.2　PSpice A/D 界面

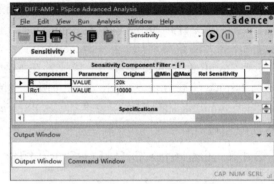

图 3.3　PSpice AA 界面

（5）Stimulus Editor

它可以编辑多种模拟与数字信号，相当于"信号发生器"，模拟信号可以生成指数信号源（EXP）、脉冲信号源（PULSE）、分段线性信号源（PWL）、调频信号源（SFFM），以及正弦信号源（SIN）。数字信号可以生成周期性的时钟信号（Clock）、非周期的数字信号（Signal）和总线信号（Bus）等。Stimulus Editor 界面如图 3.5 所示

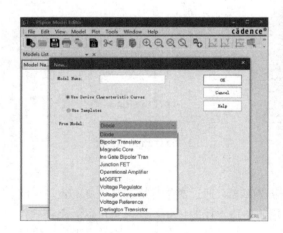

图 3.4　Model Editor 界面

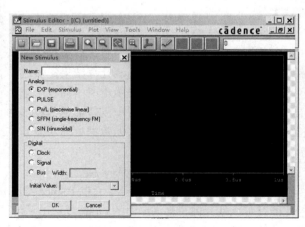

图 3.5　Stimulus Editor 界面

（6）Magnetic Parts Editor

即磁性器件编辑器，界面如图 3.6 所示，它是用来进行磁性元件设计的一种工具软件。使用者可以用它设计电力变压器、正激转换器、反激转换器和直流电感器等磁性元件。此外，用户还可以用其生成模型的设计组件，产生制造商按照最终用户数据要求创造的磁性元件，维持数据库的商用组件，如内核、电线、绝缘材料，以及用于磁力的设计过程等。

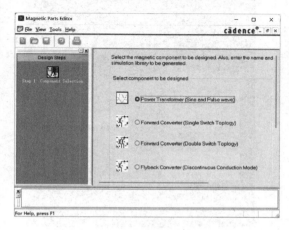

3.1.4 PSpice 17.4 新增功能

2019 年末 Cadence 发布了 PCB 产品线的 17.4 版本，并在之后持续发布更新。在这个版本中，PSpice 模块增加了许多新功能，性能也大幅度提升，全方位满足用户需求。

图 3.6 Magnetic Part s Editor 的界面

（1）采用暗色风格的主题界面，减少视疲劳

打开 PSpice 17.4 版本的第一印象就是界面更加具有现代感，从一开始的安装界面，到 Capture 原理图设计界面，以及 PSpice 的主界面都是暗色主题风格，图标也全部线框化设计。

暗色主题有很多好处，可以减少眼睛疲劳，在弱光下更容易阅读，而且暗色主题还可以大大降低电量消耗。PSpice AD 和 PSpice AA 的暗色系的界面如图 3.7 所示。

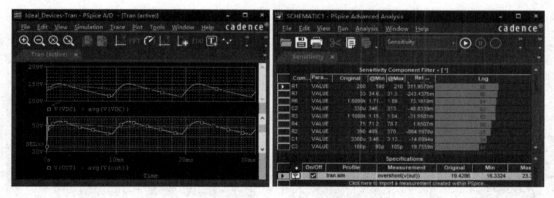

图 3.7 PSpice AD 和 PSpice AA 暗色系的界面

当然如果不习惯暗色主题风格，可以在 PSpice 界面下，选择 Tools→Options，在 Probe Settings 对话框中的 Color Setting 下选择"Dark"或"Light"的主题界面，如图 3.8 所示。这个窗口中设置的主题也会传递到 PSpice AA 和 Model Editor 的界面。修改后需要重新启动 PSpice 软件才会生效。本书为了黑白印刷清晰，大部分选用亮色主题。

（2）采用更为精简的工作空间，增加有效信息的呈现

界面中所有的资源都以水平标签式文件的形式打开。默认情况下，所有类型的输出面板都在应用程序的底部。如果在输出窗口中打开了多个窗格，它们会被显示为停靠和标签式窗格，PSpice 17.4 的输出界面如图 3.9 所示。图中，输出窗口可显示：仿真状态（Simulation Status）、输出窗口（Output Window）、探针光标（Probe Cursor）、命令窗口（Command Window），用户可以根据自己的需求打开其中一个，减少不必要内容的显示，增加有效信息呈现。同时波形显示窗口也可以随时拖动切换顺序，提升用户的操控感。

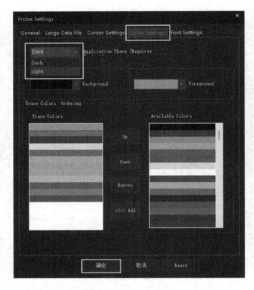

图 3.8　修改界面主题风格

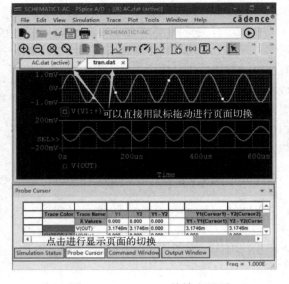

图 3.9　PSpice 17.4 的输出界面

那之前版本的界面是什么样子的呢？图 3.10 是 PSpice 17.2 的输出界面，注意在输出窗口（仿真状态、输出窗口、探针光标、命令窗口）全部都显示，但哪个都显示不全。很多时候这些输出信息并不是都需要，却占据着显示屏的空间，用户需要挨个关闭才能将下方区域利用起来，大大降低设计的效率。

（3）用户可以通过拖动鼠标自由放置窗格，便于用户定制个性化窗口

用户可以使用鼠标停靠在需要移动的窗格上，将它们移动至工作区的标记位置上，也可以悬浮在界面上。图 3.11 所示就是在按住 Command Window 窗格后，界面上会出现标记位置，可以将移动的窗口放置到标记的位置，定制适合个人操作习惯的界面，增进用户体验。

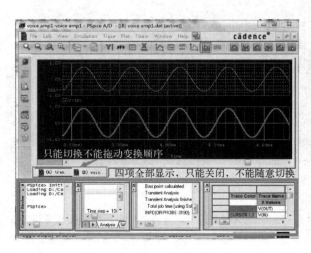

图 3.10　PSpice 17.2 的输出界面

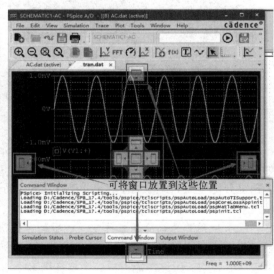

图 3.11　可自由定制个性化窗口

（4）多显示器显示，扩展视觉空间

用户还可以通过鼠标拖动标签式的波形显示窗口，如图 3.12 所示，将另一个波形显示窗口变成一个独立的窗口，可以在不同的显示器上显示，实现多显示器显示，大大扩展视觉空间，提高软件

使用的灵活性。

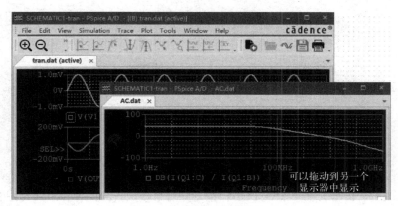

图 3.12　多显示器显示

（5）增加新的 PSpice 模型和库，助力电力电子仿真

氮化镓器件在电力工程领域的应用越来越多。为了支持这类器件，PSpice 17.4 引入新的 PSpice 库 Transphorm_GaN.lib，包括高性能和高可靠性的 GaN MOSFET 模型，如 TP65H035、TP65H050、TPH3202、TPH3205B、TPH3206、TPH3207、TPH3208、TPH3212 等。

此外，PSpice 库中还增加了一个新的 PSpice 模型 TLE8110EE，这是一个采用智能电源技术（SPT）的 10 通道低边开关，带有串行外设接口（SPI）和 10 个开漏 DMOS 输出级，该开关用在发动机管理系统和动力总成系统上。这个模型存储在 special_purpose_ics.lib PSpice 库中。

（6）在 Capture 中查看 PSpice 模型，提高设计效率

在 Capture 的界面下，选中器件，然后单击鼠标右键，新版本增加了查看 PSpice 模型的菜单"View PSpice Model"，选择该选项后，可以在 Capture 窗口下查看 PSpice 模型文件，如图 3.13 所示。之前的版本只能通过"Edit PSpice Model"进入 Model Editor 软件的界面下才能查看模型文件，有些浪费时间。

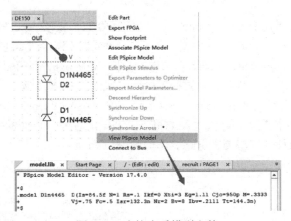

图 3.13　直接查看模型文件

（7）Modeling Application 又增新器件，功率管建模更轻松

Modeling Application 是 PSpice 16.6 新增加的快速构建 PSpice 模型的工具，在菜单栏 Place→PSpice Componence→Modeling application 可以找到。

PSpice 17.4 在二极管类中增加了 Power Diode，可以使用器件数据表的二极管模型参数，构建功率二极管模型，并直接放置到绘图窗口（见图 3.14）。

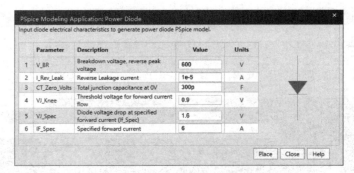

图 3.14　新增功率二极管模型

在 Modeling Application 下还同时增加了功率 MOSFET 管的参数化建模。同样只要输入相应的参数，就可以生成用于仿真的功率 MOSFET 模型，并可直接放置绘图窗口中（见图 3.15）。

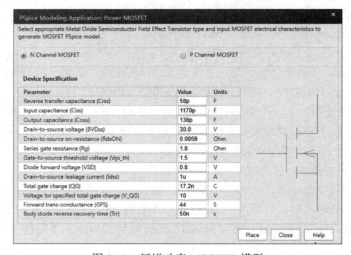

图 3.15　新增功率 MOSFET 模型

（8）增加访问德州仪器（Texas Instruments，以下简称 TI）模型库入口，轻松调用器件

TI 模型库包括 5000 多个 TI PSpice 模型、100 多个独特的模型类型，以及 4000 多个测试电路。打开菜单 Place→PSpice Componence→search，出现如图 3.16 所示窗口，单击右上角的添加模型按钮，就可以查看模型库的可用版本、查看已配置的库的状态或配置 TI 模型库。

（注：这个新功能需要安装 PSpice for TI S006 和 SPB17.4-2019 Hotfix 014 或以上版本）

单击图 3.16 中的器件模型类，可以进入 TI 模型库的产品页面，里面的每一个器件都可以查看数据手册、查看产品信息和打开模型测试电路等，如图 3.17 所示。

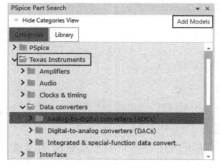

图 3.16　增加 TI 模型库

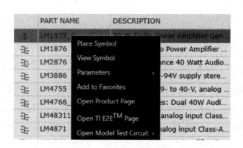

图 3.17　TI 模型库产品页面

（9）与 MATLAB 的联合仿真，实现优势互补

MATLAB 是使用非常广泛的一种科学计算软件，它拥有大量的数据处理和数据分析的函数，还集成了强大的绘图功能，在系统设计和仿真方面有着强大优势。PSpice 在之前的 16.x 版本就开发了和 MATLAB 协同仿真的接口工具，借助接口工具可以在 MATLAB/Simulink 中调用 PSpice 的电路，这样就可以将以前分开独立操作的系统模型和电路模型结合起来，综合两种模拟器的优点，可用于设计任何带有电子单元的系统。图 3.18 就是在 MATLAB/Simulink 中通过"PSpice Systems"模块调用 PSpice 的电路实现协同仿真。

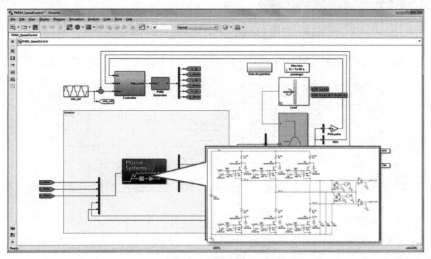

图 3.18　调用 PSpice 的电路实现协同仿真

PSpice 17.4 还在 PSpice 菜单中增加了访问 MATLAB 的入口（见图 3.19），可以从 PSpice 中调用 MATLAB 的可视化功能对 PSpice 数据进行后处理。

PSpice 可以传输完整的模拟结果（所有波形）或有选择地传输仿真结果（选定的波形）到 MATLAB 中，利用 MATLAB 强大的可视化工具扩展 PSpice 的波形分析能力。比如可以将 PSpice 瞬态分析后的时域波形图在 MATLAB 中用极坐标显示，如图 3.20 所示。

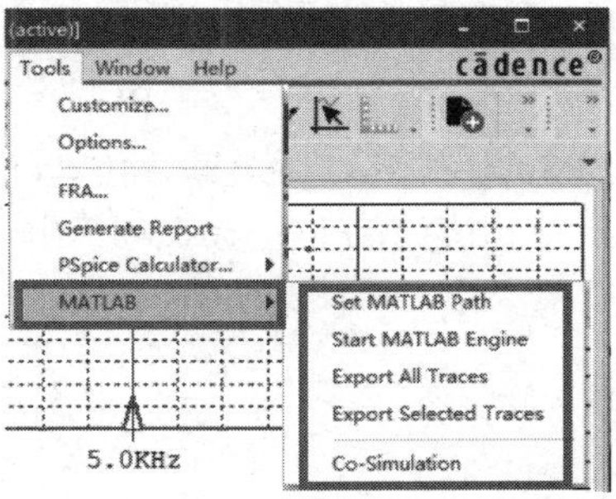

还可以将 PSpice 直流扫描分析后的数据传输到 MATLAB 中，用三维空间图显示（见图 3.21）。

图 3.19　PSpice 中直接启用 MATLAB 功能

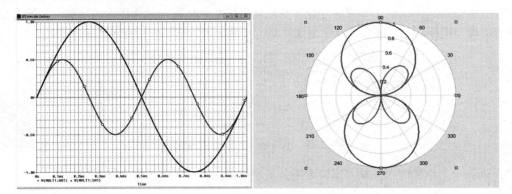

图 3.20　PSpice 中时域波形用 MATLAB 的极坐标表示

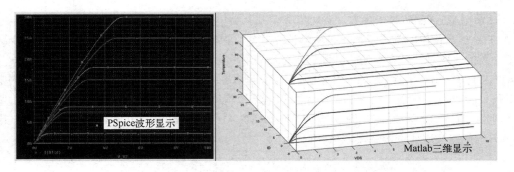

图 3.21　使用 MATLAB 三维显示 PSpice 的波形

另外，在 PSpice 的测量函数（Measurement Evaluation）中还增加了 MATLAB 的函数（见图 3.22）。

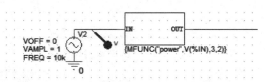

图 3.22　PSpice 中直接调用 MATLAB 的函数

同时，在设置仿真时也可以使用 MATLAB 函数，图 3.23 是在受控源器件中直接使用 MATLAB 函数。

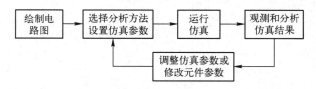

图 3.23　在受控源器件中直接使用 MATLAB 函数

PSpice 和 MATLAB 联合仿真，可以帮助用户更好地应对简化系统设计和电路级实现方面的挑战，并且可以很容易在同一模拟环境中一起进行电子电路的仿真和算法的开发与验证。

3.2　PSpice 17.4 工作流程

基于 Cadence OrCAD 的电路仿真和分析的步骤如图 3.24 所示。首先根据设计电路在 Capture 原理图编辑环境下画出电路图，然后设置仿真参数，确定分析方法，执行 PSpice 仿真程序，最后在 PSpice 下观察、分析仿真运行结果，如果满足设计要求就可以结束仿真，如果还未满足要求，或者还没有全部分析出设计指标，可以修改元件参数或调整仿真参数重新选择分析方法并运行仿真。

```
绘制电    →  选择分析方法  →  运行   →  观测和分析
路图          设置仿真参数      仿真      仿真结果
                    ↑                        ↓
              调整仿真参数或  ←──────────────
              修改元件参数
```

图 3.24　电路仿真和分析的步骤

接下来以一个小实例，带领大家快速领会上述操作流程。**实例工程文件下载扫描二维码 3-1。**

二维码 3-1

首先拟定要解决的电路问题是：分析图 3.25（a）所示 RLC 电路中电阻对瞬态脉冲响应的影响。

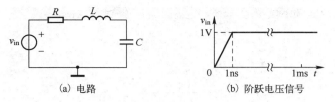

(a) 电路 (b) 阶跃电压信号

图 3.25 RLC 电路

1．启动原理图编辑器，创建仿真工程

Capture 和 Capture CIS 都是 PSpice 仿真器的原理图编辑器。Capture CIS 配备有元件信息系统 CIS（Component Information System），绘制时允许用户从元器件数据库中选择和放置元件。Capture CIS 17.4 下启动路径如下：

Start→All programs→Cadence PCB 17.4-2019→Capture CIS 17.4

启动之后在图 3.26 的界面下选择新建仿真工程，可以选择图 3.26 界面中的两种方式创建。

图 3.26 新建仿真工程界面

接着进入图 3.27 设置仿真工程的路径和文件，建议为每个新的项目建立一个文件夹。注意勾选图 3.27 中用于 PSpice 仿真的复选框。

图 3.27 设置仿真工程路径和文件

确定后在下一个对话框中选择"Create a blank Project"创建一个空白设计，如果想基于已有的设计创建工程，可以选择"Create based upon an existing project"，然后按"确定"按钮，进入图 3.28 所示的 Capture 绘图界面。

2．绘制原理图

（1）元器件的查找与放置

PSpice 提供多种元器件查找方式，在图 3.28 中可以看到 PSpice Part Search 窗口，那么第一种方法就是直接在该窗口相应的类型中寻找所需元器件，或通过搜索（Search）中输入元器件型号进行搜索。如果该窗口无意中被关闭，可以通过菜单栏 Place→PSpice Component→Search 打开。

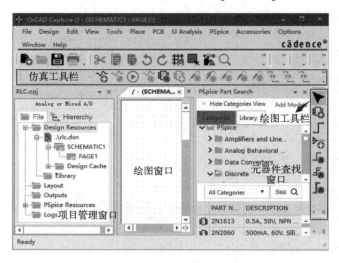

图 3.28   Capture 绘图界面

对于常规的电容、电阻、电源等还可以使用图 3.29 中的方法二进行选择和放置。第三种方法是旧版本一直使用的放置方式，可以通过菜单 Place→Part 进行放置，或在绘图工具栏中单击 Place Part 图标。这种方式需要知道所选元器件在哪个元器件库中，还要注意所选元器件必须具有 PSpice 模型。常用的具有 PSpice 模型的元器件可以在以下路径中寻找：

Cadence/Cadence_SPB_17.4_2019/tools/capture/library/pspice

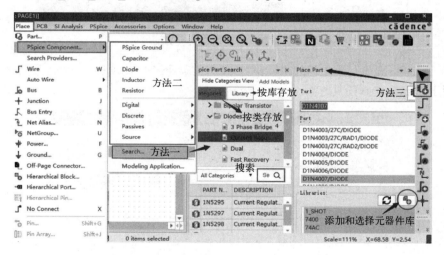

图 3.29   查找元器件的常见三种方法

（2）放置接地符号

用于仿真的原理图有个硬性规定，那就是原理图中至少必须有一个网络名为"0"，即接地。这是因为 PSpice 仿真是基于 SPICE 内核的，SPICE 使用的电路分析方法是节点电位法，所以电路里面一定都有一个零电位点，于是要求所有的仿真电路都要有接地符号，且网络名为"0"。可以在菜单 Place→PSpice Component→PSpice Ground 直接放置地。也可以通过菜单 Place→Ground，或直接用快捷键"g"，调出图 3.30 接地符号的选择界面后确定网络名为"0"后放置。

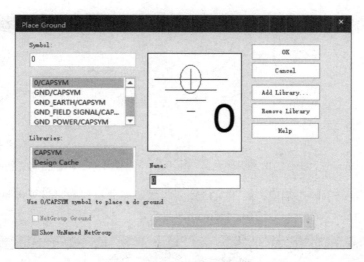

图 3.30　接地符号的选择界面

（3）放置电源器件

根据我们设定的电路问题，输入信号是图 3.31 所示的阶跃信号。

电源器件可以在菜单栏 Place→PSpice Componence→Modeling Application→Independent Sources 中直接定义阶跃信号，如图 3.32 所示。

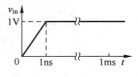

图 3.31　阶跃信号

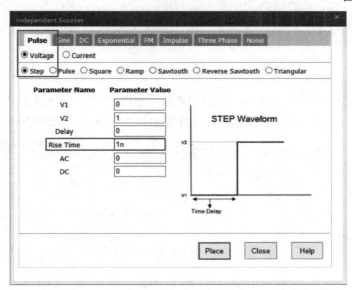

图 3.32　定义阶跃信号

将所需元器件和符号均放置好后，使用快捷键"w"，将元器件连接，得到图 3.33 的电路图。

3．选择分析方法，设置参数

在菜单栏中选择 PSpice→New Simulation Profile，或者在仿真工具栏中选择 ，得到如图 3.34 所示新建仿真文件的对话框。在文本框 Name 中输入一个描述性的名字，如：tran，系统会在原来的工程文件夹中自动生成一个名为"tran"的文件夹，后面所做的仿真结果和工程均保存在该文件夹下，以便于管理。

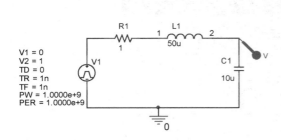

图 3.33　Capture 中绘制的电路图

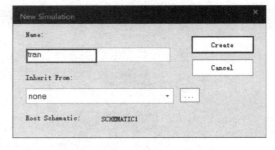

图 3.34　新建仿真文件的对话框

为了测试 RLC 电路的瞬态响应，如图 3.35 所示设置瞬态分析参数，设置步长为 1μs，仿真时间从 0s 到 400μs，使用最常规的瞬态（Time Domain）分析。

图 3.35　设置瞬态分析参数

为了测试不同电阻值下的阶跃响应，可以采用瞬态分析加进阶的参数扫描分析，这将在下一节中介绍。这里为了简化设置，采用如图 3.36 所示电路测试不同电阻下的阶跃响应。

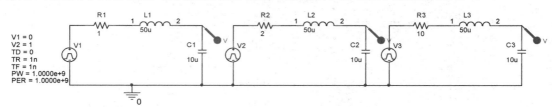

图 3.36　测试不同电阻下的阶跃响应

4．运行仿真，观察结果

在菜单栏中选择 PSpice→Run，或者在工具栏中选择图标 ▶，开始运行仿真分析。程序运行后，调出 PSpice A/D 界面，如图 3.37 所示，波形输出显示窗口中显示的仿真结果就是电压探针放置位置的时域波形。

若需要观察其他节点电压或电流波形，可以选择 Trace 菜单下的 Add Trace 或单击工具栏中的图标 ，添加显示波形。

通过前面这四个步骤，完成了从设计电路到仿真验证的过程。对于仿真的结果，PSpice 还提供丰富分析波形的工具，如设置特征函数、显示数据文件等。如果电路图存在问题、分析参数的设置不合适或模拟计算中出现不收敛问题，都将影响模拟过程的顺利进行，这时屏幕上将显示出错信息。

用户可根据对出错信息的分析，确定是否修改电路图、改变分析参数设置或采取措施解决不收敛问题，然后，重新进行电路模拟分析。

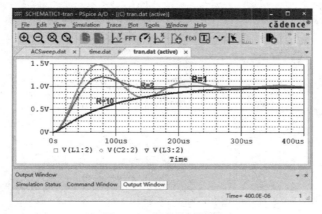

图 3.37　仿真分析结果

3.3　PSpice A/D 的分析方法

PSpice A/D 可以对模拟电路、数字电路以及数模混合电路进行仿真分析。PSpice A/D 提供四种基本分析类型：直流工作点（Bias Point）分析、时域（瞬态）（Time Domain（Transient））分析、直流扫描（DC Sweep）分析和交流扫描（AC Sweep）分析。在后三种基本分析类型中还包括温度分析、参数扫描分析、蒙特卡罗分析以及最坏情况分析四种进阶分析，另外直流工作点分析时可以加载直流灵敏度分析（Sensitivity Analysis）和小信号直流增益计算（Calculate small-signal DC gain）；交流分析时还可以加载噪声分析（Noise Analysis）；瞬态分析时还可以加载傅里叶分析（Fourier Analysis）。

本节通过具体的实例对每一种分析方法进行阐述。**本节所有实例的仿真工程文件均可通过扫描文中的二维码进行下载。**

3.3.1　直流工作点分析

直流工作点（Bias Point）也称为静态工作点或偏置点，指在电路中电感短路、电容开路的情况下，对各个信号源取其直流电平值，利用迭代的方法计算电路各个节点电压、流过各个电压源的电流、电路的总功耗、晶体管的偏置电压和各极电流等。这些数值将会作为其他仿真分析的起始值。

采用 PSpice 的直流偏置分析可以得到以下信息：①电路的直流工作点；②电路的直流灵敏度（DC Sensitivity）；③电路的直流传输特性（Transfer Function），其中包括电路的增益、输入输出等效阻抗。

在电子电路中，确定静态工作点是十分重要的，因为有了它便可决定晶体管等的小信号线性化参数值。尤其是在放大电路中，晶体管的静态工作点直接影响到放大器的各种动态指标。接下来使用图 3.38 所示的差分放大电路来说明该分析方法的基本操作。（实例工程文件请扫二维码 3-2）

1. 静态工作点分析的基本操作

（1）仿真参数设置

根据上一节绘制原理图的步骤，绘制图 3.38 的差分放大电路，然后通过工具栏 PSpice→New

Simulation Profile 新建仿真文件，进而对电路进行仿真设置。

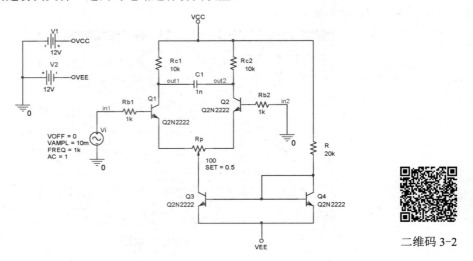

图 3.38　差分放大电路

　　无论电路是否选择直流工作点分析，系统都会为任何分析计算直流工作点，只是没有特意选择时，输出文件只会包含模拟节点电压和数字节点的状态、所有电压源的电流及总功率。若启用直流工作点分析，那么输出文件中还可以包含图 3.39 中右侧 Output File Options 栏中三个复选框的内容，可以根据需要勾选，然后单击"OK"按钮，完成直流工作点分析设置。

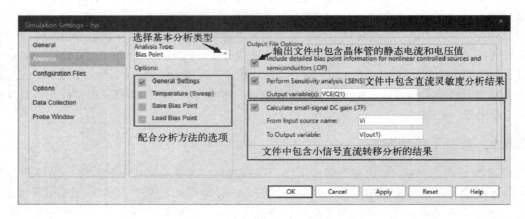

图 3.39　直流工作点分析的参数设置

（2）运行仿真，查看输出文件

　　参数设置完成后，在菜单栏中选择 PSpice→Run（可以直接按 F11 键），启动 PSpice 程序，出现仿真分析环境窗口。但对电路进行直流工作点分析时，PSpice 将结果自动存入.OUT 文件。因为没有波形数据，不能进行图形绘制，所以 PSpice 界面中的波形显示窗口区域是灰色的。.OUT 文件可以通过菜单 View→Output File 查看。图 3.40 给出图 3.39 中选择第一个复选框后输出的结果，包括电路网络表、各节点的直流电压、各电源上流过的电流值以及晶体管的静态工作点信息。

（3）显示工作点数据

　　当电路运行仿真分析之后，各节点的直流电压、电流和功率值都可以在原理图中进行显示。在 Capture 中，选择菜单 PSpice→Bias Point→Enable，或通过工作点显示图标 ，显示电压、电流和功率，图 3.41 是将上述的三个图标都选中后的显示情况。

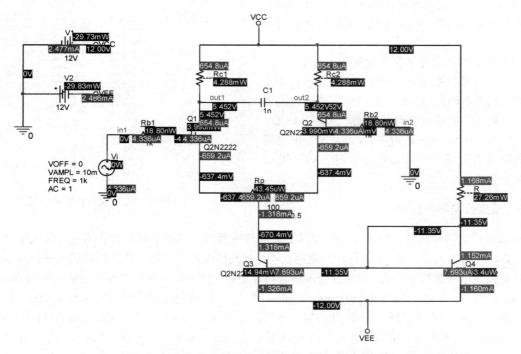

```
**** INCLUDING SCHEMATIC1.net ****
* source CHAFEN
V_V1        VCC 0 12V
V_V2        0 VEE 12V
Q_Q1        OUT1 N00510 N00202 Q2N2222
Q_Q2        OUT2 N00514 N00208 Q2N2222
Q_Q3        N00302 N00198 VEE Q2N2222
Q_Q4        N00198 N00198 VEE Q2N2222
R_Rc1       OUT1 VCC 10k TC=0,0
R_Rc2       OUT2 VCC 10k TC=0,0
R_B         N00198 VCC 20k TC=0,0
X_Rp        N00202 N00302 N00208 POT PARAMS: SET=0.5 VALUE=100
R_Rb2       N00514 0 1k TC=0,0
R_Rb1       IN1 N00510 1k TC=0,0
V_Vi        IN1 0 AC 1
+SIN 0 10m 1k 0 0 0
C_C1        OUT1 OUT2 1n TC=0,0

**** RESUMING BP.cir ****
.END
```

电路图的网络表信息

(a) 输出文件中网络表

各节点的直流电压值

NODE	VOLTAGE	NODE	VOLTAGE	NODE	VOLTAGE	NODE	VOLTAGE
(IN1)	0.0000	(VCC)	12.0000	(VEE)	-12.0000	(OUT1)	5.4516
(OUT2)	5.4516	(N00198)	-11.3500	(N00202)	-.6374	(N00208)	-.6374
(N00302)	-.6704	(N00510)	-.0043	(N00514)	-.0043		

```
VOLTAGE SOURCE CURRENTS
NAME        CURRENT
V_V1        -2.477E-03
V_V2        -2.486E-03
V_Vi        -4.336E-06

TOTAL POWER DISSIPATION   5.96E-02  WATTS
```

流入电源的直流电流值

总的功率损耗

(b) 电路各节点的直流电压值

```
**** BIPOLAR JUNCTION TRANSISTORS
```

晶体管的静态工作点信息

NAME	Q_Q1	Q_Q2	Q_Q3	Q_Q4
MODEL	Q2N2222	Q2N2222	Q2N2222	Q2N2222
IB	4.34E-06	4.34E-06	7.69E-06	7.69E-06
IC	6.55E-04	6.55E-04	1.32E-03	1.15E-03
VBE	6.33E-01	6.33E-01	6.50E-01	6.50E-01
VBC	-5.46E+00	-5.46E+00	-1.07E+01	0.00E+00
VCE	6.09E+00	6.09E+00	1.13E+01	6.50E-01
BETADC	1.51E+02	1.51E+02	1.71E+02	1.50E+02
GM	2.53E-02	2.53E-02	5.08E-02	4.44E-02
RPI	6.67E+03	6.67E+03	3.72E+03	3.72E+03
RX	1.00E+01	1.00E+01	1.00E+01	1.00E+01
RO	1.21E+05	1.21E+05	6.43E+04	6.43E+04

(c) 电路中晶体管的静态工作点信息

图 3.40   直流工作点分析的输出结果

图 3.41   电路中显示各节点的直流电压、电流和功率

工作点数值的位数可以通过菜单 PSpice→Bias Points→Preferences 进行修改（见图 3.42）。当然字体颜色、字号大小也是可以修改的。

2. 直流灵敏度（DC Sensitivity）分析的基本操作

虽然电路特性完全取决于电路中的元器件取值，但对电路中不同的元器件，即使元器件值变化的幅度相同，引起电路特性的变化也不会完全相同。直流灵敏度分析就是定量分析、比较电路特性对每个电路中各元器件参数的敏感程度。"各元器件"包含：

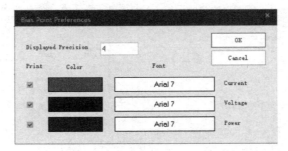

图 3.42　修改工作点数值的位数和字体颜色

① 电阻、二极管、双极型晶体管；
② 独立电压源和电流源；
③ 电压、电流控制的开关。

在图 3.39 中勾选"Perform Sensitivity analysis"，并在其下方的"Output variable（s）"栏中键入节点电压参数。图 3.39 中输入 VCE（Q1）表示分析电路中各元器件参数对三极管 Q1 输出电压 VCE 的直流灵敏度。

图 3.43 是运行仿真后在输出文件中看到的直流灵敏度分析的结果，包含了绝对灵敏度和相对灵敏度。

绝对灵敏度表示元器件参数变化 1 个单位时，输出电压或电流的变化量；相对灵敏度表示元器件参数变化自身数值的 1%时，输出电压或电流的变化量。一般更倾向于看相对灵敏度，从图 3.43 看，直流电源 V1 对 VCE 的影响最大，其次是镜像电流源的电阻 R，所以这两个元器件就是调节 VCE(Q1) 时的关键器件。

```
DC SENSITIVITIES OF OUTPUT VCE(Q_Q1)    绝对灵敏度      相对灵敏度
          ELEMENT       ELEMENT        ELEMENT       NORMALIZED
          NAME          VALUE          SENSITIVITY   SENSITIVITY
                                       (VOLTS/UNIT)  (VOLTS/PERCENT)

          R_Rc1         1.000E+04      -6.421E-04    -6.421E-02
          R_Rc2         1.000E+04      -1.219E-05    -1.219E-03
          R_R           2.000E+04      3.256E-04     6.511E-02
          R_Rb2         1.000E+03      -2.162E-04    -2.162E-03
          R_Rb1         1.000E+03      2.209E-04     2.209E-03
          X_Rp.RT       5.000E+01      3.294E-02     1.647E-02
          X_Rp.RB       5.000E+01      -3.289E-02    -1.644E-02
          V_V1          1.200E+01      7.203E-01     8.643E-02
          V_V2          1.200E+01      -3.557E-01    -4.269E-02
          V_Vi          0.000E+00      -5.095E+01    0.000E+00
Q_Q1
          RB            1.000E+01      2.209E-04     2.209E-05
          RC            1.000E+00      1.277E-05     1.277E-07
          RE            0.000E+00      0.000E+00     0.000E+00
          BF            2.559E+02      -5.497E-04    -1.407E-03
          ISE           1.434E-14      7.997E+12     1.147E-03
          BR            6.092E+00      2.367E-11     1.442E-12
          ISC           0.000E+00      0.000E+00     0.000E+00
```

图 3.43　直流灵敏度分析的结果

3. 直流传输特性分析

小信号直流传输特性分析就是分析电路的直流传输特性，包括电路的直流增益、输入输出等效阻抗，并将结果自动存入 OUT 文件中，这些在考虑电路匹配时很有用。直流传输特性分析只涉及输入信号源和输出变量两个参数。要进行直流传输特性分析，应在图 3.39 中选中"Calculate small-signal DC Gain（.TF）"，并在"From Input source name"栏填入信号源名；在"To Output variable"栏填入输出变量名。图 3.39 中设置 V(out1)作为输出变量，输入 Vi 作为输入源，则直流传输特性分析将计算从 Vi 看进去的等效输入电阻，和由节点 out1 看进去的等效输出电阻，并计算从 Vi 到 V(out1)的直流增益值。所有的结果都在.OUT 文件中展示。

打开.OUT 文件，可以找到如图 3.44 所示直流传输特性分析的结果。

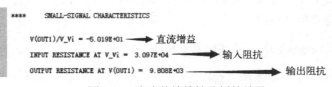

图 3.44　直流传输特性分析的结果

直流传输特性分析可以用来求解复杂电阻网络的戴维南等效电路，例如通过仿真分析图 3.45 所示电路 A 和 B 端的戴维南等效电路。仿真参数设置如图 3.46 所示。

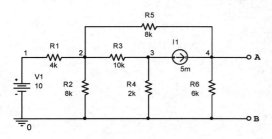
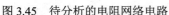

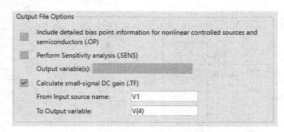

图 3.45　待分析的电阻网络电路　　　　　图 3.46　直流传射特性分析的仿真参数设置

运行得到的仿真分析结果如图 3.47 所示。根据仿真结果可得戴维南等效电阻为 3.775kΩ，等效电压为 20.225V，于是得到如图 3.48 所示的戴维南等效电路，Vth 为静态工作时 A、B 之间的电压。

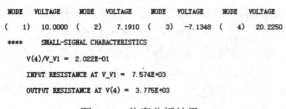

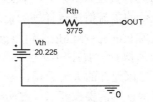

图 3.47　仿真分析结果　　　　　　　　　图 3.48　戴维南等效电路

3.3.2　直流扫描分析

直流扫描分析（DC Sweep）的作用是：当电路中某一参数（称为自变量）在一定范围内变化时，对自变量的每一个取值，计算电路的直流偏置特性（称为输出变量）。直流扫描分析中自变量可以是电压源、电流源、温度、全局参数或模型参数。直流扫描分析还可以进行二次扫描，可以指定一个参变量，并确定取值范围，每设定一个参变量的值，均计算输出变量随自变量的变化特性。

这一节以分析图 3.49 所示 MOS 场效应管电路的特性曲线作为实例介绍直流扫描分析。（实例工程文件请扫二维码 3-3）

二维码 3-3

1. 直流扫描分析的基本操作

要进行直流扫描分析，必须指定自变量和参变量并设置其变化情况，因此先创建仿真设置文件，即选择菜单 PSpice→New simulation Profile，然后在仿真类型对话框中选择"DC Sweep"，屏幕上将出现直流扫描分析参数设置对话框。

（1）仿真参数设置

如图 3.50 所示，选择"DC Sweep"后，Options 框内 Primary Sweep 自动处于选中状态，右侧可以选择自变量的扫描变量和扫描类型。对于图 3.49 电路，绘制 MOSFET 的转移特性曲线需要分析漏极电流随栅源电压的变化关系，即 $i_D = f(v_{gs})|_{v_{DS}=const}$，那么自变量设置为电压源，电压源名称为 Vgs。扫描类型为线性扫描，起始为 0V，结束为 5V，步长为 0.0001V，注意步长越小，绘制的曲线越平滑。如果不是按等步长增加，可以选择通过 Value list 列表的方式输入电压值，以逗号或空格输入数值。

图 3.49　绘制场效应管特性　　　　　　　　　　　　　图 3.50　仿真参数设置
　　　　曲线的电路

（2）探针的引入

　　仿真参数设置好后，可以运行仿真，也可以调用探针设置输出量。探针可以对节点电压值或者流过元件的电流值进行详细的记录，利用仿真数据，可以在图形显示窗口对其进行波形显示。通过菜单选项 PSpice→Markers 可以添加探针，也可以在工具栏的探针图标 中选择。

　　电压探针放置在导线上就能测该节点对地的电压数据，电流探针需要放置在元件的引脚上才能采集流过该元件的电流数据，差分探针、互导增益探针、电压增益探针则需要按要求放置两处，而功率探针必须放置在元件体上。

　　实例中电流探针放置在 MOSFET 的漏极处，运行仿真后得到如图 3.51 所示结果。

（3）模型参数的设置

　　图 3.51 的仿真结果给出了 MOSFET 的转移特性曲线，图中选用的是 BREAKOUT 库中理想的 NMOS 场效应管，可以通过设置不同的开启电压，看转移特性曲线的变化，具体可以在参数设置对话框中选择 Secondary Sweep，如图 3.52 所示，设置参变量为 Model Parameter。实例中的 MOSFET 是 NMOS，模型类型选择 NMOS，模型名称就是该器件在原

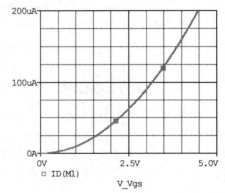

图 3.51　仿真结果

理图中显示的全称，Parameter Name 需要查询该模型的内部参数的名称，开启电压在模型中名称为 VTO，这里设置开启电压从 1V 变化到 3V，步长为 1V，共取三个值。

　　运行仿真后，得到三条转移特性曲线，如图 3.53 所示。

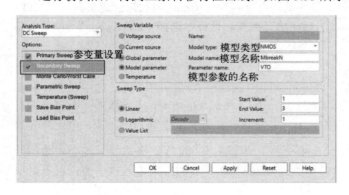

图 3.52　模型参数设置

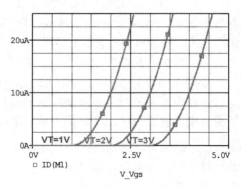

图 3.53　三条转移特性曲线

2．输出特性曲线的绘制

MOSFET 输出特性是指在栅源电压 v_{GS} 一定的情况下，漏极电流 i_D 随漏源电压 v_{DS} 之间的关系，即 $i_D = f(v_{DS})|_{v_{GS}=常数}$。图 3.49 的实例电路中电压源 Vgs 是自变量，是特性曲线的横坐标；电压源 Vds 是参变量，在二次扫描中设置；场效应管漏极电流是输出变量，是特性曲线的纵坐标。分析清楚后，按照表 3.1 进行参数设置。

运行直流扫描分析，同样在 MOS 场效应管的漏极引脚处添加一个电流探针，在 PSpice 中显示如图 3.54 所示的仿真结果。

表 3.1　参数设置

Options	Primary Sweep	Secondary Sweep
Sweep Variable	Voltage source	Voltage source
Name	Vds	Vgs
Sweep Type	Linear	Linear
Start Value	0	0
End Value	5	3
Increment	0.001	0.5

图 3.54　输出特性曲线的仿真结果

根据用户的需要，还可以增加负载线，比如增加 50kΩ 的负载线。选择菜单 Trace→Add Trace，或单击工具栏中图标 ，得到如图 3.55 所示的添加轨迹线对话框，设置输出表达式：（5-V_Vds)/50k。单击 "OK" 按钮，得到如图 3.56 所示的添加负载线的仿真波形。

图 3.55　添加轨迹线对话框

3.3.3　瞬态分析

瞬态分析用于计算电路在给定激励信号下的时间响应、延时特性等；也可在没有任何激励源的情况下，仅依电路存储的能量，求得振荡波形、振荡周期等。瞬态分析是各种分析方法中应用最多，也是计算机资源耗费最高的部分。

瞬态分析中，首先计算 $t=0$ 时的电路初始状态，然后从 $t=0$ 到某一给定的时间范围内选取一定的时间步长，计算输出端在不同时刻的输出电平。瞬态分析的关键在于设置合理的激励源、采样点数和观察时间。

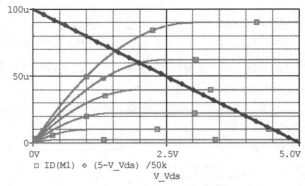

图 3.56　添加负载线的仿真波形

本节以图 3.57 所示带输出 LC 滤波器的单相桥式整流电路作为实例介绍瞬态分析（实例工程文件请扫二维码 3-4）。

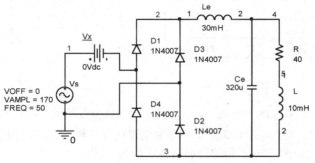

二维码 3-4

图 3.57　单相桥式整流电路

1．瞬态分析的基本操作

输入电路图名称，绘制如图 3.57 所示的单相桥式整流电路，设激励源为正弦信号，可直接选择 Source.olb 库中的 VSIN，或通过菜单栏 Place→PSpice Component→Modeling Application→Independent Sources，选择正弦信号，对幅度和频率进行设置，如图 3.58 所示。

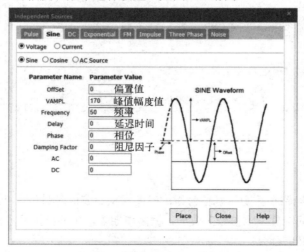

图 3.58　正弦波信号的设置

绘制好电路后，与其他分析类型一样，首先选择菜单 PSpice→New simulation Profile，创建仿真文件，然后在仿真类型对话框中选择 Time Domain（Transient），即瞬态分析。

（1）仿真参数设置

瞬态分析的精度取决于软件内部所设置的时间步长的大小，该步长与仿真开始时间以及仿真结束时间共同决定了电路的仿真运行时间。

图 3.59 中仿真时间从 0s 到 80ms，"Start saving data"输入 0，表示一开始就保存数据，但如果输入非零数值，比如输入 20ms，那么后台仍然是从零点开始计算的，只是 0～20ms 的数据不保存也不显示，使用该设置的主要目的是减小数据量。

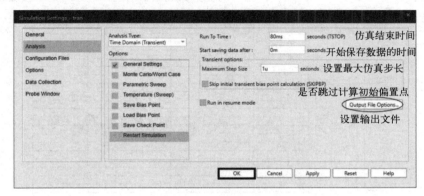

图 3.59　瞬态分析仿真参数设置

"Maximum step size"通常不必设置，软件会按照内存的默认值运行，对于缓慢变化的信号，时间步长会增加，对于快速变化的信号，例如上升沿非常陡峭的脉冲波形，时间步长将会减小，用户也可以按照自己的要求设置最大步长值，设置时要注意适度，因为过小的设置会导致仿真分析时间加长，并产生大量的数据文件，而过大的设置会导致波形失真。

"Skip the initial transient bias point calculation"表示在瞬态分析时是否跳过初始直流工作点的计算，如果选定这一项，电路在做瞬态分析时就不再计算直流工作点数值，一般用在当电路存在多个可能的初始条件的时候，比如振荡器电路。

仿真参数设置好之后，可以运行仿真，软件就会自动调出 PSpice 的软件界面。

（2）输出波形设置

需要显示的波形可以通过在绘图区添加探针，或通过添加波形进行输出。图 3.60 显示的波形中 V(4, 3)是通过使用差分探针得到的，波形 V(4)-V(3)是选择 trace→Add Trace，并在编辑区输入 V(4)-V(3)后得到的。

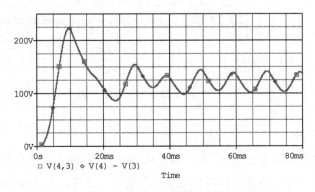

图 3.60　瞬态分析输出波形

若要计算输出波形的平均值可如图3.61所示添加变量。

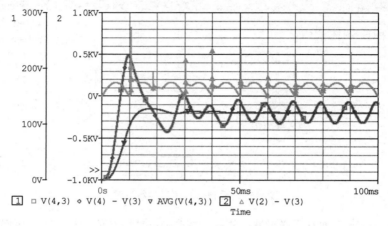

图 3.61　添加输出变量

如果还需显示滤波前的整流电路的输出波形，也就是图3.57中2、3节点之间的电压，可以考虑在原坐标系下增加一个纵坐标，方法是：选择 Plot→Add Y Axis 添加一个纵坐标，再选择 Trace→Add Trace，添加输出变量为 V(2)-V(3)。双坐标系下的波形如图3.62所示。

图 3.62　双坐标系下的波形

虽然使用了两个坐标轴，但毕竟波形都在一个显示窗口中显示，多个输出就显得有些乱。这时可以考虑增加一个独立窗口，方法是：选择 Plot→Add Plot to Window。图3.63是两个显示窗口下的波形。

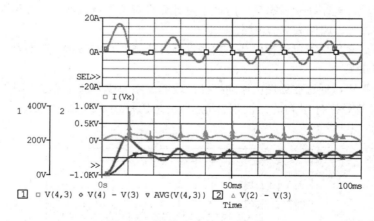

图 3.63　两个显示窗口下的波形

2. 傅里叶分析的设置

任何周期信号都可以看成不同振幅、不同相位的正弦波的叠加，也就是都可表示成傅里叶级数。PSpice 提供的瞬态分析中含有傅里叶分析的设置，它是在大信号正弦瞬态分析时，对输出的最后一个周期波形进行谐波分析，计算出直流分量、基波分量和2~9次谐波分量，以及失真度。在图3.59

瞬态分析的仿真参数设置对话框中有一个"Output File Option"按钮，单击后弹出图 3.64 所示的对话框。

图 3.64　傅里叶分析输出数据对话框

运行仿真后，在 view 下打开 Output file，找到如图 3.65 所示的傅里叶分析结果。

图 3.65 显示了输入电流基波幅度和相位，以及 2～9 次谐波的幅度和相位值。傅里叶分析设定的基波是 50Hz，因此从仿真结果可以得出输入电流的傅里叶级数展开式为：

$$I_i(t) = 0.068 + 5.373\sin(100\pi t - 34.64°) + 0.067\sin(200\pi t - 149.9°) + \cdots$$

从结果中还可以看出，输入电流的总谐波失真 THD=35.065%=0.3507

要直观地显示波形的各次谐波幅度值，可以在瞬态分析绘制出相应波形之后直接在 PSpice 软件的工具栏中单击 FFT 的图标 FFT，注意默认的横坐标经常不合适，可以自行调整。

图 3.66 是输入电流的 FFT 波形图。

图 3.65　输出电压的傅里叶分析结果

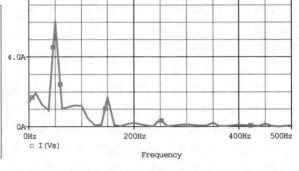

图 3.66　输入电流的 FFT 波形

3.3.4　交流扫描分析

交流扫描分析的作用是计算电路的交流小信号频率响应特性。交流扫描分析也是线性分析，它首先利用线性模型对非线性器件进行等效，然后针对电路性能因信号频率改变而变动所做的分析，它能够获得电路的幅频响应和相频响应以及转移导纳等特性参数。对电路进行交流分析之前首先对其进行直流工作点分析，然后利用所得数据在直流工作点附近对电路进行线性化处理。

本分析方法以图 3.67 所示的双 T 陷波滤波器为例，利用交流扫描分析计算电路的频率响应，辅助滤波器的设计。陷波滤波器也就是窄带阻滤波器，它用于阻断中心频率附近很小的频段内的信号，或消除某个特定频率的干扰（实例工程文件请扫二维码 3-5）。

二维码 3-5

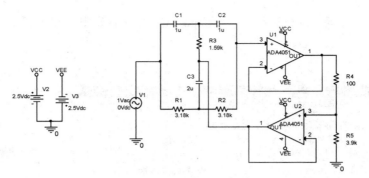

图 3.67　双 T 陷波滤波器

1. 交流扫描分析的基本操作

进行交流扫描分析时，独立的交流电压源 VAC 或电流源 IAC 均选自 source 元件库，也可通过图 3.68 所示的路径在 Place 菜单下选择。

图 3.68　独立交流电源的选择

如果电路既需要进行交流分析，又需要进行瞬态分析，将任何瞬态激励源中的 AC 属性设置为 1 即可，如图 3.69 所示。

默认情况下，独立电压源的幅度均设置为 1V，对电路进行频率响应计算时，通常希望求得电路增益的幅频特性和相频特性。电路的增益是输出电压与输入电压的比值，当输入电压设置为 1V 时，电路的增益就是输出电压的数值了。

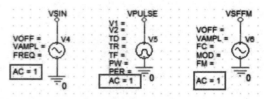

图 3.69　设置瞬态激励源的 AC 属性

（1）仿真参数设置

交流扫描分析用于计算电路交流小信号频率响应，重点是对频率范围和扫描方式进行设置。绘制好电路后，选择 PSpice→New Simulation Profile 创建交流分析仿真设置文件，然后进入图 3.70 的参数设置页面。图 3.67 的电路是用于对工频 50Hz 信号进行衰减的，因此分析类型选择 AC Sweep/Noise，频率采用对数方式，从 1Hz 扫描至 10kHz（注意对数扫描方式的初始频率不能设为 0Hz，因为 lg0 是没有意义的），每十倍频扫描点数为 100。

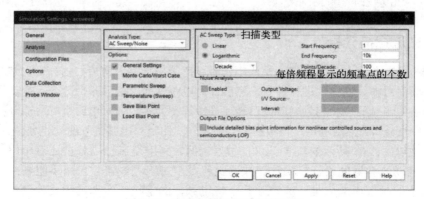

图 3.70　交流扫描分析的参数设置

交流扫描分析包含两种频率扫描类型：线性扫描和对数扫描，其中对数扫描分为以 10 为底的对数扫描（Decade）和以 2 为底的对数扫描（Octave）。扫描设置时一定注意最后一项 Point/Decade，如果选用线性扫描，总扫描点数是全频率范围内的扫描点数；如果选用对数扫描，总扫描数是每十倍频（Decade）或每两倍频（Octave）范围的扫描点数。

注意：PSpice 不区分大小写字母，如果仿真输出为兆赫兹时，不能输入 MHz，因为单个字母 M，不管大小写，都代表 10^{-3}。要表示 10^6 必须用 MEG 三个字母表示，或者用 10e6。

（2）交流探针

图 3.71 所示是 PSpice 中交流探针菜单所在的位置，通过 PSpice→Markers→Advanced 对其进行选择和放置。利用这些交流探针可以显示分贝幅度、相位、群延时以及电压、电流的实部与虚部。利用这些探针的合理组合，可以绘制电路的波特图和奈奎斯特曲线图。

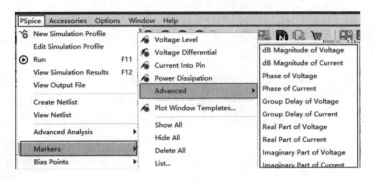

图 3.71　交流探针菜单

选择 dB Magnitude of Voltage（电压分贝幅度），放置在图 3.67 电路的输出端。运行仿真，PSpice 图形显示界面将会输出如图 3.72 所示的陷波器的幅频特性曲线。

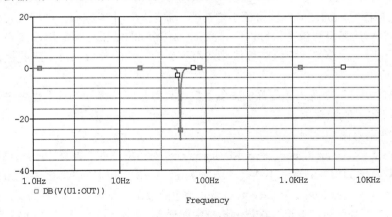

图 3.72　陷波器的幅频特性曲线

（3）显示相频特性曲线

选择 Plot→Add Plot to Window，在波形显示窗口增加一个坐标系，然后执行 Trace→Add Trace，添加 P（V(U1:OUT)），或者到绘图窗口选择图 3.71 中的 Phase of Voltage（电压相位）的探针，放在输出端，均可得到电路的相频特性曲线。

若希望调整显示结果的 X、Y 轴刻度范围，选择 Plot→Axis Setting，得到图 3.73 所示的轴线设置对话框，可以分别选择 X 轴和 Y 轴标签页来设置 X、Y 轴网格线刻度范围。

设置完毕单击"OK"按钮，得到图 3.74 的相频特性曲线，横轴范围变成 10Hz 至 1kHz。

图 3.73　轴线设置对话框

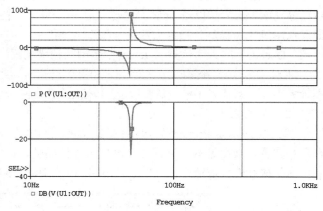

图 3.74　相频特性曲线

（4）分析仿真结果

选择 Trace→Cursor→Display，或单击菜单栏中的 ⊾ 图标，在波形显示窗口中会出现十字光标，移动光标置于陷波曲线的底部。还可以利用 Trace→Cursor→Min 自动选择曲线的最小值，或选择菜单栏中的 ⩔ 图标，都可以得到如图 3.75 所示的光标数据，得到陷波中心频率为 50.12Hz，最小增益为-28.41dB。

从理论上分析，图 3.67 的双 T 陷波器的中心频率为

$$f_c = \frac{1}{2\pi R_1 C_1} = \frac{1}{2\pi \times 3.18k\Omega \times 1\mu F} \approx 50.07Hz$$

说明 PSpice 的仿真结果非常接近理论值。

Trace Color	Trace Name	Y1	Y2
	X Values	50.11872482	10.00000000
CURSOR 1,2	DB(V(U1:OUT))	-28.41050911	-1.448504829m

图 3.75　光标数据

2．测量函数的使用和编辑

图 3.74 的波特图可以通过光标获得最小增益值、滤波器的中心频率，当然还可以寻找到上下限截止频率，并且手动计算得到带宽。可以说交流分析能得到的结果已经显示，需要求解的技术指标的数值可以通过波形手动获得，但这些数值无法用于后续的性能分析以及高级的优化分析工具，因此需要使用测量函数。

PSpice 提供的测量函数既为工程师们提供了自动计算技术指标的工具，也为进阶的性能分析以及高级分析模块确定了研究对象。

测量函数的调用有两种途径：

（1）执行 Trace→Measurements，进入 Measurements 对话框，图 3.76 左边的对话框显示的就是系统提供的测量函数，比如需要测量最小增益，选择 Min，单击"Eval"按钮，出现如图 3.76 右边所示的对话框。在对话框中单击 Name of trace to search 旁边的按钮。在随后出现的 Traces for Measurement Arguments 列表框中选择测量的波形，这样编辑框中就插入了测量变量，单击"OK"按钮即可。

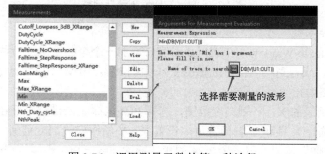

图 3.76　调用测量函数的第一种途径

（2）执行 Trace→Evaluate Measurement，或直接选择菜单栏中的 f(x) 图标，都会弹出 Evaluate Measurement 对话框，如图 3.77 所示，对话框左侧是测量函数，右侧是节点变量。选择测量函数，输入节点变量，单击"OK"按钮。

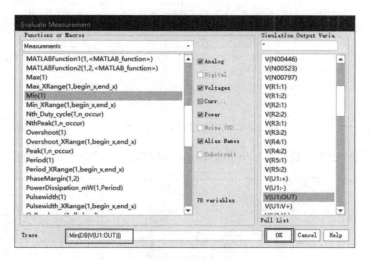

图 3.77　调用测量函数的第二种途径

上述两种途径下按"OK"按钮后都会在波形显示窗口下显示该测量函数的数值。如图 3.78 所示，如果后续要增加测量函数，只要直接单击图 3.78 下方的"Click here to evaluate a new measurement…"就可以。

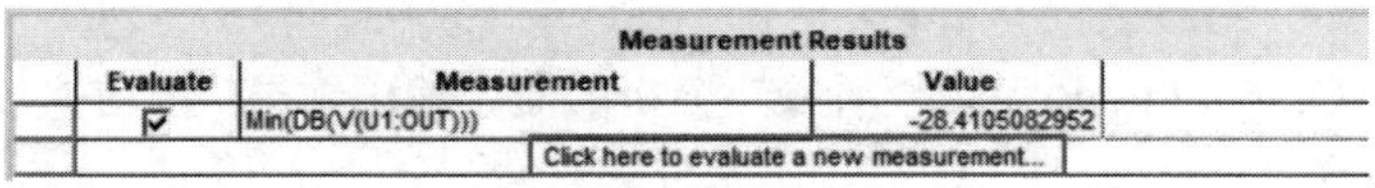

Measurement Results		
Evaluate	Measurement	Value
☑	Min(DB(V(U1:OUT)))	-28.4105082952
	Click here to evaluate a new measurement...	

图 3.78　显示测量数据

PSpice 17.4 提供了 56 个测量函数，可以单击图 3.76 左边的 Measurements 对话框中"View"按钮，查看每一个测量函数的源代码，了解每个函数的作用。如果提供的测量函数跟实际需求有差异，可以单击 Measurements 对话框中"Edit"按钮，修改原有的测量函数，也可以单击"New"按钮自己新建一个测量函数。

3．噪声分析的设置

电路中每个电阻和半导体元器件在工作时都要产生噪声。PSpice 提供的噪声分析是与交流分析一起使用的，电路中所计算的噪声通常是电阻上产生的热噪声、半导体元器件产生的散粒噪声和闪烁噪声。PSpice 的噪声分析会在每个频率点上对指定输出端计算出等效输出噪声，同时对指定输入端计算出等效输入噪声。输出噪声和输入噪声电平都对噪声带宽的平方根进行归一化，噪声电压的单位是 $V/\sqrt{Hz}$，噪声电流的单位是 $A/\sqrt{Hz}$。

图 3.70 所示窗口的下半部的 Noise Analysis 栏就是用于噪声分析的参数设置的。如图 3.79 所示，需要将 Enable 左侧复选框处于选中状态，然后对输出节点、等效输入噪声源位置和输出结果间隔这三项分析参数进行设置。图 3.79 中的设置表示将整个电路中的噪声源都集中折算到独立源 V1 处，然后每隔 10 个点频详细输出电路中每一个噪声源在输出节点 V(U1:OUT)处产生的噪声分量大小，同时给出输出节点处的总噪声均方根值以及输入等效噪声的大小。

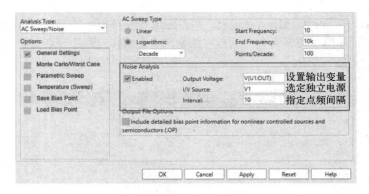

图 3.79　噪声分析的仿真参数设置

运行后，可以从输出波形显示窗口观测到输出噪声和输入噪声的数值，如图 3.80 所示。

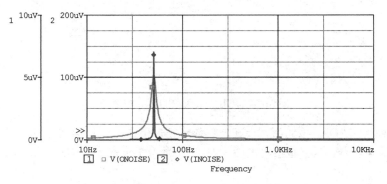

图 3.80　噪声分析的仿真结果

同时选择 View→Output File 还可以查看噪声分析的文字输出结果，按图 3.79 的设置，应该有 30 组如图 3.81 所示的数据。

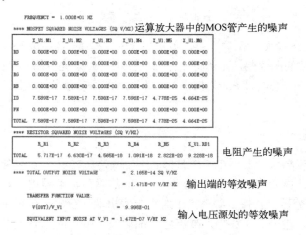

图 3.81　噪声分析的部分文字输出结果

3.3.5　参数扫描分析

参数扫描分析是针对电路中的某一参数在一定范围内做调整，利用 PSpice 分析得到清晰的结果，从而确定出该参数的最佳值，这也是常用的电路优化方法。参数扫描分析适用于判别电路响应与某一元器件值之间的关系，所以必须和其他基本分析搭配使用。PSpice A/D 中的参数扫描分析可以与瞬态分析、交流扫描分析和直流扫描分析同时进行。并且电压源、电流源、温度、全局参数或者模型参数都可以作为变量。参数扫描分析是进阶分析，因此仍使用交流分析中图 3.67 的陷波滤波器电路，这里重点研究电路中的电阻、电容对滤波器中心频率和品质因数的影响。图 3.82 是设置参数后的陷波滤波器电路（实例工程文件请扫二维码 3-6）。

二维码 3-6

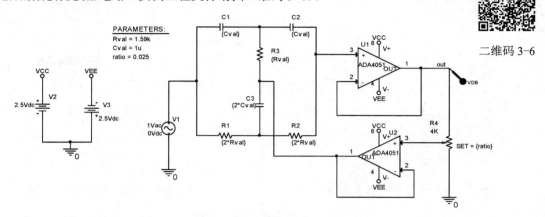

图 3.82　设置参数后的陷波滤波器电路

1. 参数扫描分析的基本操作

注意到图 3.82 中，$C_1 = C_2 = \frac{1}{2}C_3$，$R_1 = R_2 = 2R_3$。将 C_1 和 R_3 设为全局参数，编辑属性时，其值用{Cval}和{Rval}代替。可以直接双击器件的数值，将原来的数值修改为{Cval}和{Rval}。这样电路中的变化的参数就是 Cval 和 Rval。PSpice 软件通过大括号{}对全局参数变量进行定义。

电位器 R_4 用于调节参数 SET，利用该参数可以有效地调节运放 U_2 同相端和运放 U_1 输出端的阻值与电位器阻值的比例。例如，比例设为 0.025，那么电位器上面部分的电阻值为 100Ω，下面部分的电阻值为 3.9kΩ。所以当参数 SET 在 0～1.0 之间变化时，调节点的电阻值可以在全阻值范围内变化。为了使 SET 参数能够在 0～1.0 之间变化，再添加一个全局参数变量 ratio，同样在绘图时将电位器 POT 的 SET 默认值修改为{ratio}。

至此，电路中有了三个变量：Rval、Cval 和 ratio。接下来需要放置 PARAM 元件，它位于"SPECIAL"库中，也可以在搜索器件中搜索得到。图 3.83 提供了两种方式找到 PARAM 元件。PARAM 元件的名称为 PARAMETERS，包括定义变量名称及其默认值列表。

图 3.83　两种方式找到 PARAM 元件

（1）参数值设置

设置 PARAMETERS 的属性，双击字符"PARAMETERS"，在属性编辑器中单击 New Property 按钮，出现图 3.84 所示的对话框，在 Name 栏中输入前面设置的参数名，在 Value 栏中输入默认的数值。如果电路不进行参数扫描分析，或该参数没有被设置为全局变量，该参数的默认数值就是对话框中 Value 的值。

注意勾选上"Display[ON/OFF]",单击"OK"按钮后会弹出如图 3.85 所示的显示属性设置的对话框,在"Display Format"栏中选择是否将参数值显示在绘图区。

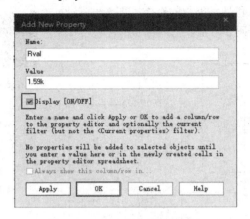 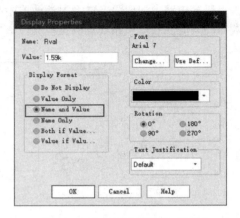

图 3.84　PARAMETERS 参数编辑对话框　　　　图 3.85　显示属性设置的对话框

对于另外的两个参数 Cval 和 ratio,也用相同的方式设置,并显示在绘图区。PSpice 允许定义多个全局参数,但参数扫描分析时只能选一个参数进行分析,其余参数均按默认值参与计算。

(2)仿真分析的设置

选择 PSpice→Edit Simulation Profile,或其对应的图标,出现设定分析的窗口。先选择"AC Sweep/Noise"进行交流扫描分析,如图 3.70 所示。

然后选择 Options→Parametric Sweep,如图 3.86 所示。参数扫描分析可以进行扫描的变量有五种:电压源(Voltage source);电流源(Current source);全局参数变量(Global parameter),如刚才设置的 Rval、Cval、ratio;元器件模型的参数(Model parameter),如三极管的电流放大倍数 BF;温度(Temperature)。

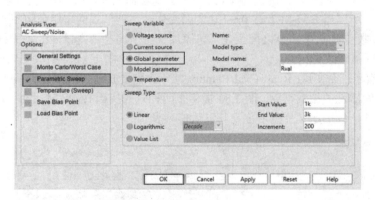

图 3.86　参数扫描分析的设置

电压源、电流源和模型参数的设置可以参考 3.3.2 节直流扫描分析(DC Sweep)中的设置。本节重点介绍全局参数。图 3.82 中将电阻 Rval 作为参数,另外两个参数:Cval 取 1μF,ratio 取 0.025。

图 3.86 中电阻取值从 1kΩ 扫描到 3kΩ,增量为 200Ω,要求对 Rval=1kΩ, 1.2kΩ, 1.4kΩ, …, 2.8kΩ, 3kΩ 共 11 种情况进行交流分析。

选择 PSpice→Run,或其对应图标。仿真结束后,会出现如图 3.87 所示的选择框,11 批数据全部处于选中状态,若这 11 批数据均采用,直接单击"OK"按钮即可。若只采用其中几批,可先单击"None"

按钮，使 11 批数据先全部脱离选中状态，然后单击选中 1 批或多批数据，最后单击"OK"按钮。

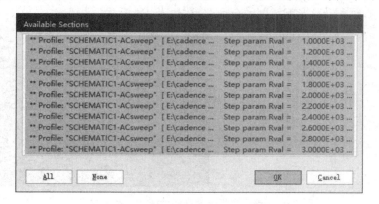

图 3.87　分批模拟结果的选择框

选择输出 out 节点的幅频特性，如图 3.88 所示，波形反映了电阻变化对陷波器中心频率的影响。图 3.88 中有 11 条波形，最右边是电阻值为 1kΩ的波形，最左边是电阻值为 3kΩ的波形。可以看出，随着电路中电阻值的增大，中心频率减小。

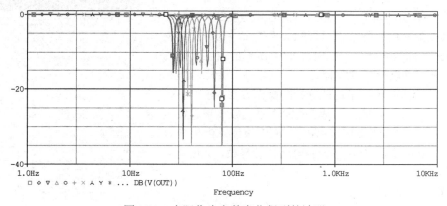

图 3.88　电阻作为参数变化得到的波形

电容作为参数时，如图 3.89 的左侧所示，选择列表扫描方式，只设置 100nF，500nF，1μF，2μF 四种情况进行扫描，得到图 3.89 右侧的波形。可以看出电阻和电容的变化只会改变中心频率，带宽和品质因数没有改变。

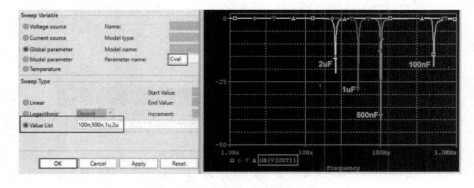

图 3.89　电容作为参数得到的波形

滑动变阻器的 SET 参数变化改变了接入运放 U2 同相端和运放 U1 输出端的阻值与电位器阻值的

比例，设置比例从 0.1 变化到 0.9，如图 3.90 所示，可以看出比例越小波形越尖锐，表明选择性更好，而且比例变化对中心频率没有影响，都是在 50Hz 附近发生谐振。

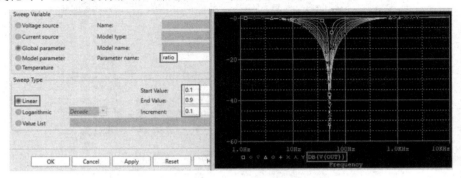

图 3.90　滑动变阻器 SET 参数变化得到的波形

2．电路性能分析的基本操作

电路性能分析（Performance Analysis）是在参数分析的基础上，定量地分析电路特性函数随着某一个元器件参数的变化情况，对电路的优化设计也有很大的帮助。在前面参数分析的基础上，进行电路性能分析。

其步骤是：在参数分析结束后，在 Probe 窗口下选择 Trace →Performance Analysis 命令，出现图 3.91 所示的对话框。

图 3.91 是对性能分析的注释说明，包括参数变化范围和坐标变量名，并给出两种测量性能分析的操作方法，第一种是单击"Wizard"按钮，按照屏幕提示的操作方式分步骤进行电路性能分析；另一种方法是直接单击"OK"按钮，由用户直接通过 Trace→Add Trace 选择相应的电路特性函数，进行电路测量性能分析。

图 3.91　电路性能分析的对话框

（1）屏幕引导方式

这种方式可以按照图 3.92 的提示分步进行。每一步确认后按"Next"按钮进入下一步。

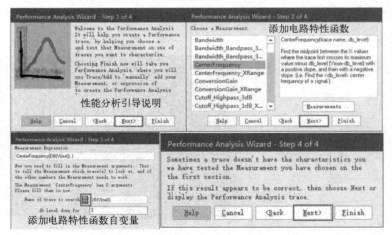

图 3.92　屏幕引导方式进行测量性能分析

这里需要注意软件自带的测量函数有时不一定满足要求，比如图 3.92 中选择的中心频率

（Centerfrequency），在图 3.92 的第二步中通过"Measurements…"对选中的测量函数进行编辑（在 Measurement 对话框中选择"Edit"），得到图 3.93 的函数源代码界面。通过对源代码中的语句进行分析，发现中心频率函数先按正斜率搜索。但对于本例中的陷波器，需要先搜索负斜率，然后再搜索正斜率，因此将函数中的"p"和"n"调换后，单击"OK"按钮。然后继续进行图 3.92 的第三步和第四步。

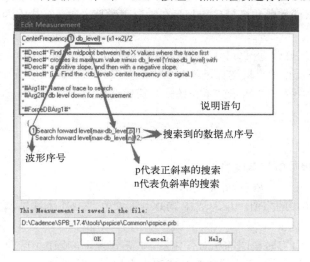

图 3.93　函数源代码界面

在第四步按"Next"后，就可以退出引导，在波形显示窗口上方增加一个性能分析的计算结果，如图 3.94 所示。横轴是全局参数电阻阻值，纵轴是刚刚修改的测量函数 CenterFrequency，用于计算中心频率。这样中心频率随着电阻值的变化情况就一目了然了。

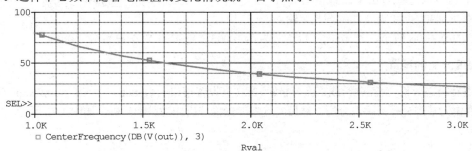

图 3.94　中心频率和电阻的关系曲线

如果需要具体的数值，可以选择 Trace→Evaluate Measurement，或单击相应的图标，选择测量函数，得到的是一组数据。

（2）直接选择方式

电路性能分析更常用方式是直接在图 3.91 的对话框中单击"OK"按钮，或单击菜单栏中的 按钮，这时会直接在波形显示屏幕上方多出一个坐标轴。然后选择 Trace→Add Trace，或者单击相应图标，在"Functions and Macros"中选择中心频率 CenterFrequency（1, db_level），在"Trace Expression"文本框中输入 DB（V（out））和 3，单击"OK"按钮，同样可以得到图 3.94 的关系曲线。同时也可以增加显示测量函数的具体值，如图 3.95 所示。

	Evaluate	Measurement	1	2	3	4	5	6
▶	☑	CenterFrequency(DB(V(out)), 3)	79.8255225749	66.5357221148	56.9663304199	49.8034776111	44.2885216125	39.8724962709

Measurement Results

Click here to evaluate a new measurement...

图 3.95　参数分析下调用测量函数

3.3.6 温度分析

电路工作一段时间，温度会发生变化，同时环境工作温度也在变化，而半导体器件、电阻、电容、电感等大多数电子元器件的工作特性都会受温度影响，因此温度也是电路中一个需要考虑的参数。PSpice 中所有的元器件参数和模型参数都是在常温下的值（常温默认值为 27℃），可以在 Option 选项中获得和修改。

PSpice 提供两种方式进行温度分析，一种是在参数扫描（Prametric Sweep）分析时选择温度作为变量；另一种是直接选择进阶分析中的温度扫描（Temperature（Sweep））分析。本节选用 3.3.3 节中图 3.57 所示的单相桥式整流电路作为实例（实例工程文件请扫二维码 3-7）。

二维码 3-7

1. 温度系数设置

温度变化时，电阻参数值与温度的关系式为

$$R(T)=R_0[1+TC1\times(T-T_0)+TC2\times(T-T_0)^2]$$

其中，R_0 为电阻描述语句中的阻值，T_0 为常温 300K，即 27℃，TC1 为线性温度系数，TC2 为二次温度系数。

温度系数指温度变化 1℃时电阻的相对变化量。通常情况下，电阻生产商为用户提供线性温度系数 TC1 的值。电容和电感随温度变化的计算公式和电阻相似，只是将电阻值改为电容值或电感值。

早期版本的 OrCAD 软件，Capture 中的元件没有温度系数等相关参数，需要编辑 BREAKOUT 库中的元器件模型，添加语句实现。新版本则可以直接双击电阻或电容，在属性编辑中找到 TC1 和 TC2 的编辑框，输入

TC1	0.005		TC1	0.001
TC2	0		TC2	0
TOLERANCE			TOLERANCE	
Value	40		Value	220u

图 3.96　温度系数的设置

数值即可。如图 3.96 所示，将电阻的 TC1 设置为 0.005，电容的 TC1 设置为 0.001。

2. 温度分析的设置

电路进行瞬态分析、交流分析或直流分析时，在仿真设置窗口的 Options 中都有 Temperature（Sweep），这里先设置作为基础分析的瞬态分析，然后勾选温度扫描分析作为进阶分析，如图 3.97 所示。

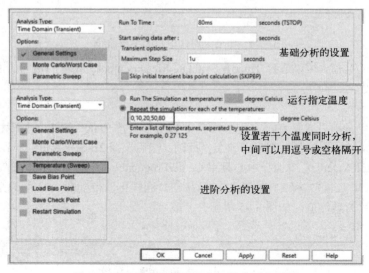

图 3.97　瞬态分析进阶温度扫描分析的设置

也可以选择先进行瞬态分析，然后选择参数扫描分析中的 Temperature 作为变量，进行温度分析，如图 3.98 所示。

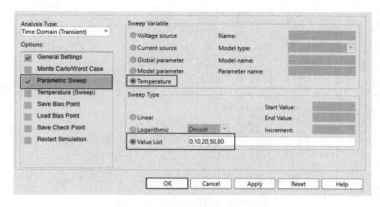

图 3.98　温度作为变量的参数扫描分析

两种方式的设置运行仿真后均得到相同的仿真结果，如图 3.99 所示。

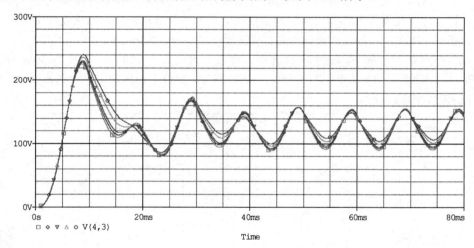

图 3.99　温度分析的仿真结果

3. 查看输出文档

两种方式得到的输出波形结果是一样的，但在 View→Output File 中查看文字输出结果时，只有图 3.97 的方式，使用 Temperature（Sweep）分析下，才可以看到不同温度下，元器件数值和二极管参数值的变化，如图 3.100 所示。所以如果需要这些数据时，还是选择单独的温度分析。

3.3.7　蒙特卡罗分析

前面介绍的各种电路特性分析都是在电路参数取其标称值下进行的。然而对于电阻、电容和电感等实际分立元件，以及半导体器件，其参数值均有一定的容差，例如当选择 10(1±5%)kΩ 的电阻时，电阻阻值应该在 9.5kΩ～10.5kΩ 之间。当所有元器件的容差效果组合在一起时，可能对电路的输出响应造成巨大偏差。接下来将介绍的两种统计分析：蒙特卡罗分析和最坏情况分析，就是用于研究元器件参数值变化（容差），或者影响元器件参数值的物理参数变化（比如温度有容差）时，对某些电路特性的影响。

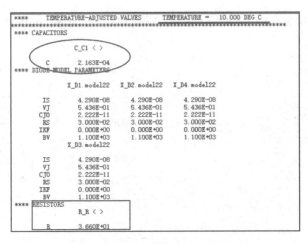

图 3.100　温度分析的文字结果

　　蒙特卡罗分析是对选择的分析类型（包括直流分析、交流分析、瞬态分析）多次运行后进行的统计分析。第一次运行采用所有元器件的标称值进行运算，最后将各次运行结果同第一次运行结果进行比较，得出由于元器件的容差而引起输出结果偏离的统计分析，如电路性能的中心值、方差，以及电路合格率、成本等。用此结果作为是否修正设计的参考，增加了模拟的可信度。

　　本节以共射共基组合的 Cascode 电路为例，要求放大倍数为 100 倍，带宽为 50MHz，电路如图 3.101 所示。利用蒙特卡罗分析选择合适的元器件容差，将技术指标的误差控制在 ±10% 以内（实例工程文件请扫二维码 3-8）。

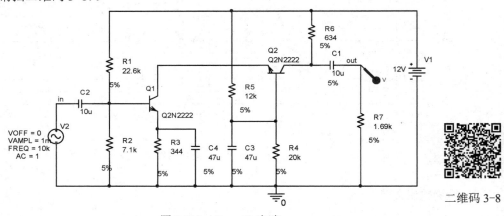

二维码 3-8

图 3.101　Cascode 电路

1. 元器件的容差设置

　　蒙特卡罗分析与交流分析、直流分析或瞬态分析同时进行，在绘制原理图时首先需要通过元器件属性编辑器对各元器件的容差进行设置，然后再根据设计需求对电路进行仿真设置。

　　（1）属性编辑器中添加容差参数

　　PSpice 17.4 中分立元件 R、L 和 C 均具有容差参数，通过双击元件，打开属性编辑器就可以对其容差进行添加和设置。图 3.102 是在电容 C 的属性编辑框中直接输入容差值。若需要在电路图上显示容差值，需要选择整个 TOLERANCE

Value	47u
TC1	0
VOLTAGE	CMAX
DERATE_TYPE	
PSpice Model Type	0011
PSpiceTemplate	C^@REFDES %1 %2 ?TOLE
TOLERANCE	5%
GBW	

图 3.102　属性编辑器中添加容差值

容差行，然后右键选择 Display，在随后出现的对话框中选择 Value only，即可只对数值进行显示。

（2）通过 BREAKOUT 库添加容差参数

PSpice A/D 中专门提供了统计分析用的元器件符号库，其名称为 BREAKOUT。库中每种无源元器件符号名为关键字母后加 Break，如电阻为 Rbreak。BREAKOUT 库中的元器件，可通过模型编辑器（Model Editor）为分立元件添加容差。例如对电容添加容差，首先从 BREAKOUT 库选择 Cbreak 元件，然后通过单击右键选择 Edit PSpice Model，打开模型编辑器，最后通过设置语句对其容差进行添加。如图 3.103 所示：Cbreak 为模型名称；CAP 为 PSpice 模型类型；C=1 表示数值因子为 1，用于设置电容参数值的倍率；LOT 和 DEV 是两种容差类型：

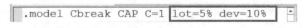

.model Cbreak CAP C=1 lot=5% dev=10%

图 3.103　模型编辑器设置电容容差

DEV 称为器件容差：指同一模型名称的元件其参数值在该容差范围内独立变化；

LOT 称为批容差：指同一模型名称的元件其参数值在该容差范围内统一变化，即它们的值同时变大或变小。

如何设置模型参数的变化模式应根据实际情况确定。如果设计的电路要用印刷电路板（PCB）装配，则不同 PCB 针对电路设计中同一个元器件采用的元器件参数将独立随机变化，只需要选用 DEV。但是如果在集成电路生产中，不同批次之间的元器件参数还存在起伏波动，还应该选用 LOT。

图 3.102 的方式设置的容差其实就是 DEV 容差；图 3.103 中同时设置 DEV 和 LOT，其共同作用下这个电容的总容差将达到 ±15%。

（3）半导体器件的参数容差设置

分立元件的参数主要就是它的数值，但半导体器件有着很多参数，容差设置只能针对某一个参数进行设置。比如需要对晶体管的放大倍数添加容差值，可以单击晶体管，右键找到 Edit PSpice Model，进入模型编辑器，如图 3.104 所示，直接在 Bf 值后添加 DEV 容差。

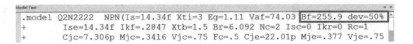

Model Text

.model Q2N2222　NPN(Is=14.34f Xti=3 Eg=1.11 Vaf=74.03 Bf=255.9 dev=50%
+　　　　　Ise=14.34f Ikf=.2847 Xtb=1.5 Br=6.092 Nc=2 Isc=0 Ikr=0 Rc=1
+　　　　　Cjc=7.306p Mjc=.3416 Vjc=.75 Fc=.5 Cje=22.01p Mje=.377 Vje=.75

图 3.104　晶体管的放大倍数设置容差

（4）分布类型的设置

蒙特卡罗分析过程中元器件参数值的改变是遵循特定的统计分布的，一般分立元件默认为均匀分布，在元件属性编辑器中可以看到默认项：DIST　FLAT。如果需要修改为高斯分布，可以直接双击后将 FLAT 改为 GAUSS。

对于晶体管的参数，比如图 3.104 中晶体管的电流放大倍数，通常情况下更符合高斯分布，那么可以在图 3.104 的模型编辑窗口中，将 dev=50%增加为 dev/gauss=50%，这样就把 Bf 的概率分布设置为高斯分布了。

2．蒙特卡罗分析的基本操作

绘制图 3.101 的电路，并将电路中的电阻和电容的容差均设置为 5%，由于技术指标中涉及带宽，所以先对电路进行交流扫描分析，频率范围从 1Hz 至 1GHz，每十倍频 10 个点。并在 Options 对话框中选择 Monte Carlo/Worst Case 分析。

（1）设置输出变量

在"Output variable"对话框中填入电路输出变量名，仿真输出变量可以为节点电压、独立电流源或者独立电压源。在本例中输出变量设置为 V(out)（见图 3.105）。

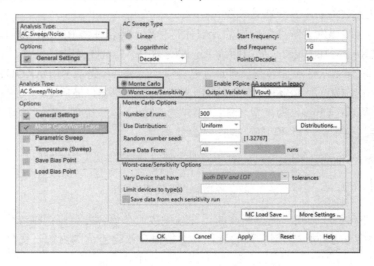

图 3.105   蒙特卡罗分析设置对话框

（2）运行次数

运行次数（Number of runs）是用来设置电路进行直流分析、交流分析或者瞬态分析的仿真次数的，它代表实际生产多少套电路。分析中第一次为标称值分析，然后采用随机抽样方式改变电路中元器件模型参数值，重复进行分析。显然，分析次数越多，统计分析的效果越好，但运行时间也就越长。在 PSpice 17.4 中，最大运行次数已经从 4000 次增加至 10000 次，次数大大扩展，以满足用户的需求。

（3）参数分布规律的选择

在"Use distribution"中提供了三种分布供选择，用于反映实际生产中元器件参数的分布情况。

① Gaussian 指正态分布，又称高斯分布，选用该分布时，PSpice 17.4 采取将元器件的标称值设为均值，DEV 容差作为标准偏差，从而产生一组随机数代表元件的分布情况；

② Uniform 指均匀分布，即元器件取每个值的概率相等；

③ GaussUser 也是随机分布，但是如果选用此项分布，还需要在右侧下拉列表中选择一个数值，表示元件值分散范围对应几倍 DEV 的容差设置值。

（4）随机"种子数"的选定

PSpice 采用软件模块产生需要的随机数。产生随机数需要一个被称为种子数的参数，而且产生的随机数其数值组成与种子数有关。"Random number seed"一栏设置的数值就是用于指定蒙特卡罗分析中产生随机数所用的"种子数"。其值必须为 1～32767 之间的奇数，若未指定，采用内定值为 17533。如果种子数相同，则产生的随机数是完全相同的，若用户希望模拟不同批次生产的电子产品参数分布情况，则每次在进行蒙特卡罗分析时，应采用不同的种子值。

（5）数据保存形式

图 3.101 中 Save data from 一栏的设置用于指定将哪几次分析结果存入 OUT 输出文件和 Probe 数据文件中。其下拉列表中提供 5 个选项。

None：只保存标称值运行的电路响应。

All：保存每一次运行的数据。

First：只显示前 n 次的结果，n 填在随后的编辑框里。

Every：每 n 次模拟显示一次，n 也填在随后的编辑框里。

Run（list）：显示所有指定次数的结果，最多可在后面填入 25 个数字。

完成蒙特卡罗分析后，用户就可以打开 OUT 输出文件，或者在波形输出窗口查看保存的结果数据。

（6）运行查看结果

按照图 3.105 的设置，单击"OK"按钮后，选择 PSpice→Run，或其对应图标。仿真结束后，出现如图 3.106 所示选择框，告知用户有三百项模拟结果的波形资料，可以任选一项或多项，也可以全部选择，单击"OK"按钮就可以得到分析结果了。

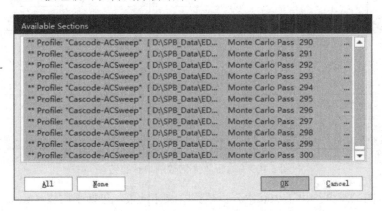

图 3.106　分批模拟结果的选择框

由于图 3.101 中使用了"dB Magnitude of Voltage"的探针，于是直接显示了三百条输出的幅频特性曲线（见图 3.107）。

选择 View→Output File，可以看到蒙特卡罗分析的文字结果，如图 3.108 所示。从图中可以看到第 249 次仿真达到最大偏差。

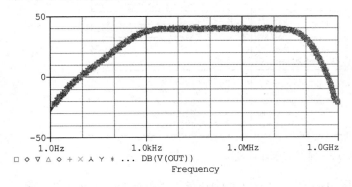

图 3.107　幅频特性曲线

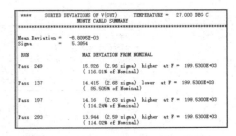

图 3.108　蒙特卡罗分析的文字结果

3. 直方图的使用方法

对于很多进行蒙特卡罗分析的用户，往往不满足于仅显示输出波形，还想得到输出变量的可能输出值及其相对概率为多少。这就需要使用直方图功能了。对电路进行蒙特卡罗分析后，可以绘制描述电路特性分散情况的分布直方图，能预计该电路投入生产时的成品率。

方法是在完成蒙特卡罗分析以后启动电路性能分析（Performance Analysis），Probe 窗口将转化为直方图绘制窗口，选用的测量函数在显示窗口中成为 x 轴的坐标变量，y 轴坐标刻度为百分数。这就是说，只要在蒙特卡罗分析之后启动电路性能分析，就自动进入直方图绘制状态。

具体步骤和 3.3.5 节参数扫描分析中"电路性能分析的基本操作"是完全一致的,可以考虑使用屏幕引导的方式,即在 Probe 窗口下选择 Trace→Performance Analysis→Wizard,根据提示的步骤一步步操作;也可以使用直接选择方式,即在 Probe 窗口下选择 Trace→Performance Analysis→OK,或直接单击菜单栏中的 ⊘ 按钮,再选择 Trace→Add Trace 添加需要分析的测量函数。

由于本节实例的技术指标是 Cascode 电路的电压放大倍数和带宽,于是先后选择 ConversionGain(1, 2) 和 Bandwidwidth_Bandpass_3dB(1),图 3.109 是电压放大倍数的统计直方图。

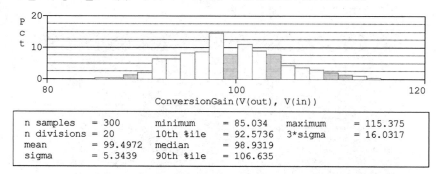

图 3.109　电压放大倍数的统计直方图

图 3.109 直方图的下方给出了 300 次分析数据的统计结果,包括平均值(mean)为 99.4972,标准偏差 σ(sigma)为 5.3439,最小值(minimum)为 85.034,最大值(maximum)为 115.375,中位值(median)即 50%分位数为 98.9319,10%分位数(10th %ile)和 90%分位数(90th %ile)分别为 92.5736 和 106.635。

用同样的方式可以得到带宽的统计直方图(见图 3.110)。

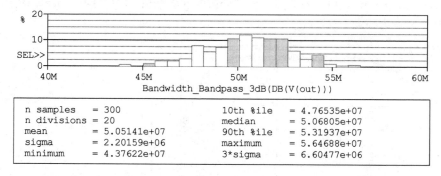

图 3.110　带宽的统计直方图

如果设计要求指标的误差需要控制在 10%以内,那么需要电压放大倍数在 90～110 之间,带宽在 45MHz～55MHz 之间。从图 3.109 和图 3.110 可知,成品率均未达到 100%。说明选取的器件容差有些偏高,将 R1、R2、R6 容差修改为 1%,运行后得到图 3.111,可知设计可以满足要求。

3.3.8　最坏情况分析

最坏情况分析用于确定电路性能影响最关键的元件,估算出电路性能相对标称值时的最大偏差。最坏情况分析是先进行标称值的电路仿真,然后计算灵敏度,将各个元器件逐个变化进行电路仿真,如果有 n 个元器件参数需要变化,则需要进行 n 次分析,得到灵敏度后,再做一次最坏情况分析,各元器件参数取最大容差值进行计算,得到结果。所以如果电路中有 n 个变量的话,最坏情况分析其实是进行了 $n+2$ 次的电路性能分析。

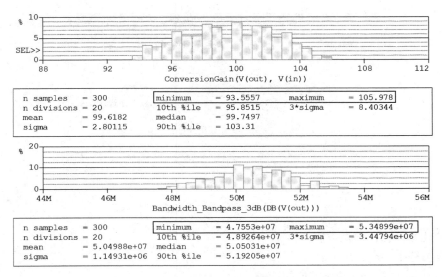

n samples	= 300	minimum = 93.5557	maximum = 105.978
n divisions	= 20	10th %ile = 95.8515	3*sigma = 8.40344
mean	= 99.6182	median = 99.7497	
sigma	= 2.80115	90th %ile = 103.31	

n samples	= 300	minimum = 4.7553e+07	maximum = 5.34899e+07
n divisions	= 20	10th %ile = 4.89264e+07	3*sigma = 3.44794e+06
mean	= 5.04988e+07	median = 5.05031e+07	
sigma	= 1.14931e+06	90th %ile = 5.19205e+07	

图 3.111　修改器件容差后的统计结果

最坏情况是一种极端情况，在实际中出现的概率极低，但该结果从一个方面反映了电路设计质量的好坏，如果该结果都能满足设计规范要求，说明电路设计对元器件参数变化的适应性很强，或者说该电路具有更高的"鲁棒性"。

本节延用上一节图 3.101 的 Cascode 电路，利用最坏情况分析确定哪些元件对电路性能影响最大，以及最坏情况下电压放大倍数和带宽数值大小（实例工程文件请扫二维码 3-9）。

最坏情况分析与蒙特卡罗分析一样，它是与交流分析、直流分析或者瞬态分析同时进行的，在绘制原理图时也需要通过元器件属性编辑器对各元器件的容差进行设置，只是在进行到图 3.105 设置仿真参数时，在 Monte Carlo/Worst Case 的对话框中选择 Worse Case/Sensitivity，具体设置如图 3.112 所示。

二维码 3-9

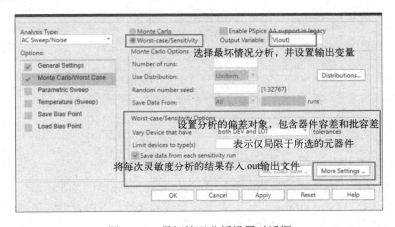

图 3.112　最坏情况分析设置对话框

（1）输出结果的设置

单击图 3.112 中的"More Setting"按钮，出现如图 3.113 所示的对话框。

图 3.113 中的"Find"编辑框后面的下拉菜单，表示分析时选择输出如下选项中的一种：

Y Max：求出每个波形与额定运行值的最大差值

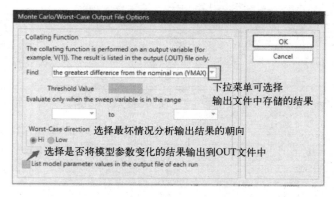

图 3.113　最坏情况分析的更多选择对话框

Max：求出每个波形的最大值

Min：求出每个波形的最小值

Rise_edge：找出第一次超出域值的波形

Fall_edge：找出第一次低于域值的波形

选择最后两项时，还需要在 Threshold Value 后面的编辑框中设置域值。

在 Worst-Case direction 中设定最坏情况分析的朝向，Hi 表示分析的输出结果朝高于标称结果偏移，Low 表示分析的输出结果朝低于标称结果偏移后面的图 3.115 和图 3.116 分别呈现这两种结果。

（2）分析最坏情况结果

单击图 3.107 的"OK"按钮，运行仿真，屏幕会出现图 3.114 的选择框。因为在图 3.112 中，勾选了"Save data from each sensitivity run"前的复选框，于是出现每个变量变化的输出波形，以及第一次标称值下和最坏情况下的结果，实例电路中设置了 11 个带容差的器件，因此得到 11+2 个结果。

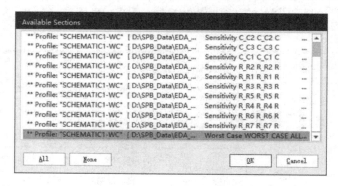

图 3.114　模拟结果的选择框

单击"OK"按钮后得到输出结果朝向选择 Hi 的仿真结果，如图 3.115 所示。单击最高的那条幅频特性曲线，右键选择"Trace information"，打开该曲线的属性，可以看出这是最后一次最坏情况分析的结果，说明这是趋势高于正常曲线的最坏情况。

若想得到电路特性函数的数值可以选择 Trace→Evaluate Measurement，设置相应的测量函数，就可以在波形显示窗口下显示每一条波形的数值。如图 3.115 所示，在幅频特性下方就能得到 13 次的结果，第一次为标称值下的技术指标，最后一次是最坏的结果。

如果选择图 3.113 中 Worst-Case direction 为 Low，得到如图 3.116 所示的曲线，可以看出最坏情况结果的趋势是低于正常曲线的。

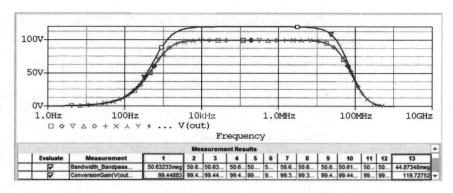

图 3.115　输出结果朝向选择 Hi 的仿真分析结果

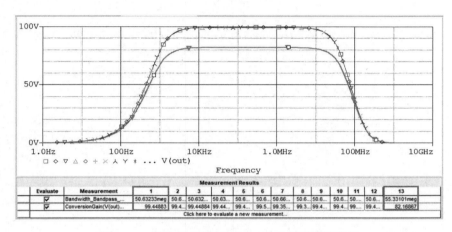

图 3.116　输出结果朝向选择 Low 的仿真分析结果

最坏情况分析的输出结果中还可以看到灵敏度分析结果，选择 View→Output File，打开输出文件，通过向下拖动文档内容，可以看到图 3.117 所示的灵敏度分析结果。从灵敏度分析结果可以看出 R1、R2、R3 和 R6 对电路性能影响较大，属于关键器件，而 R1 和 R3 变小会引起输出结果比标称值大，R2 和 R6 变大会引起输出结果比标称值大。

输出文件继续向下拖动，就能看到最坏情况分析中各元器件容差极限取值。如图 3.118 所示，电路最坏情况对应于 R1、R3 取最小值（即标称值×0.95）和 R2、R6 取最大值（即标称值×1.05）时。

```
                    SENSITIVITY SUMMARY
****************************************************************

Mean Deviation =   3.9803E-03
Sigma          =   .0548

RUN                 MAX DEVIATION FROM NOMINAL

R_R1 R_R1 R          .0975  (1.78 sigma)  lower  at F =  125.8900E+03
                    (  -.9799% change per 1% change in Model Parameter)

R_R2 R_R2 R          .0898  (1.64 sigma)  higher  at F = 251.1900E+03
                    (   .9033% change per 1% change in Model Parameter)

R_R3 R_R3 R          .088   (1.61 sigma)  lower  at F =  125.8900E+03
                    (  -.8848% change per 1% change in Model Parameter)

R_R6 R_R6 R          .0723  (1.32 sigma)  higher  at F =  79.4330E+03
                    (   .7266% change per 1% change in Model Parameter)

C_C4 C_C4 C          .0372  (.68 sigma)  higher  at F =  501.19
                    (   .6833% change per 1% change in Model Parameter)

R_R7 R_R7 R          .0271  (.49 sigma)  higher  at F =  100.0000E+03
                    (   .2726% change per 1% change in Model Parameter)
```

WORST CASE ALL DEVICES				
Device	MODEL	PARAMETER	NEW VALUE	
C_C4	C_C4	C	1.05	(Increased)
C_C2	C_C2	C	1.05	(Increased)
C_C3	C_C3	C	.95	(Decreased)
C_C1	C_C1	C	1.05	(Increased)
R_R1	R_R1	R	.95	(Decreased)
R_R2	R_R2	R	1.05	(Increased)
R_R3	R_R3	R	.95	(Decreased)
R_R6	R_R6	R	1.05	(Increased)
R_R5	R_R5	R	1.05	(Increased)
R_R4	R_R4	R	.95	(Decreased)
R_R7	R_R7	R	1.05	(Increased)

图 3.117　灵敏度分析结果　　　　　　　　图 3.118　最坏情况分析时元器件容差极限值列表

若将电路中关键器件的容差均修改为 1%，重新运行，可以看到最坏情况和标称状态的偏差缩小（见图 3.119）。

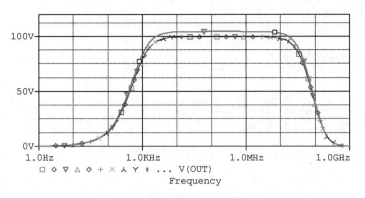

图 3.119　减小容差后的仿真结果

第4章 模拟系统 PSpice 设计与仿真

设计一个电子系统首先需要研究项目，制定项目解决方案，然后进行初步原理图设计并通过软件仿真分析和优化，确定电路和元器件参数，最后进行电路实验板调试。本章通过三个小型电子系统项目的开发，呈现完整设计电路过程，熟悉原理图仿真工具 PSpice 的使用，充分利用仿真分析工具设计和优化电路。了解电子系统中直流供电电源、基准电源的选择和实现。本章的所有仿真工程可以扫描文中提到的二维码获得。

4.1 音频放大器设计

1. 实验目的

（1）综合运用所学的电子电路的知识，设计满足一定指标的音频放大器。
（2）熟悉使用 PSpice 仿真软件辅助电子项目设计，并指导硬件实现的过程。
（3）掌握小型综合电路的设计、硬件电路搭建、实验调试和参数测试方法。

2. 技术指标

（1）±12V 双直流电源供电，负载阻抗（扬声器）$R_L = 8\Omega$；
（2）当输入信号 V_i=10mV（有效值）时，输出额定功率大于 1W；
（3）信号频率范围为 20Hz～20kHz；
（4）音调控制范围：1kHz 处增益为 0dB，低音 100Hz 和高音 10kHz 处有±12dB 的提升量和衰减量；
（5）输入阻抗≫20kΩ。

3. 实验原理和设计

音频放大器是音响系统的关键部分，其作用是将传声器件（信号源）获得的微弱信号放大到足够的强度去推动放声系统中的扬声器或其他电声器件，使原声重现。音响系统原理框图如图 4.1 所示。

由于信号源输出幅度往往很小，不足以激励功率放大器输出额定功率，因此常在功率放大器之前插入前置放大器将输入信号加以放大，同时由音调控制电路对信号进行适当的音色处理。

在本次设计中，音频放大器组成如图 4.2 所示。

图 4.1 音响系统原理框图   图 4.2 音频放大器的组成

设计要求输入信号为 10mV，负载为 8Ω时，输出功率要大于 1W，也就是图 4.2 的三级放大器的总电压增益大于 400 倍。

（1）前置放大电路

其主要功能是同信号源阻抗进行匹配，并有一定的电压增益。

根据音频放大器的技术要求，前置放大电路的输入阻抗比较高，才能很好地和信号源匹配；输出阻抗比较低，以便不影响音调控制电路的正常工作。同时要求噪声系数尽可能小。因此如果用分立元件组成前置放大电路，可以选择由场效应管构成的共源放大器和场效应管源极输出器级联组成。

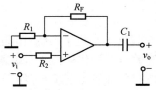

图 4.3　前置放大器的原理电路

但由于分立元件实现的电路比较复杂，尺寸比较大，而且静态工作点的调节以及放大倍数的设计都比较麻烦，因此可以考虑使用运算放大器（简称运放）来实现。运放的输入电阻非常高，可近似为无穷大，并且输出电阻很低，可以近似为零。另外由于它本身的电压放大倍数很高，只要将运放引入负反馈，整个放大器的电压增益就由反馈网络决定。这样放大电路的电压增益就非常容易设计。本次设计选用由运放构成的同相比例放大器，输入电阻为无穷大，直接可以满足设计要求。前置放大器原理电路如图 4.3 所示，电压放大倍数为 $1+R_F/R_1$。

其仿真电路如图 4.4 所示，运放选用 μA741，图中前置放大电路的电压增益为 25 倍，输入阻抗为无穷大。

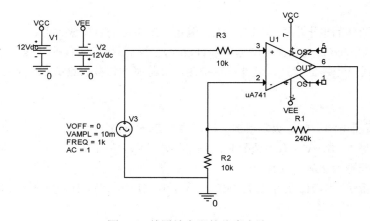

图 4.4　前置放大器的仿真电路

（2）音调控制电路

其主要功能是实现高、低音的提升和衰减。

常用的音调控制电路有三类：一是低失真非线性负反馈型音调控制电路，其调节范围小；二是 RC 衰减式，其调节范围较宽，但容易失真；三是多用于高级收录机中的混合式音调控制电路。从经济效益来看，负反馈型电路简单，失真小，常被选用，如图 4.5 所示。输入回路和反馈回路都由 RC 组成，放大电路为运放（如 μA741），$\dot{A}_{vf} = \dot{V}_o / \dot{V}_1$。

为了分析方便，先假设 $R_1 = R_2 = R_3 = R$，$R_{w1} = R_{w2} = 9R$，$C_1 = C_2 \gg C_3$。

当信号频率不同时，$\dot{A}_{vf}$ 会随着频率的改变而变化。其频率特性曲线如图 4.6 所示（虚线表示实际频率特性）。

图 4.6 中，f_0 为中心频率，一般增益为 0dB；$f_{L1}, f_{L2}, f_{H1}, f_{H2}$ 分别为低音到中低音、中低音到中音、中音到中高音、中高音到高音的转折频率，一般取 f_{L1} 为几十赫兹，而 $f_{L2} = 10f_{L1}$，$f_{H2} = 10f_{H1}$，f_{H2} 一般为几十千赫兹。由图 4.6 可知，音调控制只针对高、低音的增益进行提升、衰减，而中音的

增益基本保持不变。因此，音调控制电路由低、高通滤波器构成。下面对图 4.5 所示电路进行分析。

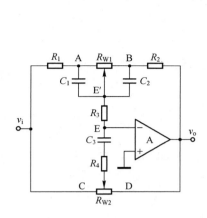

图 4.5 音调控制电路

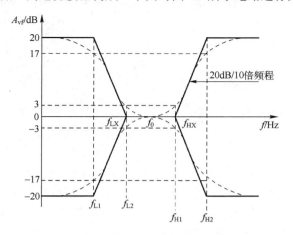

图 4.6 音调控制电路的频率特性曲线

① 信号在中频区

由于 $C_1 = C_2 \gg C_3$，因此低、中频区的 C_3 可视为开路，而中、高频区 C_1、C_2 则可视为短路。又因为运放开环增益很高，放大器输出阻抗也很高，$V_E \approx V_{E'} \approx 0$（虚地），$R_3$ 的影响可以忽略。因此，在中频区可以绘制出音调控制电路的等效电路如图 4.7 所示，根据假设 $R_1 = R_2$，于是得到该电路的电压增益 $A_{vf} = 0\text{dB}$。

② 信号在低频区

因为 C_3 很小，C_3、R_4 支路可视为开路。反馈网络主要由上半边起作用。同样因为运放开环增益很高，放大器输出阻抗也很高，$V_E \approx V_{E'} \approx 0$（虚地），$R_3$ 的影响可以忽略。

当电位器 R_{W1} 的滑动端移到 A 点时，C_1 被短路，其等效电路如图 4.8（a）所示。

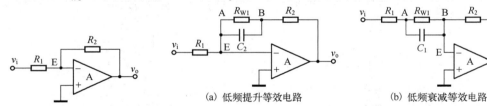

(a) 低频提升等效电路　　　　　　　(b) 低频衰减等效电路

图 4.7 信号在中频区的等效电路　　　图 4.8 信号在低频区的等效电路

下面分析电路的幅频特性，该电路是一个一阶有源低通滤波器，其传递函数为

$$\dot{A}_{vf}(j\omega) = \frac{\dot{V}_o}{\dot{V}_i} = \frac{R_{W1} + R_2}{R_1} \cdot \frac{1 + \dfrac{j\omega}{\omega_{L2}}}{1 + \dfrac{j\omega}{\omega_{L1}}} \tag{4.1}$$

式中

$$\omega_{L1} = \frac{1}{R_{W1}C_2}\left(\text{或} f_{L1} = \frac{1}{2\pi R_{W1}C_2}\right); \qquad \omega_{L2} = \frac{R_{W1} + R_2}{R_{W1}R_2C_2}\left(\text{或} f_{L2} = \frac{R_{W1} + R_2}{2\pi R_{W1}R_2C_2}\right)$$

根据前面假设条件：$R_1 = R_2 = R_3 = R$，$R_{W1} = R_{W2} = 9R$，可得 $\dfrac{R_{W1} + R_2}{R_1} = 10$，$\omega_{L2} = 10\omega_{L1}$。

当 $\omega \gg \omega_{L2}$，即信号接近中频时

$$\left|\dot{A}_{vf}\right| \approx \frac{R_{W1} + R_2}{R_1} \frac{\omega_{L1}}{\omega_{L2}} = 10 \times \frac{1}{10} = 1 \text{ (即0dB)}$$

当 $\omega = \omega_{L2}$ 时

$$\left|\dot{A}_{vf}\right| \approx \frac{R_{W1} + R_2}{R_1} \sqrt{\frac{1+1}{1+\left(\dfrac{\omega_{L2}}{\omega_{L1}}\right)^2}} \approx \sqrt{2} \,(\text{即}3\text{dB})$$

当 $\omega = \omega_{L1}$ 时

$$\left|\dot{A}_{vf}\right| \approx \frac{R_{W1} + R_2}{R_1} \sqrt{\frac{1+\left(\dfrac{\omega_{L1}}{\omega_{L2}}\right)^2}{1+1}} \approx \frac{10}{\sqrt{2}} \,(\text{即}17\text{dB})$$

当 $\omega \ll \omega_{L1}$ 时，C_2 视为开路，由图 4.8（a）可得

$$\left|\dot{A}_{vf}\right| \approx \frac{R_{W1} + R_2}{R_1} = 10 \,(\text{即}\,20\text{dB}) \tag{4.2}$$

综上所述，在 $f = f_{L2}$ 和 $f = f_{L1}$ 时，分别比中频时提升了 3dB 和 17dB，称 f_{L2} 和 f_{L1} 为转折频率，在这两个转折频率之间（$f_{L1} < f_{LX} < f_{L2}$）曲线斜率为-6dB/倍频程。低音最大提升量为 20dB。

用同样分析方法可得，当 R_{W1} 滑至右端时的低频衰减特性。等效电路如图 4.8（b）所示，读者可以自行分析。其中转折频率为

$$f'_{L1} = \frac{1}{2\pi R_{W1} C_1} = f_{L1} \,, \quad f'_{L2} = \frac{R_{W1} + R_1}{2\pi R_{W1} R_1 C_1} = f_{L2} \tag{4.3}$$

最大衰减量为

$$\left|\dot{A}_{vf}\right| \approx \frac{R_2}{R_{W1} + R_1} = \frac{1}{10} \,(\text{即}\,-20\text{dB}) \tag{4.4}$$

③ 信号在高频区

在高频区，图 4.5 中 C_1 和 C_2 可视为短路，这时起作用的是 C_3、R_4 支路，图 4.9（a）所示为音调控制器的高频等效电路。可以将 R_1、R_2、R_3 的星形连接转换成 R_A、R_B、R_C 的三角形连接，这样便于分析，转换后的等效电路如图 4.9（b）所示。

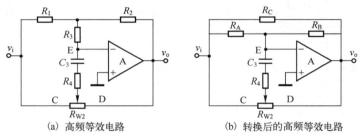

(a) 高频等效电路　　　　　　　　(b) 转换后的高频等效电路

图 4.9　高频区的等效电路

$$R_A = R_1 + R_3 + \frac{R_1 R_3}{R_2} = 3R\,(R_1 = R_2 = R_3)$$

$$R_B = R_2 + R_3 + \frac{R_2 R_3}{R_1} = 3R \qquad R_C = R_1 + R_2 + \frac{R_1 R_2}{R_3} = 3R$$

由于前级输出电阻很小，输出信号 v_o 通过 R_C 反馈到输入端的信号被输出电阻所旁路，所以 R_C 的影响可以忽略，视为开路。当 R_{W2} 滑到 C 和 D 点时，R_{W2} 等效于跨接在输入和输出之间，且数值比较大，也可视为开路。因此，可得到 R_{W2} 在 C 和 D 点时的等效电路如图 4.10 所示。

能够看出，图 4.10（a）所示为一阶有源高通滤波器，其传输函数为

$$\dot{A}_{vf}(\text{j}\omega) = \frac{\dot{V}_o}{\dot{V}_i} = -\frac{R_B}{R_A} \cdot \frac{1+\dfrac{\text{j}\omega}{\omega_{H1}}}{1+\dfrac{\text{j}\omega}{\omega_{H2}}} \tag{4.5}$$

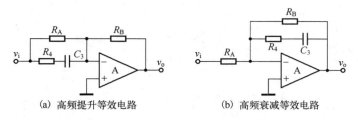

(a) 高频提升等效电路　　　　　　　(b) 高频衰减等效电路

图 4.10　高频提升和衰减时的等效电路

其中　　$\omega_{H1} = \dfrac{1}{(R_A + R_4)C_3}\left(\text{或 } f'_{H1} = \dfrac{1}{2\pi(R_A + R_4)C_3}\right);$　　$\omega_{H2} = \dfrac{1}{R_4 C_3}\left(\text{或 } f_{H2} = \dfrac{1}{2\pi R_4 C_3}\right)$

假设 $R_4 = R/3$，由于 $R_A = 3R$，则 $\omega_{H2} = 10\omega_{H1}$。

当 $\omega > \omega_{H2}$ 时，C_3 视为短路，此时电压增益为

$$\left|\dot{A}_{vf}\right| \approx \frac{R_A + R_4}{R_4} = 10 \text{（即 20dB）} \tag{4.6}$$

同理，图 4.10（b）所示的衰减等效电路的传输函数为

$$\dot{A}_{vf}(j\omega) = \frac{\dot{V}_o}{\dot{V}_i} = -\frac{R_B}{R_A} \cdot \frac{1 + \dfrac{j\omega}{\omega'_{H1}}}{1 + \dfrac{j\omega}{\omega'_{H1}}} \tag{4.7}$$

其中　　$\omega'_{H1} = \dfrac{1}{(R_B + R_4)C_3} = \omega_{H1}\left(\text{或 } f'_{H1} = \dfrac{1}{2\pi(R_B + R_4)C_3} = f_{H1}\right)$

$$\omega'_{H2} = \dfrac{1}{R_4 C_3} = \omega_{H2}\left(\text{或 } f'_{H2} = \dfrac{1}{2\pi R_4 C_3} = f_{H2} = 10f_{H1}\right)$$

当 $\omega > \omega'_{H2}$ 时，C_3 视为短路，此时电压增益为

$$\left|\dot{A}_{vf}\right| \approx \frac{R_4}{R_B + R_4} = \frac{1}{10} \text{（即 -20dB）} \tag{4.8}$$

当 $f_{H1} < f_{HX} < f_{H2}$ 时，电压增益按±6dB/倍频程的斜率变化。

综合高低频时的电压增益分析，假设给出低频 f_{LX} 处和高频 f_{HX} 处的提升量，又知道 $f_{L1} < f_{LX} < f_{L2}$，$f_{H1} < f_{HX} < f_{H2}$，则

$$f_{L2} = f_{LX} \cdot 2^{\frac{\text{提升量(dB)}}{6\text{dB}}} \tag{4.9}$$

$$f_{HX} = f_{H1} \cdot 2^{\frac{\text{提升量(dB)}}{6\text{dB}}} \tag{4.10}$$

可见，设计要求低音 100Hz 有 ±6dB 的提升量和衰减量，由式（4.9）可以求出中低音到中音的转折频率 $f_{L2} = 400\text{Hz}$，进而得到低音到中低音的转折频率 $f_{L2} = 400\text{Hz}$。同理，设计要求高音 10kHz 有 ±6dB 的提升量和衰减量，根据式（4.10）可求出高音部分的转折频率 $f_{H1} = 2.5\text{kHz}$，$f_{H2} = 25\text{kHz}$。选择 $R_1 = 20\text{k}\Omega$，利用式（4.1）～式（4.8）可求出相应元件参数，如图 4.11 所示。

对滑动变阻器 R_{W1} 滑片位置 SET 进行参数扫描，设置为 0、0.5 和 1，分别对应于低频提升、正常状态和低频衰减。仿真结果如图 4.12 所示。同样对滑动变阻器 R_{W2} 滑片位置 SET 进行参数扫描，分析音调控制电路的高频响应，仿真结果如图 4.13 所示。

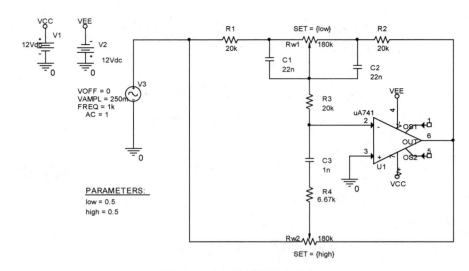

图 4.11　音调控制的仿真电路

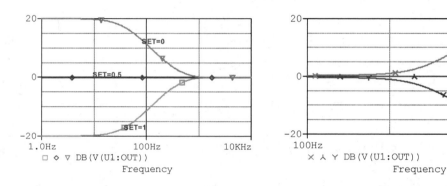

图 4.12　低频提升和衰减的仿真结果　　　　图 4.13　高频提升和衰减的仿真结果

（3）功率放大电路

音调控制电路末端的电路主要用于驱动负载 R_L（扬声器），称为功率放大电路。其主要功能是将电压信号进行功率放大，保证在扬声器上得到不失真的额定功率信号。

目前功率放大器（功放）可以分为分立元件和集成电路两种，其中分立元件又包括半导体器件与真空管器件。按输出方式的不同，功放可划分为有变压器输出、无变压器输出（OTL）、无电容器输出（OCL）和无变压器平衡输出（BTL）等。不同的工作方式，功放可划分为不同的类别，比如甲类、乙类、甲乙类、丙类等。

此次设计用集成功率放大电路实现，选用集成功放 TDA2030，该芯片是意法半导体公司生产的音频功放电路，具有输出功率大、静态电流小、动态电流大、带负载能力强、噪声低、保真度高、增益高、输入阻抗高、工作频带宽、可靠性高、体积小、外围元件少等特点，其内部设有过电流保护及功耗限制电路，当负载短路或外部其他原因造成电流急剧上升使功耗超过额定值时，功放保护电路启动，使电路工作于安全区。

TDA2030 采用 V 形 5 脚单列直插式塑料封装结构，引脚图如图 4.14 所示。引脚定义为：1 脚是正向输入端；2 脚是反向输入端；3 脚是负电源输入端；4 脚是功率输出端；5 脚是正电源输入端。其典型应用电路如图 4.15 所示。

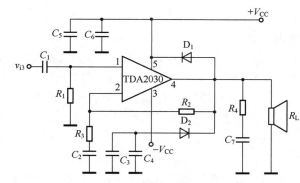

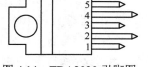

图 4.14　TDA2030 引脚图　　　　图 4.15　TDA2030 的典型应用电路

图 4.15 中二极管 D_1 和 D_2 的作用是限制输入信号过大，并避免电源反接，起保护功能；C_3、C_4、C_5、C_6 的作用是过滤直流电源中的噪声信号，R_4 与 C_7 构成输出相移的校正网络，使网络中负载接近于纯电阻；C_1 是输入耦合电容，它的大小决定了功率放大器的下限频率；C_2 的大小决定了电路的上限截止频率；R_4 可以用来提高频率的稳定性，其值一般为 1Ω；其交流放大倍数 $A_v = 1 + \dfrac{R_2}{R_3}$。

设计要求三级放大器的总电压增益大于 400 倍，由于前置放大器设计为 25 倍，音调控制器对中频信号没有放大，那么功率放大器的电压增益必须大于 16 倍，如图 4.16 所示，$R_2=13k\Omega$，$R_3=680\Omega$，由图 4.17 的仿真结果可知：电压增益为 20 倍，满足设计要求。

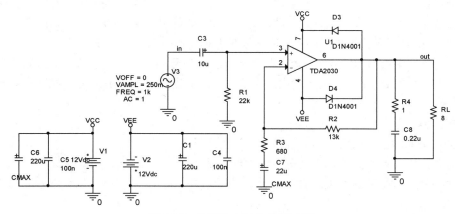

图 4.16　功率放大器的仿真电路

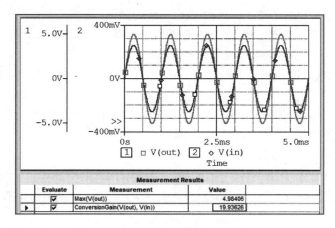

图 4.17　功率放大器的仿真结果

（4）电路调试

音频放大器是一个小型的电路系统，硬件调试前需要对完整电路进行合理布局，功放级应远离输入级，每一级的地线尽量接在一起，连线尽可能短，否则容易产生自激。调试时单级电路的技术指标较容易达到，但级联时，由于级间相互影响，可能使单级的技术指标发生很大变化，甚至两级不能进行级联。其主要原因可能是布线不太合理，形成级间交叉耦合，应考虑重新布线；或级联后各级电流都要流经电源内阻，内阻压降对某一级可能形成正反馈，应接 RC 去耦滤波电路。一般 R 取几十欧姆，C 用几百微法大电容与 0.1μF 的小电容相并联。另外功放级输出信号较大，对前级容易产生影响，引起自激，而集成块内部电路多极点引起的正反馈也容易产生高频自激，可以通过增强外部电路的负反馈来消除叠加的高频毛刺。

4. 实验内容

（1）使用 PSpice 仿真软件，分级仿真和调试电路。

① 在 Capture 中绘制前置放大电路的原理图，信号源选择有效值为 10mV 的正弦信号，使用瞬态分析，得到前置放大电路的输出波形，并求出电压增益。

② 在 Capture 中绘制音调控制电路的原理图，使用交流扫描（AC Sweep）分析，得到音调控制电路中低频提升和低频衰减时的频率特性曲线，从而找到两个转折频率，并验证信号在 100Hz 时的提升量和衰减量。

③ 同步骤②，在音调控制电路下，设置滑动变阻器的滑片位置，得到高频时提升和衰减的频率特性曲线，从而找到两个转折频率，并验证信号在 10kHz 时的提升量和衰减量。

④ 在 Capture 中绘制功率放大电路的原理图，输入信号为前置放大电路的输出信号波形，使用瞬态分析得到功率放大电路输出电压和电流波形，求出输出功率的大小。调节参数使输出功率满足设计指标要求。

（2）硬件实现。

① 根据仿真原理图逐级将设计的电路用元件接插正确。

② 检查电源电压是否正确，正负电源电压数值要对称，并且确保接线正确。

③ 测量前置放大电路的增益：输入 1kHz，有效值为 100mV 的信号，用数字示波器测量输入、输出电压波形，求出电压放大倍数。

④ 测音调控制电路的高低音控制：输入信号的频率从 20Hz～20kHz 变化，分别调节滑动变阻器 R_{W1} 和 R_{W2}，观察输入信号在低频和高频下输出信号的变化。测试输入信号频率为 100Hz 和 10kHz 时提升和衰减下的输出波形，描绘观察到的波形图，求出提升量和衰减量。

⑤ 测量功率放大电路输出功率和最大输出功率。

a. 输入频率为 1kHz，有效值为 10mV 的信号，输出使用 8Ω/15W 的负载电阻，测量输出波形，求出输出功率。

b. 改变输入信号幅度，逐渐加大输入信号，观察功放的输出波形刚好不产生失真，此时输出功率最大，根据 $P_{om} = V_{om}^2 / 2R_L$，得出最大输出功率。

⑥ 成品试听检验。

a. 输出接 8Ω/15W 的扬声器负载，无输入时，不应有严重的交流声。

b. 输入信号改为计算机内指定的音乐输入，调节 R_{W1} 和 R_{W2}，高低音应有明显变化，不应出现噪声。

5．实验仪器

（1）PC　1 台　（2）PSpice 软件　1 套　（3）直流稳压电源　1 台　（4）函数信号发生器　1 台　（5）示波器　1 台　（6）交流毫伏表　1 只　（7）万用表　1 只

6．实验报告要求

（1）给出满足设计指标要求的音频放大器实验原理图。

（2）介绍各部分的工作原理和电压增益分配。

（3）给出电路中各元件参数选取的计算过程。

（4）给出 PSpice 分模块测试的仿真波形和计算结果。

（5）自拟表格，给出实际硬件调试的记录结果，并结合设计指标给出计算结果。

（6）给出硬件测试中出现的问题、采用的处理措施及处理结果。

（7）分析仿真实验结果和实际硬件结果的差别。

7．思考题

（1）当电路中电源噪声较大时，可以采取什么措施减小电源噪声对音频放大器的影响？

（2）如何解决功率放大器中功放芯片的散热问题？

（3）当功率放大电路输出出现自激振荡时，可以采取什么方式减小自激振荡？

8．仿真文件

请扫描二维码 4-1。

二维码 4-1

4.2　数字温度计设计

1．实验目的

（1）了解 RTD（Resistance Temperature Detector，电阻式温度探测器，简称热电阻）测量温度的原理，以及温度信号转换为电压信号的过程。

（2）熟悉 3 位半 A/D 转换器的原理和使用方法。

（3）掌握模数综合电路系统的设计、组装和调试过程。

2．实验原理

数字温度计由模拟电路和数字电路组合而成，使用 RTD 来测量和显示传感器所在位置的温度。它的输入信号是由 RTD 传感器电阻值发生变化引起的。工作电源使用频率为 50Hz 的 220V 工频交流电，温度由 4 个数码管显示。做成成品后的温度计可用于测量汽车内外温度，空调房间内外温度，冰箱内外温度，以及对一些鱼池水温、婴儿洗澡水温或人的体温等的测量。

数字温度计原理框图如图 4.18 所示。

（1）恒定电流源

选用常见的 PT100（0℃时的电阻值为 100Ω）铂制 RTD 传感器，RTD 的阻值是随温度变化而变化的（见表 4.1），在恒定电流通过 RTD 时就会产生与温度成比例的电压信号。从表 4.1 可以看到温度从 0℃变化到 100℃时，电阻从 100Ω 变化到 138.5Ω，温度系数为 0.385Ω/℃。

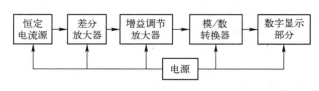

图 4.18　数字温度计原理框图

表 4.1　RTD 的电阻值与温度的关系

温度 （℃）	电阻值 （Ω）	温度 （℃）	电阻值 （Ω）
-10	96.09	50	119.4
0	100	60	123.24
10	103.9	70	127.08
20	107.79	80	130.9
30	111.67	90	134.71
40	115.54	100	138.51

使用 RTD 时要注意通过它的电流应小于 1mA，以防止传感器自热。自热会使传感器的温度上升，当温度超过传感器的工作温度范围时，将导致错误地显示过高的温度。

（2）差分放大器

接收由 RTD 和恒定电流源产生的输入电压信号，该模块的主要作用是消除共模信号噪声的影响，并增大放大器的输入阻抗。

（3）增益调节放大器

这部分需要设计一个合适的增益确保输出信号在一个合适的电平范围内，以适合模/数转换器部分的输入。

（4）模/数转换器（A/D 转换器）

A/D 转换器是对输入信号进行采样，并将其转换为数字量。所得到的数字依赖于所选 A/D 转换器中可用的数位个数。由于大规模集成电路的广泛应用，3 位半和 4 位半 A/D 转换器已广泛用于各种测量系统。显示系统可由发光二极管（LED）组成，或者是液晶显示屏（LCD）型的。常见的单片 A/D 转换器有 7106/7，7116/7 和 7126，都是双积分型的 A/D 转换器，其具有大规模集成的优点，将模拟部分，如缓冲器、积分器、电压比较器和模拟开关等，以及数字电路部分，如振荡器、计数器、锁存器、译码器、驱动器和控制逻辑电路等，全部集成在一个芯片上，使用时只需要外接少量的电阻、电容元件和显示器件，就可以完成模拟量到数字量的转换。7116/7 区别于 7106/7 之处是增加了数据保持功能。

本设计选用美国微芯半导体公司生产的 TC7117，其内部电路如图 4.19 所示。TC7117 采用标准的双列直插式 40 引脚封装，引脚如图 4.20 所示。各引脚的功能说明见表 4.2。

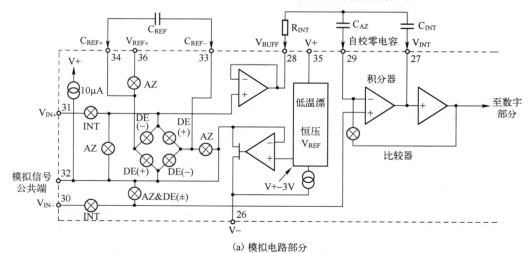

（a）模拟电路部分

图 4.19　TC7117 的内部电路

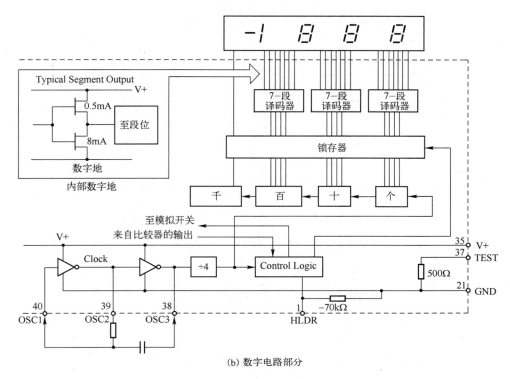

（b）数字电路部分

图 4.19　TC7117 的内部电路（续）

TC7117 采用双积分的方法实现 A/D 转换，每一个转换周期分为三个阶段：

① 自动校零阶段（AZ）。该阶段需要做三件事：第一，内部高端输入和低端输入与外部引脚分离，在内部与模拟公共端短接；第二，参考电容充电到参考电压值；第三，围绕整个系统形成一个闭合回路，对自动零电容 C_{AZ} 进行充电，以补偿缓冲放大器、积分器和比较器的失调电压。由于比较器包含在回路中，因此自动校零的精度仅受限于系统噪声。任何情况下，折合到输入端的失调电压小于 $10\mu V$。

② 信号积分阶段（INT）。信号进入积分阶段，自动校零回路断开，内部短接点也脱开，内部高端输入和低端输入与外部引脚相连。这个阶段 A/D 转换器将 IN+ 和 IN- 之间输入的差动输入电压进行一个固定时间的积分。若该输入信号相对于转换器的电源电压没有回转，可将 IN- 连接到模拟公共端上，以建立正确的共模电压。

③ 反相积分阶段（DE）。模拟部分的最后阶段是反相积分，或者称为参考积分，是对与输入信号极性相反的参考电压 V_{REF} 进行积分。积分器的输出信号经比较器后，作为逻辑部分的程序控制信号。逻辑电路不断地重复产生自动校零、信号积分和反相积分三个阶段的控制信号，适时地指挥计数器、锁存器、译码器、液晶驱动器协调工作，使相应于输入信号的脉冲个数在数码管上显示出来。

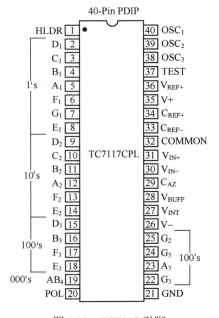

图 4.20　TC7117 引脚

表 4.2　TC7117 引脚功能说明

引脚	名称	说　明	引脚	名称	说　明
1	HLDR	控制显示保持	21	GND	电源接地
2	D_1	个位笔画显示驱动信号输出端，接个位的 D 段	22	G_3	百位笔画显示驱动信号输出端，接百位的 G 段
3	C_1	个位笔画显示驱动信号输出端，接个位的 C 段	23	A_3	百位笔画显示驱动信号输出端，接百位的 A 段
4	B_1	个位笔画显示驱动信号输出端，接个位的 B 段	24	C_3	百位笔画显示驱动信号输出端，接百位的 C 段
5	A_1	个位笔画显示驱动信号输出端，接个位的 A 段	25	G_2	十位笔画显示驱动信号输出端，接十位的 G 段
6	F_1	个位笔画显示驱动信号输出端，接个位的 F 段	26	V−	提供负电压
7	G_1	个位笔画显示驱动信号输出端，接个位的 G 段	27	V_{INT}	积分放大器输出端，接积分电容
8	E_1	个位笔画显示驱动信号输出端，接个位的 E 段	28	V_{BUFF}	缓冲放大器输出端，接积分电阻
9	D_2	十位笔画显示驱动信号输出端，接十位的 D 段	29	C_{AZ}	积分放大器输入端，接自动调零电容
10	C_2	十位笔画显示驱动信号输出端，接十位的 C 段	30	V_{IN-}	差分输入。连接到输入被测电压。LO 和 HI 标识符仅供参考并不意味着 LO 需要被连接到
11	B_2	十位笔画显示驱动信号输出端，接十位的 B 段	31	V_{IN+}	低电势
12	A_2	十位笔画显示驱动信号输出端，接十位的 A 段	32	COM-MON	模拟信号公共端，简称"模拟地"，使用时一般与输入信号的负端以及基准电压的负极相连
13	F_2	十位笔画显示驱动信号输出端，接十位的 F 段	33	C_{REF-}	参考电容的连接引脚
14	E_2	十位笔画显示驱动信号输出端，接十位的 E 段	34	C_{REF+}	参考电容的连接引脚
15	D_3	百位笔画显示驱动信号输出端，接百位的 D 段	35	V+	提供正电压
16	B_3	百位笔画显示驱动信号输出端，接百位的 B 段	36	V_{REF+}	提供基准电压
17	F_3	百位笔画显示驱动信号输出端，接百位的 F 段	37	TEST	测试端，连接 V+时驱动所有字段
18	E_3	百位笔划显示驱动信号输出端，接百位的 E 段	38	OSC_3	时钟振荡器的引出端
19	AB_4	千位笔画显示驱动信号输出端，接千位的 A 段和 B 段	39	OSC_2	
20	POL	负号显示的驱动引脚	40	OSC_1	

（5）数字显示部分

选用 4 个 7 段红色 LED 显示温度数据。LED 可以使用共阴极或共阳极配置。启动一个共阴极显示段，公共阴极必须通过一个限流电阻器连接地线；启动共阳极显示段，公共阳极通过限流电阻后连接到+5V 电源。

（6）电源

数字温度计的供电电源是 50Hz/220V 的工频交流电，而不管是模拟部分的放大器还是数字部分的 A/D 转换器，供电电源都是直流电，因此需要将工频交流电转换为电路所需要的直流电。数码管显示部分和 A/D 转换部分的电路需要±5V、250mA 的电源，而模拟放大器和恒定电流源部分则需要±5V、25mA 的电源。虽然数字部分需要的电源电压也是 5V，但是如果使用同一个 5V 电源，数字电路中大量的开关会在模拟电路中产生较小的感应噪声电压，因此需要开发两个 5V 的电源。图 4.21

为供电电源的原理框图。变压器将 220V 电压转换为较低的交流电压。选用一个中心抽头的变压器来增减电源的电压，然后通过桥式整流电路输出脉动的直流电压，再通过滤波电路进一步减小电压波动，最后通过集成稳压器输出相应幅值的电压。

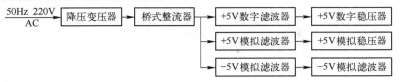

图 4.21　供电电源原理框图

3. 电路设计与元器件选择

设计数字温度计电路，温度测量范围至少能实现-10℃～100℃，误差在 0.5℃ 以内。根据图 4.18 的原理框图分步设计相应的电路。

（1）恒定电流源设计

RTD 的电阻值随温度变化情况见表 4.1，从-10℃变化到 100℃时，电阻值将从 96.09Ω 变化到 138.51Ω。这时，恒定电流源必须为该电阻提供 1mA 的电流，这是恒定电流源的设计目标。

恒定电流源电路需要一个基准电压作为输入电压，以提供一个稳定的输入。由于恒定电流的值将随输入电压变化，因此该输入电压必须要保持相对稳定。这里选择 2.5V 的基准电压，因为运放的直流供电电源为±5V，可以使用电阻分压后通过电压跟随器得到（见图 4.22）。

恒定电流源电路如图 4.23 所示，假设没有电流通过运放的反相输入端，即意味着 R_3 中的电流将通过反馈通路流经 RTD。恒定电流值等于 V_{REF}/R_3，即 2.5V/R_3=1mA。因此，R_3=2.5kΩ。实际选择电阻时选择 2.49kΩ 最接近于标准值。R_4 等于 R_3 和 RTD 电阻的并联，因为 RTD 电阻值将随温度变化，所以假设 RTD 的电阻值为-10℃～100℃的中间温度的电阻值，即为 117.3Ω。则 R_4=117.3Ω//2.49kΩ=112Ω≈110Ω。

（2）差分放大电路设计

RTD 和恒流源放大器最终输出一个电压，该电压值等于 RTD 的电阻乘以 1mA，-10℃～100℃温度内，共模电压约为 2.59V～2.64V。差分放大器的目标是消除共模电压，因此设计一个增益为 1，输入电阻较大的电路，而产生适应 A/D 转换器电路电压范围的电压通过下一级的增益调节放大器实现。为提供单位增益，如图 4.24 所示电路将所有电阻器的阻值均设为 10kΩ，此时的输出电压为 $V_{O1} = -V_{RTD}$。

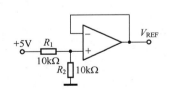
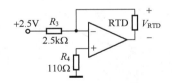
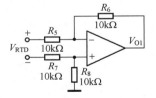

图 4.22　基准电压生成电路　　　图 4.23　恒定电流源电路　　　图 4.24　差分放大器电路

（3）增益调节放大器设计

增益调节放大器主要是产生合适的增益系数，为 A/D 转换器提供所要求的电压范围。温度为-10℃时 RTD 的电阻值为 96.09Ω，RTD 两端的电压为 96.09mV；温度为 100℃时 RTD 的电阻值为 138.51Ω，RTD 两端的电压为 138.51mV。在进一步研究 A/D 转换器的细节后，决定使用一个数字万用表类型的 A/D 转换器，其输入电压范围为-1～2V。因此，设计在 RTD 输入信号的范围为-10℃（96.09mV）～100℃（138.51mV）时，输出信号范围为-0.1V～1V。增益调节放大器部分的输入信号的净范围为 138.51-96.09=42.42mV，输出信号的净范围为 1.1V，则输入部分的总增益为 1.1V/42.42mV= 25.93。由于温度为 0℃时 RTD 两端电压为 100mV，经差分放大器后为-100mV，但增益调节后输出电压需设计为 0V，因此设计的放大器需要弥补 RTD 信号在 0℃时的电压，还需要将 RTD 的电压放大 25.93 倍。图 4.25 所示电路可以实现上述目的。该电路将差分放大后的输出电压减去 100mV，并放大 25.93 倍。

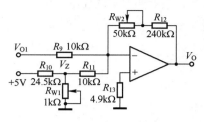

该增益调节放大器的输出电压 $V_O=-[(V_{O1}\times R_F/R_9)+(V_Z\times R_F/R_{11})]$，为使增益为 25.93，总反馈电阻为 259.3kΩ，取 $R_9=R_{11}=10$kΩ，则 $R_F=R_{12}+R_{W2}=259.3$kΩ，实际取 240kΩ，再加上一个 50kΩ 的变阻器。V_Z 等于 0℃时的电压 100mV，设计为由+5V 电源和一个分压电路产生的电压，该分压电路包含一个滑动变阻器 R_{W1}。选择 $R_{W1}=1$kΩ，为 10kΩ 输入电阻的 1/10，以消除任何负载效应。R_{W1} 的值取滑动变阻器的中间值（即 500Ω），以提供 100mV 补偿信号。

图 4.25　增益调节放大器

$V_Z = +5V\times[500Ω/(500 + R_{10})] = 0.1V$，可得 $R_{10}=24.5$kΩ。反馈回路需包含一个滑动变阻器 R_{W2}，用于调整增益以提供所要求的标称增益 25.93。

补偿电阻 R_{13} 的值应等于运算放大器反相输入端与地线之间的并联电阻，因此取 4.9kΩ。

（4）A/D 转换器和数字显示电路设计

提供给 A/D 转换器的输入信号范围为-0.1V～1V，并且将代表 RTD 所测量的温度范围-10℃～100℃。A/D 转换器将对输入电压进行采样，并将模拟电压信号转换为数字信号，该数字信号将在 4 个 7 段 LED 上显示正确的数字，以表示所测量的温度。为实现这一目的，可以使用万用表类型的 A/D 转换器，其具有将二进制数据转换为 7 段格式数据的解码器和内置于集成电路中的驱动程序。这里选用 LM7117 芯片，它是一种 $3\frac{1}{2}$ 位双积分型 A/D 转换器，它的最大显示值为±1999，含内置 LED 解码器驱动，满足设计要求。

LM7117 需要±5V 的直流电源，数字温度计正好计划使用这种电源。此外，LM7117 还会包含自己的内部基准电压以供 A/D 转换器使用。

A/D 转换器将直接驱动 7 段 LED，所以该电路需要为每一个 LED 显示段提供一个降压电阻器。查阅 LM7117 的数据文件后给出如图 4.26 所示的带有显示的 A/D 转换器典型电路。

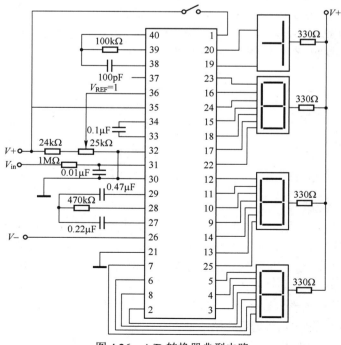

图 4.26　A/D 转换器典型电路

（5）电源部分设计

电源部分为数字温度计中的所有模块提供直流电压。电源电路的输入是 220V/50Hz 的工频交流电，规范规定输入的交流电压幅度变化不超过 10%，这意味着输入的交流电压的变化幅度为±22V。电源设计时必须考虑到该变化，如果交流输入电压较低，则设计必须保证有足够的电压提供给稳压器，以维持直流电源的输出；如果交流输入电压较高，则在电源的额定电流下，稳压器的电压下降幅度不能超过稳压器的额度。

图 4.27 为完整的电源原理电路。

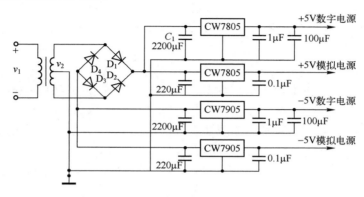

图 4.27　电源原理电路

4．实验内容

（1）使用 PSpice 仿真软件，分级仿真和调试模拟电路部分。

① 在 Capture 中绘制模拟部分原理图，RTD 使用电阻代替，先将 RTD 设置为 100Ω（0℃），确定 RTD 支路上的电流为 1mA，调节电路元件参数，使图 4.25 中的 $V_Z=100\text{mV}$，V_O 尽可能接近 0V。

② 使用参数扫描（Parametric Sweep）工具分析不同电阻阻值下增益调节电路的输出电压，从而确定最佳的元器件参数值。

（2）使用 PSpice 仿真软件，构建图 4.27 的电源电路，仿真确定合适的变压器及电容的值。

（3）硬件调试。

① 根据仿真最终确定的电路，搭建模拟电路部分电路，RT100 用电阻代替，运放的±5V供电电源由实验室的直流稳压电源提供。调节增益调节电路中的滑动变阻器 R_{W1}，使 $V_Z=100\text{mV}$。根据表 4.1 所示的温度与电阻值的关系，测试不同阻值下的输出电压值，调试反馈支路中的滑动变阻器，使得输出电压满足设计要求，并自制表格记录阻值和输出电压的关系。

② 单独连接 A/D 转换器和数字显示部分。先用 A/D 转换器芯片的 TEST 端测试，检查 LED 显示是否正常，然后再接入模拟部分，显示正常后，关闭电源，用 PT100 更换原来 RTD 处的电阻，打开电源，观察数码管上的显示是否正常。注意：小数点取第三个数码管的 DP 端显示。

③ 根据电源部分仿真所确定的电路来搭建电源电路，测试正常后加至模拟部分的运放处和 A/D 转换器的电源输入端。

（4）成品检测。

① 将数字温度计和市场的水银温度计分别放在室温下、凉水中、热水中，记录其数据的差异，分析误差。

② 将 PT100 的探针插入冰箱或冰块中，检测数字温度计的负值显示情况。

5．实验仪器

（1）PC　1台　　（2）PSpice 软件　1套　　（3）直流稳压电源　1台　　（4）万用表　1只

6．实验报告内容

（1）给出满足设计指标要求的数字温度计完整实验原理图。
（2）介绍各部分的工作原理和 PSpice 仿真调试结果。
（3）自拟表格，给出实际硬件调试的记录结果。
（4）给出硬件实测中出现的问题，采用的处理措施及处理结果。

7．思考题

（1）A/D 转换器（图 4.26）中 1 引脚处接一个开关的作用是什么？如果去掉有什么影响？
（2）提高温度计检测精度有哪些改进措施？

8．仿真文件扫描二维码 4-2

二维码 4-2

4.3　小型函数信号发生器设计

1．实验目的

（1）掌握正弦波、余弦波、方波、三角波、脉冲波和锯齿波的产生原理。
（2）培养小型综合功能电路的设计能力。
（3）掌握将软件仿真与硬件测试相结合的现代科学实验研究新方法。

2．技术指标

（1）生成信号的类型：正弦波、余弦波、方波、三角波、脉冲波和锯齿波
（2）工作电源：±12V
（3）最大输出电流：$I_{max} \geqslant 80mA(R_L=47\Omega)$
（4）正弦波和余弦波的频率范围：$f=10Hz \sim 100Hz$
（5）方波和三角波输出频率不超过 30Hz
（6）方波和脉冲波幅度的峰峰值 $V_{opp}=14V \sim 16V$
（7）三角波和锯齿波幅度的峰峰值 $V_{opp}=7 \sim 8V$
（8）脉冲波的占空比：$Q \leqslant 0.3$

3．原理分析和设计

设计要求在一个系统中生成正弦波、余弦波、方波、三角波、脉冲波和锯齿波这六种信号源，首先需要理清这六种信号的关系，不难发现正弦波通过积分器能生成余弦波，方波经过积分器也能生成三角波，脉冲波经过积分器同样能生成锯齿波。而脉冲波和方波的区别是：方波中电容的充放电时间常数是一致的，而脉冲波的充放电时间常数是不同的。另外，为了提高所设计电路的带负载能力，在末级需加上功率放大器。这样就构成了整个电路的设计方案。具体设计框图如图 4.28 所示。

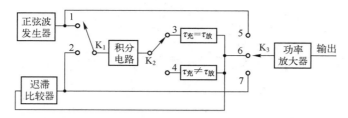

图 4.28　电路整体设计框图

输出正弦波：开关 K_3 接 5；

输出余弦波：开关 K_1 接 1，开关 K_2 接 3，开关 K_3 接 6；

输出方波：开关 K_1 接 2，开关 K_2 接 3，开关 K_3 接 7；

输出三角波：开关 K_1 接 2，开关 K_2 接 3，开关 K_3 接 6；

输出脉冲波：开关 K_1 接 2，开关 K_2 接 4，开关 K_3 接 7；

输出锯齿波：开关 K_1 接 2，开关 K_2 接 4，开关 K_3 接 6。

接下来具体分析各单元电路的原理和设计。

（1）正弦波发生器

正弦波发生器由放大电路、正反馈网络、选频网络和稳幅环节四部分组成。选频网络确定电路的振荡频率，它保证电路只对特定频率的信号满足振荡条件，对其他频率信号都不能满足振荡条件，因而产生单一频率的正弦波信号；放大电路和正反馈网络相配合，共同满足振荡所需的条件；稳幅环节的作用是稳定输出信号幅度，并改善输出波形。实际电路中通常将选频网络与正反馈网络合二为一，即为同一电路实现这两种功能；有时将选频网络与放大电路相结合，构成选频放大电路。

如果只是产生低频的正弦波信号，通常选用 RC 串并联选频网络构成的 RC 文氏电桥振荡电路，如图 4.29 所示。其中集成运放 A 构成振荡电路的放大部分，R_1、C_1 和 R_2、C_2 组成的串并联网络构成正反馈支路，同时实现正反馈和选频作用，使电路产生振荡；R_f 和 R' 构成负反馈支路，没有选频作用，但可以改善输出波形。为了方便起见，通常取 $R_1=R_2=R$，$C_1=C_2=C$。

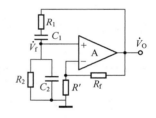

图 4.29　RC 文氏电桥振荡电路

在角频率为 $1/RC$ 时，RC 串并联选频网络的传输系数最大，为 $|\dot{F}|=1/3$，相移 $\varphi_F=0$。RC 文氏电桥振荡电路只有在 $\omega_0=1/RC$ 时才满足振荡条件，因此，其振荡频率为

$$f_0=\frac{1}{2\pi RC} \tag{4.11}$$

为满足起振条件，应使放大器的电压增益 $|A|=R_f/R'>3$，也就是要求 $R_f>2R'$。

根据上述原理分析，对照设计指标要求，取 $C=C_1=C_2=0.01\mu F$，根据 $f=1/2\pi RC$，要求其值在 10Hz～100Hz 之间，可得到 R 的取值在 159kΩ～1.599MΩ 之间，所以选择固定电阻和滑动变阻器组合的方式作为选频网络的电阻，$R_1=R_2=150$kΩ，$R_{W1}=R_{W2}=200$kΩ。又 $R_f>2R'$，因此取 $R'=R_3=3$kΩ，R_f 也选择固定电阻 R_{f1} 和滑动变阻器电阻 R_{f2} 组合的方式，如图 4.30 所示。

设置图 4.30 电路中 R_{f2} 的 set 值（双击滑动变阻器，在属性项中进行设置）为 0.305，R_{W1} 和 R_{W2} 的 set 值为 0.25；瞬态分析设置：初始时间为 2s，终止时间为 2.1s，步长为 0.1ms。运行后得到图 4.31 所示的仿真波形，可以看出在显示的 100ms 内有 7 个多周期的正弦波，说明频率设计满足技术指标要求。

（2）余弦波发生器

正弦波经过积分器成为余弦波，因此将生成的正弦信号输入积分器即可。基本的反相积分器如

图 4.32 所示，输入回路是电阻，反馈元件是电容。

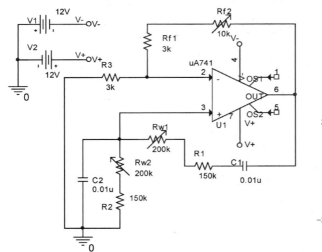

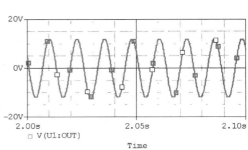

图 4.30　正弦波发生器仿真电路　　　　　　图 4.31　正弦波发生器输出波形

由于图中电容引入的是负反馈，因此运放具有虚短和虚断的特性。根据虚断，图 4.32 中流入 R 和 C 的电流相等，即：$i_C = i_R$。同时利用虚短，运放的同相端接地，因此反相端也是地电位，于是有

$$\frac{v_I - 0}{R} = C\frac{d(0 - v_O)}{dt} \tag{4.12}$$

整理后得到

$$\frac{dv_O}{dt} = -\frac{1}{RC}v_I \tag{4.13}$$

两边取积分得

$$v_O(t) - v_O(t_0) = \int_{t_0}^{t}\left(-\frac{1}{RC}v_I\right)dt = -\frac{1}{RC}\int_{t_0}^{t}v_I dt \tag{4.14}$$

整理后得到

$$v_O(t) = -\frac{1}{RC}\int_{t_0}^{t}v_I dt + v_O(t_0) \tag{4.15}$$

式（4.15）就是图 4.32 中输出电压和输入电压的运算关系式。

余弦波发生器仿真电路如图 4.33 所示：

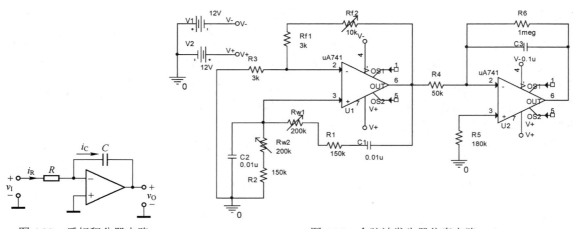

图 4.32　反相积分器电路　　　　　　　　　图 4.33　余弦波发生器仿真电路

为了观察余弦信号和正弦信号的相位关系，瞬态设置如下：初始时间为 2.007s，终止时间为 2.1s，步长为 0.1ms，得到图 4.34 所示的仿真波形。余弦波和正弦波相比在相位上相差 90°。

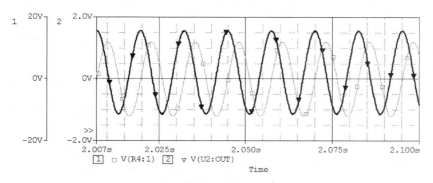

图 4.34　余弦波发生器的仿真波形

（3）方波和三角波发生器

① 迟滞比较器

电压比较器用于比较两个输入电压信号，并根据比较结果输出高电平或低电平。如果输出端接有稳压二极管，则输出电压的幅值和稳压二极管有关。当输入信号变化使得电压比较器的输出由一种状态跳变到另一种状态时，所对应的输入电压称为门限电压。也就是当 $v_+ = v_-$ 时，输入信号 v_i 的瞬时值就是门限电压。若运放处于开环状态，则构成单门限电压比较器；若运放处于正反馈状态，则构成反相输入或同相输入迟滞比较器。迟滞比较器的典型电路、电压传输特性曲线和门限电压见表 4.3。

表 4.3　迟滞比较器的典型电路、电压传输特性曲线和门限电压

	反相输入迟滞比较器	同相输入迟滞比较器
电路		
电压传输特性		
门限电压	$V_L = \dfrac{R_2}{R_1 + R_2}(-V_Z) + \dfrac{R_1}{R_1 + R_2}(V_R)$ $V_H = \dfrac{R_2}{R_1 + R_2}(V_Z) + \dfrac{R_1}{R_1 + R_2}(V_R)$	$V_H = \left(1 + \dfrac{R_2}{R_1}\right)V_R + \left(-\dfrac{R_2}{R_1}\right)(-V_Z)$ $V_L = \left(1 + \dfrac{R_2}{R_1}\right)V_R + \left(-\dfrac{R_2}{R_1}\right)V_Z$

设计要求方波的幅度 $V_{opp} = 14\text{V} \sim 15\text{V}$，迟滞比较器的幅度取决于输出端的稳压管，因此选择稳压值为 7V 左右的稳压管。

② 方波和三角波电路设计

根据设计要求，将同相输入的迟滞比较器和积分器结合在一起，就可以实现方波和三角波，电路如图 4.35 所示。

当 A_1 的输出电压 v_{O1} 为正向电压时，若 C 的初始电压为零，则 A_2 的输出电压 v_O 为负值。v_{O1} 通过 R_2 引入到 A_1 的同相输入端，v_O 通过 R_1 引入 A_1 的同相输入端。由叠加原理，A_1 的同相输入端电压为：

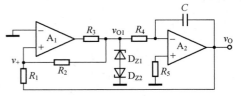

$$v_+ = \frac{R_1}{R_1 + R_2} v_{O1} + \frac{R_2}{R_1 + R_2} v_O \tag{4.16}$$

图 4.35　方波和三角波发生器电路

此时，式（4.16）的右边第一项为正，第二项为负，积分器的输出电压 v_O 不断变负，直至式（4.16）右边两项的绝对值相等时，v_+ 为零电位，A_1 翻转。翻转后 v_{O1} 为负值，使得式（4.16）的右边第一项为负值。由于 A_2 是反相积分器，因此 v_O 由负值不断地增长，增长到正值之后还继续增长，这时式（4.16）右边第二项为正值。积分进行到式（4.16）右边两项之和为零，即 A_1 的同相输入端电位为零时，A_1 会再一次翻转，v_{O1} 又为正值。这样不断循环下去，v_O 的波形就是一个三角波，而 v_{O1} 就是一个方波，如图 4.36 所示。

由 A_1 翻转时刻，即 v_+ 为零电位时，求出三角波的幅值：

$$V_{omin} = -\frac{R_1}{R_2} V_Z \tag{4.17}$$

$$V_{omax} = \frac{R_1}{R_2} V_Z \tag{4.18}$$

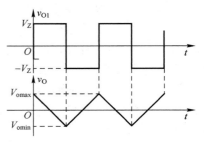

积分电路使输出电压由 V_{omax} 到 V_{omin} 需要的时间是半个周期，即：

图 4.36　方波和三角波的输出波形

$$-\frac{1}{R_4 C} \int_0^{T/2} V_Z \mathrm{d}t = 2V_{omin} \tag{4.19}$$

则三角波的周期为

$$T = 4R_1 R_4 C / R_2 \tag{4.20}$$

由以上讨论可知，三角波发生器产生的三角波幅度与由 A_1 组成的迟滞比较器中稳压管的稳压值以及反馈电阻 R_1、R_2 有关。而三角波的振荡周期不但和 R_1、R_2 有关，而且还和由 A_2 组成的积分电路中的时间常数 $R_4 C$ 有关。

由上面分析，根据技术指标要求，进行如下选择。

① 方波幅度的峰峰值为 14V～16V：选择稳压值在 7V 左右的稳压管，选定为 1N4736，稳压值为 6.8，正向导通电压约为 0.8。

② 三角波幅度的峰峰值为 7V～8V：幅度是方波的一半，因此图 4.35 中取 R_1=10kΩ，则取 R_2=20kΩ。

③ 三角波频率不超过 30Hz：根据式（4.20），可得 $R_2 /(4R_1 R_4 C) \leqslant 30$，由于 $R_2 / R_1 = 2$，取 C=0.1μF，可得 $R_4 \geqslant 167$kΩ，因此取 R_4=180kΩ。

这样就得到如图 4.37 所示的仿真电路，图中 R_3 和 R_5 是平衡电阻，R_3=R_1//R_2，R_5=R_4。

瞬态分析设置：初始时间为 0s，终止时间为 100ms，步长为 0.1ms，运行仿真后得到如图 4.38 所示的方波和三角波。方波最大值约为 7.6V，三角波最大值约为 3.8V，周期约为 36ms，均满足设计要求。

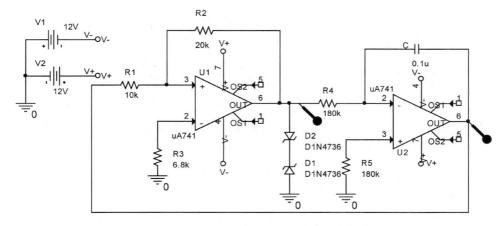

图 4.37　方波和三角波发生器的仿真电路

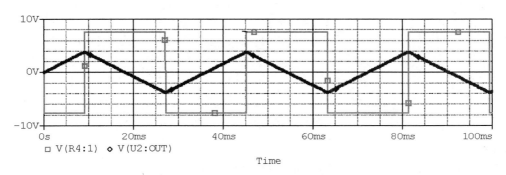

图 4.38　方波和三角波发生器的输出波形

（4）脉冲波和锯齿波发生器

脉冲波和锯齿波发生器是在方波和三角波发生器的基础上，使积分器充放电时间不相等得到的。其电路如图 4.39 所示。

比较三角波发生器和锯齿波发生器可以发现，增加了 R_6 和一个二极管 D，它们串联之后与 R_4 并联。当 v_{O1} 为正值时，D 导通，使 R_6 和 R_4 并联，A_2 组成的积分电路的放电时间常数减小。v_{O1} 和 v_O 的波形如图 4.40 所示，v_{O1} 就是需要的脉冲波，v_O 就是锯齿波。

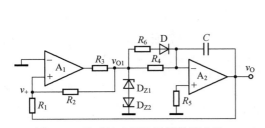

图 4.39　脉冲波和锯齿波发生器电路

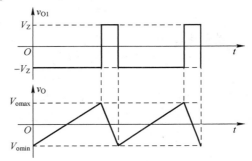

图 4.40　脉冲波和锯齿波发生器的输出波形

图 4.40 所示锯齿波的幅度为

$$V_{omin} = -\frac{R_1}{R_2}V_Z , \quad V_{omax} = \frac{R_1}{R_2}V_Z$$

锯齿波上升段所用的时间为

$$T_1 = \frac{2R_1R_4C}{R_2} \tag{4.21}$$

锯齿波下降段所用的时间
$$T_2 = \frac{2R_1(R_4 /\!/ R_6)C}{R_2} \tag{4.22}$$

因此，锯齿波的周期为
$$T = T_1 + T_2 = \frac{2R_1C(R_4 + R_4 /\!/ R_6)}{R_2} \tag{4.23}$$

由上面分析，技术指标对锯齿波的要求是占空比要小于 0.3，也就是锯齿波下降段所用时间与上升段所用时间的比值要小于 3：7，由式（4.21）和式（4.22）可得：$(R_4/\!/R_6)/R_4 < 3：7$，已知 $R_4 = 180\text{k}\Omega$，可得 $R_6 \leqslant 135\text{k}\Omega$。取 $R_6 = 100\text{k}\Omega$，得到图 4.41 所示电路。

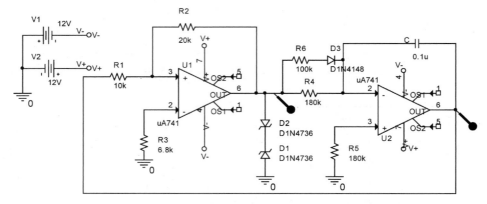

图 4.41　脉冲波和锯齿波发生器的仿真电路

瞬态分析设置：初始时间为 0s，终止时间为 100ms，步长为 0.1ms，运行仿真后得到输出波形如图 4.42 所示。脉冲波的脉冲宽度约为 6.7ms，信号周期约为 24.7ms，占空比为 0.27，满足设计要求。

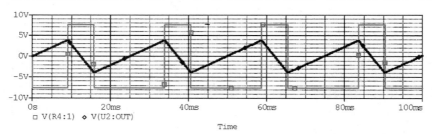

图 4.42　脉冲波和锯齿波发生器的输出波形

（5）功率放大器

由于技术指标中要求双电源供电，因此选用双电源互补推挽功率放大电路，即 OCL 电路。由于甲类功率放大器的效率比较低，而乙类功率放大器存在交越失真，因此，选择甲乙类功率放大器。

甲乙类的 OCL 电路和图解分析如图 4.43 所示。图中，静态时，从 V_{CC} 经过 R_1、D_1、D_2、R_2 到 $-V_{\text{CC}}$ 有一个直流电流，它在 T_1 和 T_2 两个基极之间所产生的电压为

$$V_{B_1B_2} = V_{D_1} + V_{D_2} \tag{4.24}$$

使得 $V_{B_1B_2}$ 略大于 T_1 的发射结和 T_2 的发射结开启电压之和，从而使两个管子均处于微导通状态，即都有一个微小的基极电流，分别为 I_{B_1} 和 I_{B_2}。

当所加信号按正弦规律变化时，由于 D_1、D_2 的动态电阻很小，因而可以认为 T_1 的基极电位的变化与 T_2 的基极电位的变化近似相等，即 $v_{B1} \approx v_{B2} \approx v_i$，也就是说，两管基极之间电位差基本是一恒定值，两个基极的电位随 v_i 产生相同变化。当 $v_i > 0$ 且逐渐增大时，T_1 导通，负载上流过正方向的电

· 158 ·

流，与此同时，v_i 的增大使 T_2 的发射结的电压逐渐减小，当减小到一定数值时，T_2 截止。同样道理，当 $v_i<0$ 且逐渐减小时，T_2 导通，负载上流过负方向的电流，与此同时 v_i 的减小使 T_1 的发射结电压逐渐减小，当减小到一定数值时，T_1 截止。这样即使 v_i 很小，也总能保证至少有一只晶体管导通，从而消除了交越失真。

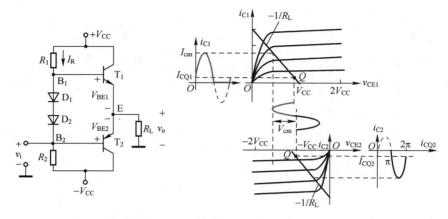

图 4.43　甲乙类 OCL 电路和图解分析

在功率放大电路中，晶体管所承受的最大管压降、集电极最大电流及最大功耗为

$$V_{(BR)CEO} > 2V_{CC} - |V_{CES}|, \quad I_{CM} > \frac{V_{CC} - |V_{CES}|}{R_L}, \quad P_{CM} > \frac{V_{CC}^2}{\pi^2 R_L} \tag{4.25}$$

在选择晶体管时，其极限参数，特别是 P_{CM}，都应留有一定余量。查阅手册选择晶体管时，一般取

$$V_{(BR)CEO} > 2V_{CC}, \quad I_{CM} > \frac{V_{CC}}{R_L}, \quad P_{CM} > \frac{V_{CC}^2}{\pi^2 R_L} \tag{4.26}$$

按实验技术指标要求，提供的 $V_{CC}=12V$，$R_L=47\Omega$，因此功率管需选择

$$V_{(BR)CEO} > 24V, \quad I_{CM} > 255mA, \quad P_{CM} > 310mW$$

查看功率管 Q2SC2001 的数据手册，发现其 $V_{(BR)CEO} = 25V$，$I_{CM} = 700mA$，$P_{CM} = 600mW$。和 Q2SC2001（NPN 管）对称参数的 2SA952（PNP 管）的极限参数为：$V_{(BR)CEO} = -25V$，$I_{CM} = -700mA$，$P_{CM} = 600mW$，满足设计需要。

如图 4.44 所示的甲乙类功率放大器仿真电路，输入最大值为 7V 的方波，调节偏置电阻 R_1 和 R_2 使输出和输入几乎相等。

瞬态分析设置：初始时间为 0s，终止时间为 100ms，步长为 0.1ms，运行仿真后得到如图 4.45 所示输出波形，方波幅度不变，输出最大电流约为 145mA，满足设计要求的 80mA。

（6）完整电路

将上述设计好的电路通过开关整合在一个完整电路中，如图 4.46 所示。

图 4.46 中，通过三个开关的不同连接，可输出不同的信号。

输出正弦波：K3 连接 K31。

输出余弦波：K1 连接 k11，K2 打开，K3 连接 K32。

输出方波：K1 连接 k12，K2 打开，K3 连接 K33。

输出三角波：K1 连接 k12，K2 打开，K3 连接 K32。

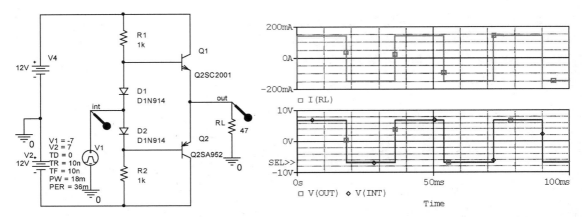

图 4.44 甲乙类功率放大器仿真电路   图 4.45 输出电压和输出电流的波形

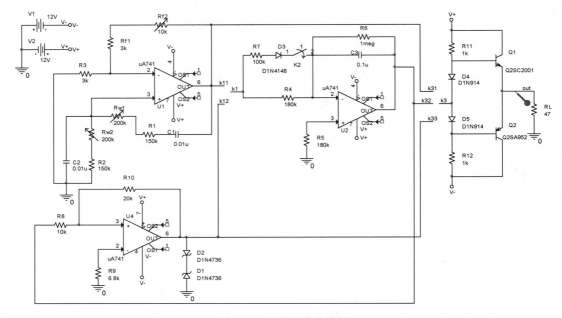

图 4.46 整体仿真电路图

输出脉冲波：K1 连接 k12，K2 合上，连接 K33。

输出锯齿波：K1 连接 k12，K2 合上，K3 连接 K32。

4. 实验内容

（1）使用 PSpice 仿真软件，分级仿真和调试模拟部分。

① 在 Capture 中绘制正弦波发生器和积分电路，获得满足指标要求的正弦波和余弦波。

② 在 Capture 中绘制迟滞比较器，将其与生成余弦波的积分电路联合，观察方波和三角波的输出，调试迟滞比较器，使其满足技术指标的幅度和周期要求。

③ 在方波和三角波发生器电路中增加积分放电支路，调试迟滞比较器和积分电路，观察脉冲波和锯齿波，使其占空比满足指标要求。

④ 单独在 Capture 中绘制甲乙类功率放大器部分，调试最大输出电流，通过仿真选择合适的功放管。

（2）重新新建一个工程，将（1）中的各模块电路整合在一个工作区内，通过连接不同的支路，整体调试电路，确保每个信号的正确输出。

（3）硬件调试。

① 按照仿真调试成功的电路进行面包板搭建。

② 调节正弦波振荡电路中反馈电阻值，观察波形起振和稳定过程。

③ 根据图 4.28 的设计框图，逐一输出六种信号源。

5．实验仪器

（1）PC　1 台　（2）PSpice 软件　1 套　（3）直流稳压电源　1 台　（4）万用表　1 只　（5）双踪示波器　1 台

6．实验报告内容

（1）给出满足设计指标要求的信号源发生器完整实验电路图。

（2）介绍各部分的工作原理和 PSpice 仿真调试结果。

（3）列出硬件电路的元件清单，给出实际硬件调试的整机电路照片，以及各输出波形图的照片。

（4）给出硬件实测中出现的问题，采用的处理措施及处理结果。

7．思考题

（1）如何权衡起振时间和波形幅度失真的矛盾？

（2）如何实现各种信号源周期可调？试着用仿真电路实现。

仿真文件扫描二维码 4-3。　　　　　　　　　　　　　　　　二维码 4-3

第 5 章　Quartus Prime 软件应用

Quartus Prime 是 Intel 公司为其 FPGA 产品提供的直观的高性能设计环境。支持原理图、VHDL、AHDL 以及 Verilog HDL 等多种设计输入形式，实现从设计输入、综合到优化、验证和仿真的完整可编程器件设计流程。本章主要结合例子介绍 Quartus Prime 软件的功能及设计开发过程。

5.1　Quartus Prime 软件概述与设计流程

Quartus Prime 具有良好的性能和可扩展性，可以满足不同规模和复杂度的电路设计需求。同时，Quartus Prime 还支持第三方工具软件，如 ModelSim、MATLAB 等，设计者可以在设计流程的各个阶段根据需要选用专业的工具软件。

2015 年 Intel 公司收购 Altera 后，将原 Altera 公司的 EDA 开发环境 QuartusII 更名为 Quartus Prime。不同版本软件支持的器件种类和范围有所不同，例如，QuartusII 13.0 版支持 MAX II/V 系列 CPLD 以及 Cyclone I~V 系列 FPGA，Quartus Prime 18.1 版之后只支持 Cyclone IV/V 及以上系列 FPGA，设计者需要根据所用可编程逻辑器件的类型和型号选用合适的版本；此外，不同版本软件在功能上也有所差异，例如，QuartusII 9.1 版之前自带直观易用的向量波形仿真工具，10.0 版开始调用功能更为强大的专业工具软件 ModelSim 进行仿真。而 Intel 公司 EDA 开发环境 Quartus Prime 支持基于大学计划的向量波形（University Program VWF）和编写测试平台文件（testbench）两种仿真方法，无论哪种方法，都需要调用 ModelSim 进行仿真。

对于数字电路系统设计而言，Quartus Prime 软件的基本设计流程如图 5.1 所示。

（1）设计输入：用户可使用 Quartus Prime 提供的编辑器，实现原理图设计输入、硬件描述语言（HDL）文本编辑输入等。

（2）项目编译：Quartus Prime 编译器由一系列模块组成，主要完成设计错误检查、逻辑综合与适配，产生输出文件。这些输出文件将在设计仿真、定时分析及器件编程时使用。

（3）设计仿真：完成对设计功能、时序的仿真，进行时序分析，判断输入/输出间的延迟。

（4）引脚分配：为了对所设计的工程进行硬件测试，需要将输入/输出信号分配在器件的某些引脚上。

（5）编程下载：将用户设计好的项目下载/配置到所选择的器件中去。

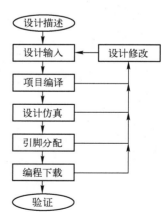

图 5.1　Quartus Prime 软件基本设计流程

下面以数字电路中一位全加器电路设计为例，对 Quartus Prime 软件的使用做较详细的介绍。

5.2　设　计　输　入

5.2.1　工程项目建立

1.　启动 Quartus Prime

双击"Quartus (Quartus Prime 20.1) Lite Edition"图标，启动后的主界面如图 5.2 所示。

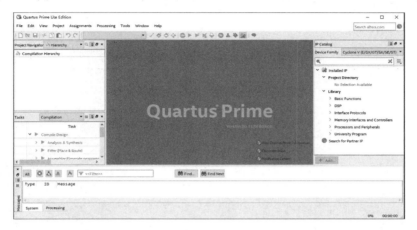

图 5.2　Quartus Prime 主界面

2.　建立新工程项目

（1）如图 5.3 所示，在主菜单中，选择 File→New Project Wizard，出现图 5.4 所示的新建工程项目向导界面。

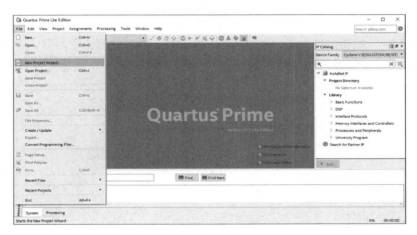

图 5.3　主菜单

（2）单击"Next"按钮，弹出如图 5.5 所示对话框，在第一个文本行中输入工程文件存放的目录；在第二个文本行中输入工程项目名称；第三个文本行是在输入工程项目名称时，随之自动输入顶层文件实体名。本例建立工程文件存放的目录为：D:\adder，工程顶层文件实体名和工程项目名保持一致。

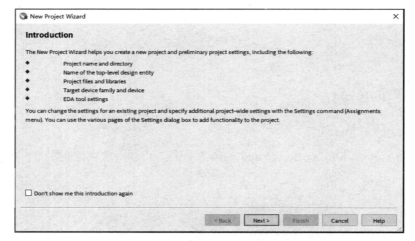

图 5.4 新建工程项目向导界面

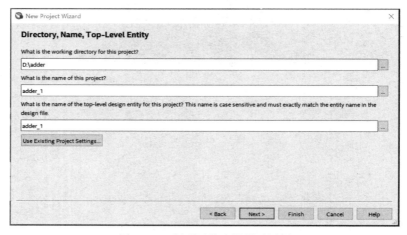

图 5.5 工程项目基本设置对话框

（3）单击"Next"按钮，进入工程类型 Project Type 对话框，选择工程类型。这里建议先选择空工程 Empty project，如图 5.6 所示，以便熟悉设计的基本流程。

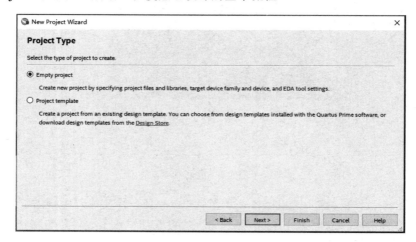

图 5.6 选择空工程类型

（4）继续单击"Next"按钮，打开添加设计文件对话框，如图 5.7 所示。若需添加设计输入文件可单击"Add All"按钮；如果工程中用到用户自定义的库，则单击"User Libraries..."按钮，添加相应的库文件。在这里，直接单击"Next"按钮可进入可编程逻辑器件选择对话框。

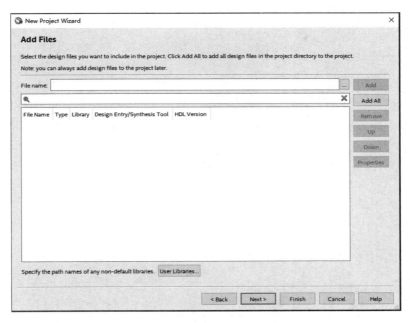

图 5.7　添加设计文件对话框

（5）如图 5.8 所示，在可编程逻辑器件选择对话框中可以选择器件的系列、器件的封装形式、引脚数目和速度级别，约束可选器件的范围。这里选择 MAX 10(DA/DF/DC/SA/SC)系列 MAX 10 SA 中的"10M08SAM153C8G"（本例基于"STEP-MAX10-08SAM 核心板 FPGA"）。

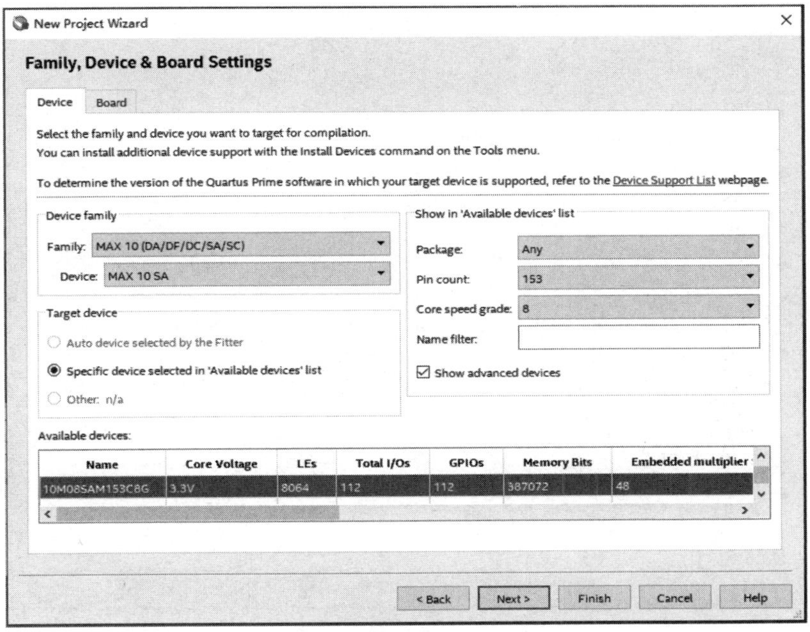

图 5.8　可编程逻辑器件选择对话框

（6）单击"Next"按钮，进入 EDA 工具设置对话框，如图 5.9 所示，在该对话框中选择其他 EDA 工具。本例设计使用 ModelSim 工具进行仿真，并且支持的语言为 Verilog HDL，即设置参数 Simulation：ModelSim-Altera [Format(s)设置为 Verilog HDL]。

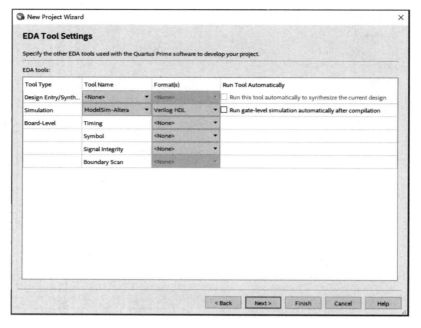

图 5.9　EDA 工具设置对话框

（7）单击"Next"按钮，出现新建工程的文件信息摘要框，如图 5.10 所示。单击"Finish"按钮，至此完成新工程项目的创建，其界面如图 5.11 所示。

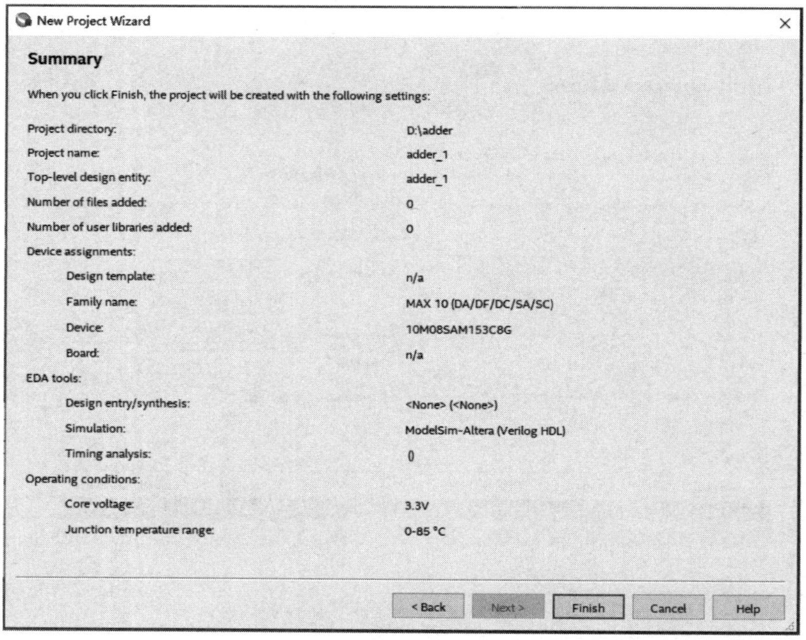

图 5.10　新建工程的文件信息摘要框

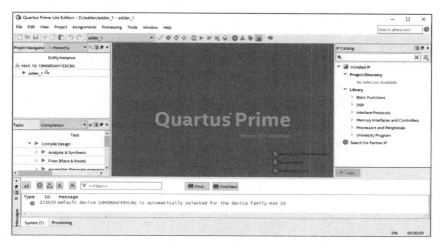

图 5.11　创建完工程的 Quartus Prime 界面

5.2.2　设计文件建立

Quartus Prime 支持原理图设计输入，以及 VHDL、AHDL 及 Verilog HDL 文本编辑设计输入等，这里主要给出 Verilog HDL 文本编辑设计输入。

Verilog HDL 文本编辑设计输入方式的基本步骤如下：

（1）完成图 5.11 所示的工程项目的创建后，在主菜单中，选中 File→New，出现如图 5.12 所示的新建文件类型选择对话框，选择"Verilog HDL File"，单击"OK"按钮，进入文本编辑设计界面，如图 5.13 所示。

（2）单击图 5.13 中的"Hierarchy"，出现下拉菜单，如图 5.14 所示，选择"Files"，以便显示新建的文件，如图 5.15 所示（对于步骤（2），不是必须进行操作的步骤）。

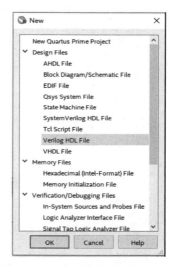

图 5.12　新建文件类型选择对话框

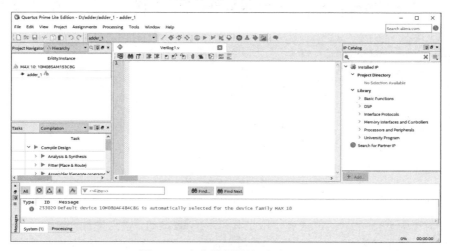

图 5.13　文本编辑设计界面（1）

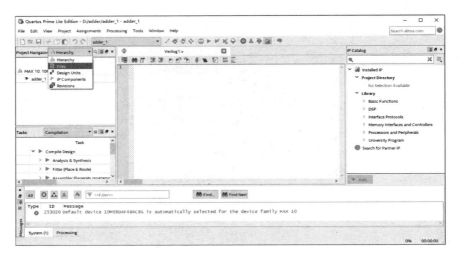

图 5.14 文本编辑设计界面（2）

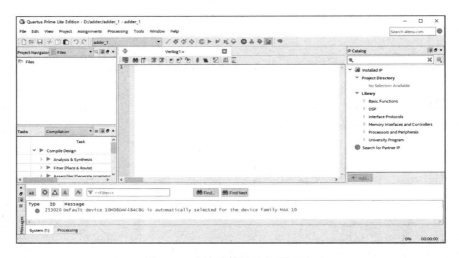

图 5.15 文本编辑设计界面（3）

（3）在当前的文本编辑设计界面直接输入 Verilog HDL 程序（这里以一位全加器功能模块为例说明）。

```
module adder_1(A,B,CI,S,CO);
input A,B;
input CI;
output reg S;
output reg CO;
always @(*)
    begin
        {CO,S}=A+B+CI;
    end
endmodule
```

并在主菜单中，选中 File→Save As 或者单击工具栏中的 🖫 按钮，输入文件命名"adder_1"，Verilog HDL 语言文件的扩展名为".v"，如图 5.16 所示。此处的文件名应与程序中提到的实体名保持一致。

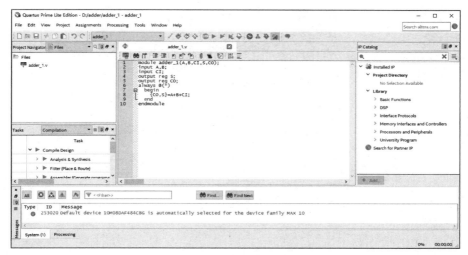

图 5.16　一位全加器的 Verilog HDL 设计输入

文本编辑设计输入方式中涉及 Verilog HDL 语言的描述方法将在第 7 章硬件描述语言中详细讲解。

5.3　项　目　编　译

在完成设计输入后，对其进行编译。

（1）在 Quartus Prime 主界面中，执行 Processing→Start Compilation 菜单命令（也可单击工具栏中的▶按钮），如图 5.17 所示，启动编译与综合过程。若描述代码没有错误，则编译、综合与适配过程自动完成。（注意：如果存在多个设计文件，则需先用鼠标右键单击所要编译的文件，弹出菜单，单击"Set as Top-Level Entity"项，将当前文件设置为顶层实体，然后再按相应步骤启动编译与综合过程）

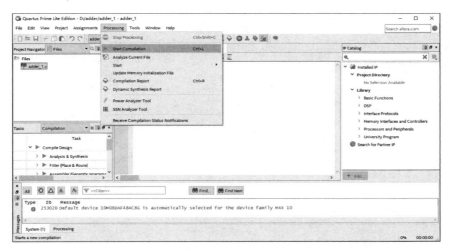

图 5.17　启动编译和综合

（2）编译成功后，显示如图 5.18 所示的工程汇总信息，包括该工程的编译时间、版本信息、器件信息和资源占用等情况。

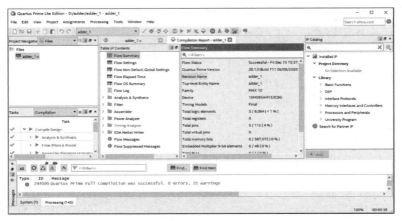

图 5.18　工程汇总信息

5.4　设 计 仿 真

　　编译过程检查了设计是否具有规则错误和所选器件的资源是否满足设计要求,并没有检查逻辑功能是否满足设计要求,因此需要利用仿真工具对设计进行仿真。仿真分为功能仿真和时序仿真两种类型。功能仿真是在设计输入之后,综合和布局布线之前的仿真,未考虑器件的传输延迟时间和布线延迟时间,着重考虑电路在理想环境下的行为和预期设计效果的一致性。时序仿真是在综合、布局布线后,即考虑器件的传输延迟时间和布线延迟时间的情况下对布局布线的网络表文件进行的一种仿真。

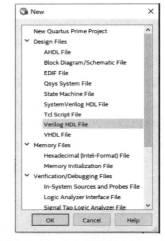

图 5.19　新建文件类型选择对话框

　　Quartus Prime 调用 Modelsim 进行仿真分析,支持两种仿真方法:①基于向量波形(Vector Waveform)的仿真方法;②基于测试平台文件(testbench)的仿真方法。本例编写测试平台文件进行仿真。

　　(1)在主菜单中,选择 File→New,出现如图 5.19 所示的新建文件类型选择对话框。选择"Verilog HDL File",单击"OK"按钮,进入文本编辑设计界面,如图 5.20 所示。

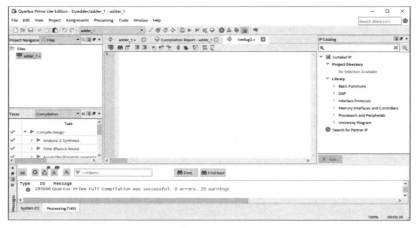

图 5.20　文本编辑设计界面

（2）在当前的文本编辑设计界面直接输入 Verilog HDL 程序（这里以一位全加器的仿真为例）。

```verilog
`timescale 1ns/1ps

module adder_1_simu;
reg A,B;
reg CI;
wire S;
wire CO;
adder_1 adder_1(               //例化被测试模块
.A(A), .B(B), .CI(CI), .S(S), .CO(CO));
initial begin                  //激励波形描述
    A=1'b0; B=1'b0; CI=1'b0;
    #100 A=1'b0; B=1'b1; CI=1'b0;
    #100 A=1'b1; B=1'b0; CI=1'b0;
    #100 A=1'b1; B=1'b1; CI=1'b0;
    #100 A=1'b0; B=1'b0; CI=1'b1;
    #100 A=1'b0; B=1'b1; CI=1'b1;
    #100 A=1'b1; B=1'b0; CI=1'b1;
    #100 A=1'b1; B=1'b1; CI=1'b1;
end
endmodule
```

并在主菜单中，选择 File→Save As 或者单击工具栏中的 ![按钮] 按钮，输入文件命名 "adder_1_simu"，Verilog HDL 语言文件的扩展名为 ".v"，如图 5.21 所示。

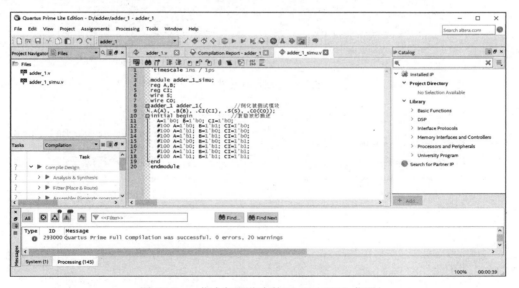

图 5.21　一位全加器仿真的 Verilog HDL 代码

（3）在 Quartus Prime 主界面中，执行 Assignments→Settings 菜单命令，在弹出的 Settings 对话框中的 Category 列表中，选择 EDA Tool Settings→Simulation，进入如图 5.22 所示的仿真设置对话框，本例设置 Time scale 参数值为 1ns。

（4）设置图 5.22 对话框的 NativeLink settings 栏中的相关信息以关联仿真文件，点选 "Compile test bench"，如图 5.23 所示。单击右侧的 "Test Benches..." 按钮，弹出 Test Benches 对话框，如图 5.24 所示，以指定仿真文件。

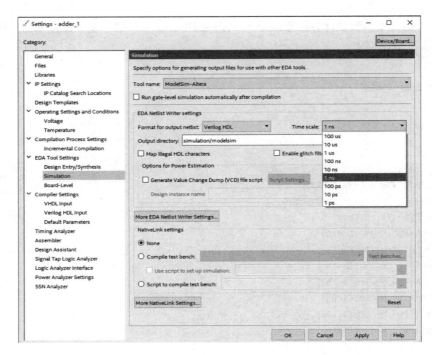

图 5.22 仿真设置对话框

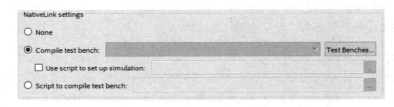

图 5.23 关联仿真文件（1）

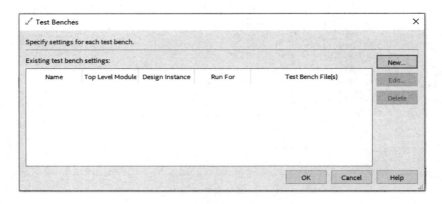

图 5.24 关联仿真文件（2）

（5）单击"New..."按钮，弹出 New Test Bench Settings 对话框，如图 5.25 所示。需要将相应的仿真文件名和相应的顶层模块名填入对应文本框中，本例在 Test Bench name 文本框中输入测试平台文件"adder_1_simu"，在 Top level module in test bench 文本框中输入仿真模块名"adder_1_simu"；另外，本例还将仿真时长设置为 End simulation at: 1us。

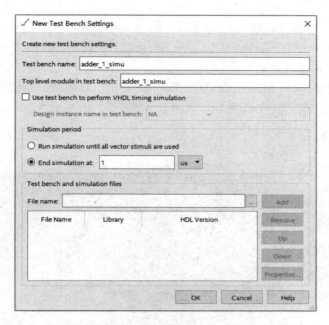

图 5.25　关联仿真文件（3）

（6）单击 File name 文本框后的 "．." 按钮，浏览相应文件夹，查找仿真文件（adder_1_simu.v），选中并加入（单击 Add 按钮）File name 栏中，如图 5.26 所示。

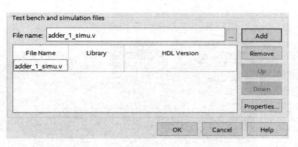

图 5.26　关联仿真文件（4）

（7）单击 "OK" 按钮，弹出 Test Benches 对话框，如图 5.27 所示。连续单击 "OK" 按钮完成设置过程。

图 5.27　Test Benches 对话框

（8）设置完成后，在 Quartus Prime 主界面中，执行 Tools→Run Simulation Tool→RTL Simulation 菜单命令，调用 ModelSim 进行功能仿真。（如果需要进行时序仿真，则执行 Tools→Run Simulation Tool→Gate Level Simulation 菜单命令）

仿真完成后，会自动弹出 ModelSim 仿真波形界面，如图 5.28 所示。选定波形栏，单击 "🔍🔍🔍"（即局部放大、局部缩小或合适窗口）按钮，以便于观察波形，如图 5.29 所示。

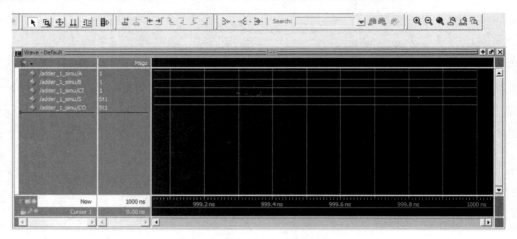

图 5.28　ModelSim 仿真波形界面

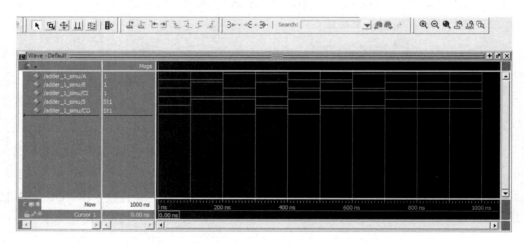

图 5.29　一位全加器的 ModelSim 仿真波形

5.5　引　脚　分　配

将正确的电路设计下载到可编程逻辑器件之前，还需要进行引脚分配。Quartus Prime 提供了 3 种引脚分配方法：①使用图形化工具 Pin Planner 分配引脚；②编写 Tcl 脚本文件分配引脚；③应用属性定义分配引脚。这里以上述一位全加器电路为例，介绍用 Pin Planner 分配引脚的方法。

（1）仿真结束后，回到 Quartus Prime 主界面中，执行 Assignments→Pin Planner 菜单命令，弹出

如图 5.30 所示的 Pin Planner 窗口。

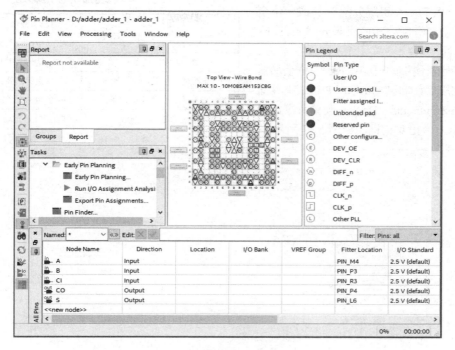

图 5.30　Pin Planner 窗口（1）

（2）在对应信号的 Location 栏中，选择或输入相应的引脚号，在 I/O Standard 处指定 I/O 的电平标准，如图 5.31 所示。

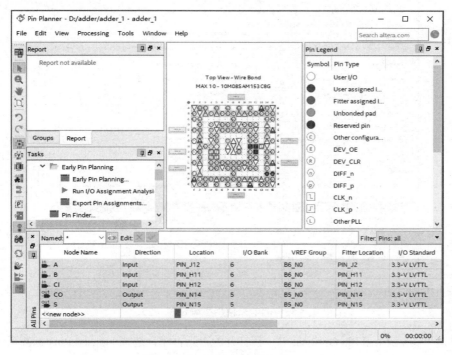

图 5.31　Pin Planner 窗口（2）

本例基于附录 A.1 所给的"STEP-MAX10-08SAM 核心板 FPGA 引脚分配",完成一位全加器电路引脚的分配。相应引脚分配如表 5.1 所示。

（3）其他未使用的引脚设置。一位全加器引脚分配完成后，回到 Quartus Prime 主界面中，执行 Assignments→Device 菜单命令，如图 5.32 所示。弹出对话框，如图 5.33 所示。

表 5.1 一位全加器的引脚分配

信号名	对应器件名	引脚号
A（被加数，输入）	SW1（拨码开关）	J12
B（加数，输入）	SW2（拨码开关）	H11
CI（低位向本位的进位，输入）	SW3（拨码开关）	H12
CO（本位向高位的进位，输出）	LED2（LED 灯）	N14
S（全加器的和，输出）	LED1（LED 灯）	N15

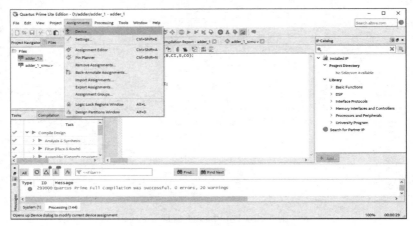

图 5.32 其他未使用引脚设置（1）

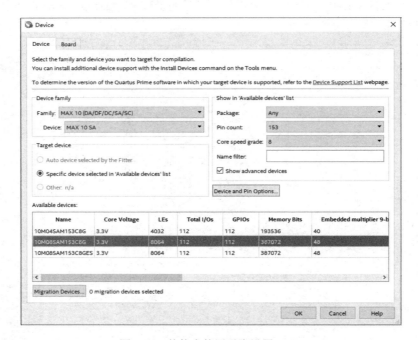

图 5.33 其他未使用引脚设置（2）

（4）单击"Device and Pin Options…"，在打开的对话框中，选择 Unused Pins 标签页，对没有使用的引脚进行设置，如图 5.34 所示。将未使用的引脚设置为高阻输入"As input tri-stated"，连续单击"OK"按钮。

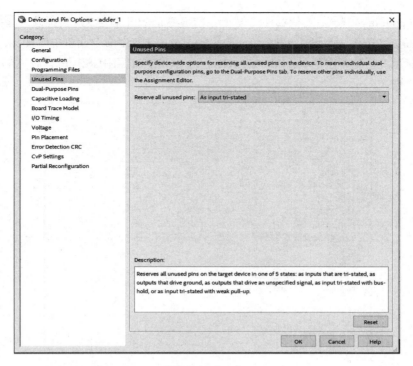

图 5.34　其他未使用引脚设置（3）

（5）重新编译工程。引脚分配结束后，需要重新编译工程，在 Quartus Prime 主界面中，单击工具栏中的"▶"按钮进行重新编译，以生成带有引脚锁定信息的编程与配置文件，如图 5.35 所示。

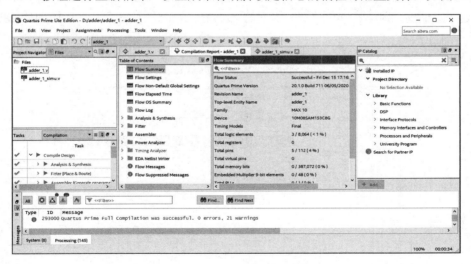

图 5.35　重新编译工程

5.6　编　程　下　载

Quartus Prime 支持四种编程与配置模式：被动串行（Passive Serial）模式、JTAG 模式（调试时使用）、主动串行编程（Active Serial Programming）模式（烧写到专用配置芯片中）、套接字内编程

（In-Socket Programming）模式。本例器件编程使用 USB-Blaster 下载电缆，编程模式选择 JTAG 模式。

（1）在 Quartus Prime 主界面中，执行 Tools→Programmer 菜单命令或单击 图标，打开如图 5.36 所示的下载对话框。对话框中的 Hardware Setup... 后为 "USB-Blaster[USB-0]"，在 Mode 中指定的编程模式为 JTAG 模式。

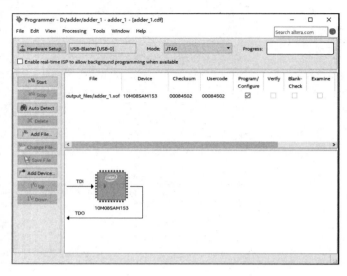

图 5.36　下载对话框

如果对话框中的 Hardware Setup... 后为 "No Hardware"，则需要选择编程的硬件。单击 Hardware Setup，进入硬件设置对话框，如图 5.37 所示，在此添加硬件设备 "USB-Blaster[USB-0]"。单击 "Close" 按钮关闭这个对话框，则 Hardware Setup... 后面的 "No Hardware" 变成了 "USB-Blaster[USB-0]"。

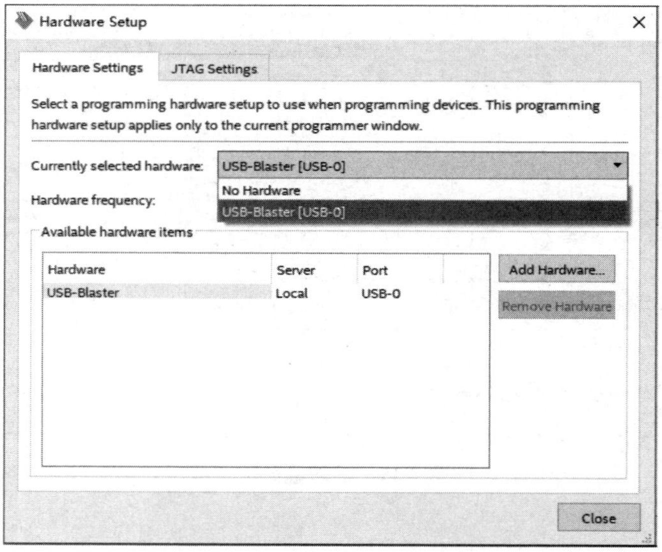

图 5.37　硬件设置对话框

（2）勾选 "output_files/adder_1.sof" 文件后的 Program/Configure 选项，然后单击 Start 按钮即可开始向目标板下载所需程序。"Process："显示 100%(Successful)，表示编程成功，如图 5.38 所示。

编程下载完成后就可以进行目标芯片的硬件验证了。（**实际验证效果请扫二维码 5-1**）

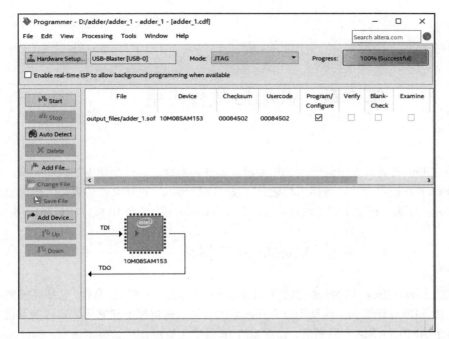

图 5.38　编程下载成功

二维码 5-1

第 6 章　Vivado 软件应用

Vivado 软件是 Xilinx 公司开发的新一代 FPGA 设计套件。本章结合一个简单的设计实例，介绍 Vivado 软件的基本功能和使用方法，包括工程建立、设计文件输入、设计文件仿真、工程综合等基本设计流程，以及引脚分配、程序下载等过程，还介绍了 Vivado 中存储器 IP 核的生成与应用。

6.1　Vivado 软件概述

Vivado 是 FPGA 厂商 Xilinx 公司打造的以 IP 及系统为中心的新一代设计套件，包括高度集成的设计环境和新一代 IC 级的设计工具，这些均建立在共享的可扩展数据模型和通用调试环境基础上。Vivado 也是一个基于 AMBA AXI4 互联规范、IP-XACT IP 封装元数据、TCL 脚本语言、Synopsys 系统约束（SDC），以及其他有助于根据客户需求量身定制设计流程并符合业界标准的开放式环境。

Vivado 工具采用快速综合和验证 C 语言算法 IP 的 ESL 设计，实现重用的标准算法和 RTL IP 封装技术，模块和系统验证的仿真速度提高了 3 倍。Vivado 工具采用层次化器件编辑器和布局规划器，速度提高了 3～15 倍，且为 SystemVerilog 提供了业界最好支持的逻辑综合工具，速度提高了 4 倍。

Vivado 工具通过利用最新共享的可扩展数据模型，能够估算设计流程各个阶段的功耗、时序和占用面积，从而达到预先分析，进而优化自动时钟门控等集成功能。

6.2　基本设计流程

下面结合案例说明 Vivado 软件的整个设计流程，该案例基于开发板实现 4 个 7 段数码管依次显示 "1234"。

首先双击 Vivado 图标，启动 Vivado 软件（也可从开始菜单启动），进入如图 6.1 所示界面。

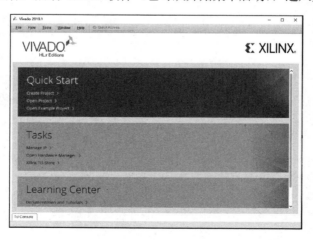

图 6.1　Vivado 软件启动界面

6.2.1 工程建立

（1）单击图 6.1 中的 Create Project 图标，弹出新建工程向导界面，如图 6.2 所示。

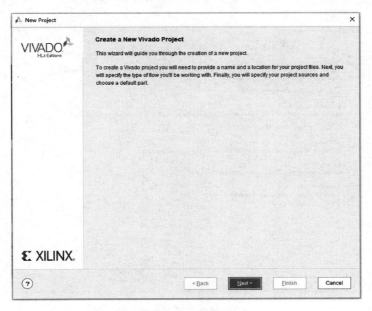

图 6.2　新建工程向导界面

（2）单击 Next 按钮，弹出如图 6.3 所示的对话框，在 Project Name 框内输入工程项目名称，本例为 display_exam；在 Project location 框内输入工程存储路径，如 D:/xilinxeda/examples；并勾选 Create project subdirectory 选项。

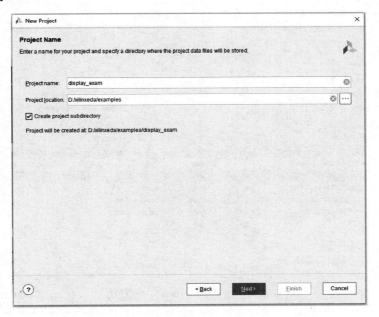

图 6.3　新建工程设置对话框

（3）单击 Next 按钮，弹出如图 6.4 所示的指定工程类型对话框，该对话框提供了可选的工程类型。本例此次不指定源文件，表示在生成工程后，再将设计源文件添加到工程中，故选择 RTL Project 项，并勾选 Do not specify sources at this time 即可。

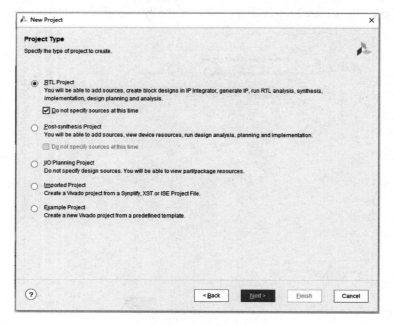

图 6.4　指定工程类型对话框

（4）单击 Next 按钮，弹出如图 6.5 所示的 FPGA 目标器件选择对话框。本例开发板选用的 FPGA 芯片是 Artix-7 系列中的 xc7a35tcsg324-1 器件。

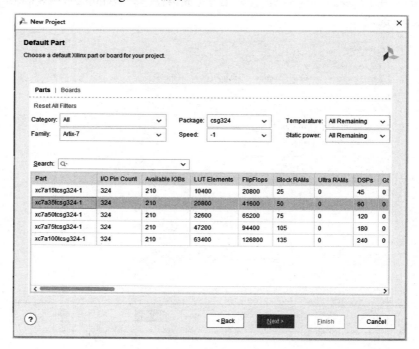

图 6.5　FPGA 目标器件选择对话框

（5）单击 Next 按钮，弹出如图 6.6 所示的新建工程设置完成界面。

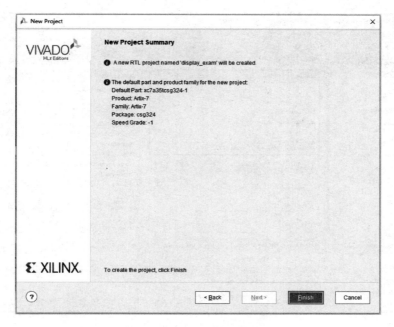

图 6.6　新建工程设置完成界面

（6）单击 Finish 按钮，完成新工程的创建，弹出图 6.7 所示的界面。

图 6.7　创建工程完成界面

6.2.2　设计输入

（1）添加或者新建设计文件。在如图 6.8 所示向导界面，单击 PROJECT MANAGER 目录下的 Add Sources，或者单击中间 Sources 对话框中的"+"。

图 6.8　添加或新建设计文件向导界面（1）

（2）弹出如图 6.9 所示向导界面，选择第二项 Add or create design sources，添加或新建设计文件。

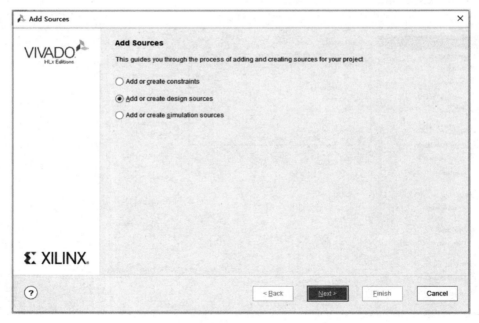

图 6.9　添加或新建设计文件向导界面（2）

（3）单击 Next 按钮，弹出如图 6.10 所示向导界面。如果已经有了源文件，可以选择 Add Files 或者 Add Directories 进行添加。本例需要新建设计文件，选择 Create File。

（4）弹出如图 6.11 所示对话框。在 File type 中可以选择 Verilog、VHDL 等目标语言类型，在 File name 框内输入文件名。本例输入的文件名为 "display_exam"，目标语言为 Verilog。

图 6.10　添加或新建设计文件向导界面（3）

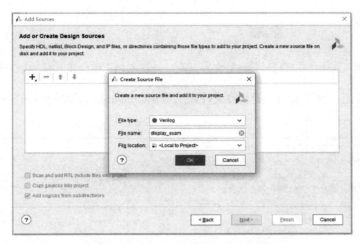

图 6.11　新建设计文件名称对话框

（5）单击 OK 按钮后，在图 6.12 中显示新建立的设计文件名称。

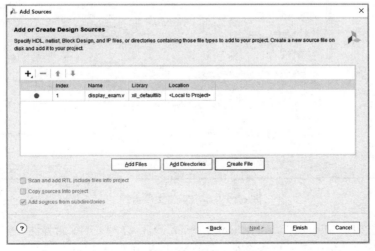

图 6.12　设计文件新建完成界面

（6）单击 Finish 按钮，弹出如图 6.13 所示的对话框，可在 I/O Port Definitions 中设置文件模块所需的输入/输出端口，如果端口为总线型，勾选 Bus 选项，并通过 MSB 和 LSB 确定总线宽度。也可以直接进入下一步操作，稍后在编写文件设计代码时再定义输入/输出端口。本例选择直接进入下一步操作。

（7）单击 OK 按钮，弹出图 6.14 所示模块输入/输出端口设置完成界面。

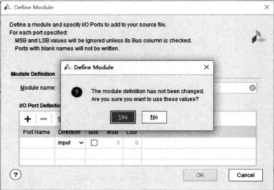

图 6.13　模块输入/输出端口设置对话框　　　　图 6.14　模块输入/输出端口设置完成界面

（8）单击 Yes 按钮，设置完成后的新建文件模块显示在 Sources 下的 Design Sources 中，如图 6.15 所示。

图 6.15　显示新建文件窗口

（9）双击新建文件"display_exam（display_exam.v）"，进入文本编辑界面，如图 6.16 所示。

（10）在当前的文本编辑界面直接输入相应的 Verilog HDL 设计代码，如图 6.17 所示。

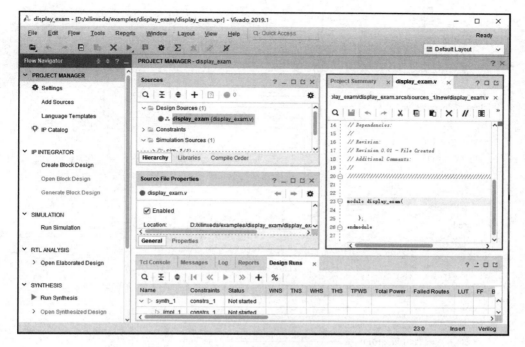

图 6.16 新建文件文本编辑界面

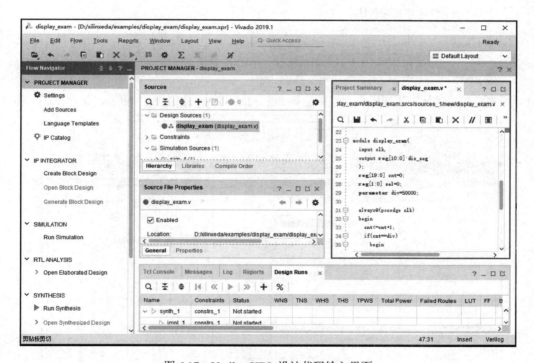

图 6.17 Verilog HDL 设计代码输入界面

本例 display_exam.v 的完整程序如下：

```
module display_exam(
    input clk,
    output reg[10:0] dis_seg
```

```verilog
    );
    reg[19:0] cnt=0;
    reg[1:0] sel=0;
    parameter div=50000;

    always@(posedge clk)
    begin
      cnt<=cnt+1;
      if(cnt==div)
        begin
        cnt<=0;
        sel<=sel+1;
        end
    end

    always@(posedge clk)
    begin
      case(sel)
      0:dis_seg<=11'b1000_0110000;
      1:dis_seg<=11'b0100_1101101;
      2:dis_seg<=11'b0010_1111001;
      3:dis_seg<=11'b0001_0110011;
      default:dis_seg<=11'b0000_0000000;
      endcase
    end
  endmodule
```

（11）直接单击"💾"按钮或在主菜单选择 File→Save File，如图 6.18 所示，保存设计文件。

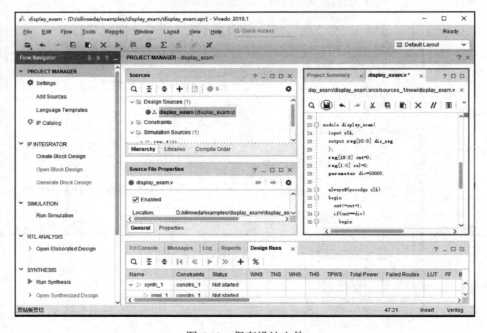

图 6.18　保存设计文件

6.2.3 设计仿真

（1）添加或者新建仿真文件，在图 6.19 所示向导界面，单击 PROJECT MANAGER 目录下的 Add Sources，或者单击中间 Sources 对话框中的"+"。

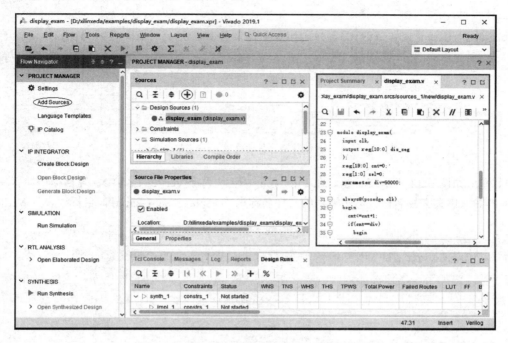

图 6.19　添加或新建仿真文件向导界面（1）

（2）弹出如图 6.20 所示向导界面，选择第三项 Add or create simulation sources，添加或新建仿真文件。

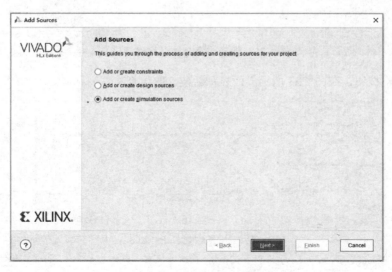

图 6.20　添加或新建仿真文件向导界面（2）

（3）单击 Next 按钮，弹出如图 6.21 所示向导界面。如果已经有了仿真源文件，可以选择 Add Files 或者 Add Directories 进行添加。本例需要新建仿真文件，选择 Create File。

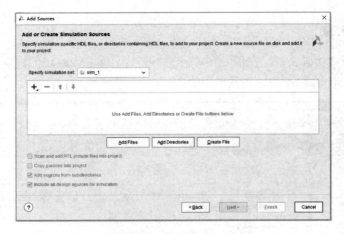

图 6.21 添加或新建仿真文件向导界面（3）

（4）弹出如图 6.22 所示对话框，在 File type 中可以选择 Verilog、VHDL 等目标语言，在 File name 框内输入仿真文件名称。本例输入的文件名称为"display_exam_simu"，目标语言为 Verilog。

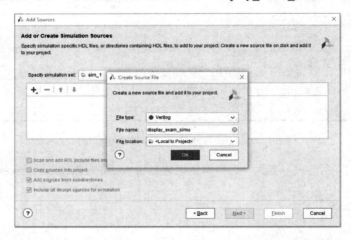

图 6.22 新建仿真文件名称对话框

（5）单击 OK 按钮，在图 6.23 所示界面显示新建立的仿真文件名称。

图 6.23 新建仿真文件完成界面

（6）单击 Finish 按钮，弹出如图6.24所示界面，可在 I/O Port Definitions 中设置仿真文件模块所需的输入/输出端口，如果端口为总线型，勾选 Bus 选项，并通过 MSB 和 LSB 确定总线宽度。也可以直接进入下一步操作，稍后在编写仿真文件设计代码时再定义输入/输出端口。本例选择直接进入下一步操作。

（7）单击 OK 按钮，弹出如图6.25所示界面。

（8）单击 Yes 按钮，设置完成后的新建仿真文件模块（本例为display_exam_simu.v）显示在 Sources 的 Simulation Sources 中，如图6.26所示。

图6.24　仿真文件模块输入/输出端口设置界面

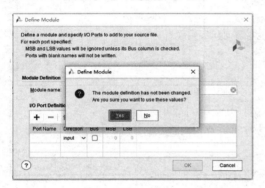

图6.25　仿真文件模块输入/输出端口设置完成界面

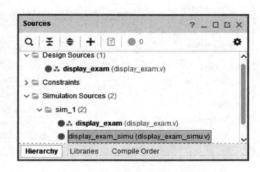

图6.26　显示新建仿真文件界面

（9）双击新建仿真文件"display_exam_simu（display_exam_simu.v）"，进入文本编辑界面，如图6.27所示。

图6.27　仿真文件的文本编辑界面

（10）在当前的文本编辑界面直接输入相应的仿真文件的 Verilog HDL 设计代码，如图 6.28 所示。

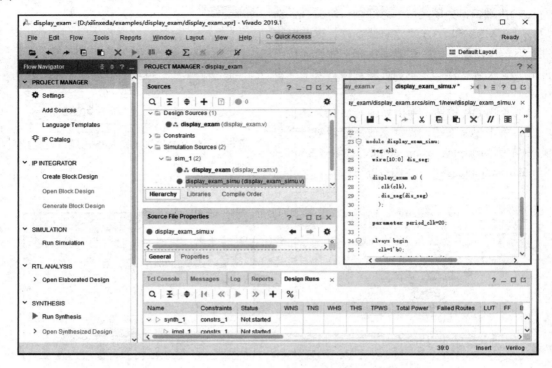

图 6.28　仿真文件的 Verilog HDL 设计代码输入界面

本例仿真文件 display_exam_simu.v 的完整程序如下：

```
`timescale 1ns/1ps
module display_exam_simu;
    reg clk;
    wire[10:0] dis_seg;
    display_exam u0 (
        .clk(clk),
        .dis_seg(dis_seg)
        );
    parameter period_clk=20;
    always begin
        clk=1'b0;
        #(period_clk/2) clk=1'b1;
        #(period_clk/2);
    end
endmodule
```

（11）直接单击█按钮或在主菜单选择 File→Save File，如图 6.29 所示，保存仿真文件。

（12）保存仿真文件后，在如图 6.30 所示界面中单击 SIMULATION 下的 Run Simulation 选项，并选择 Run Behavioral Simulation 项，进入波形仿真界面（注意：如果存在多个仿真文件，则需先用鼠标右击该仿真文件，选择 Set as Top，然后再按相应步骤进入波形仿真界面）。

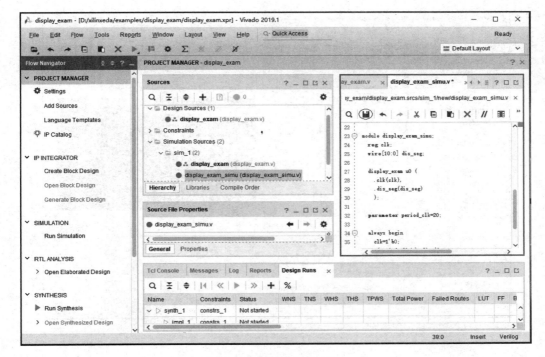

图 6.29　保存仿真文件

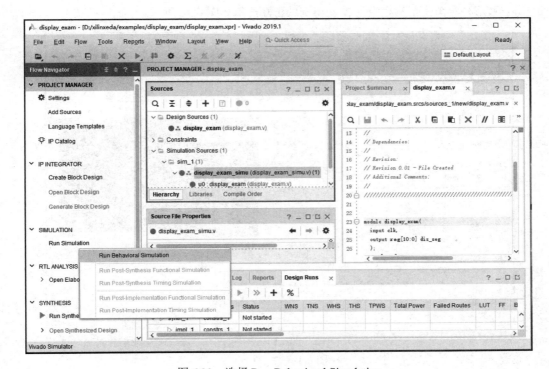

图 6.30　选择 Run Behavioral Simulation

（13）如图 6.31 所示波形仿真界面，通过工具栏中的选项进行波形的仿真时间控制。图中工具栏"◄ ► ►ᴛ 30 ms ∨"从左至右分别表示复位波形（即清空所有波形）、运行仿真、运行特定时长的仿真、仿真时长设置、仿真时长单位等。

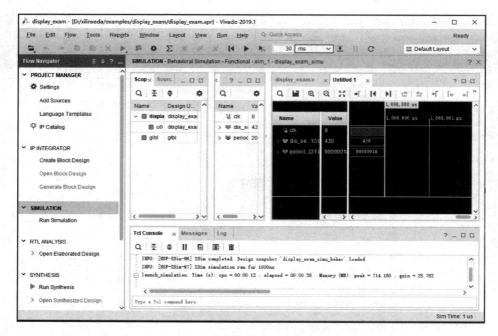

图 6.31　波形仿真界面

（14）本例运行特定时长为 30ms 的仿真。先将仿真时长设置为 30ms，然后单击工具栏中的 ，即清空所有波形，再单击工具栏中的 ，得到的仿真波形如图 6.32 所示。

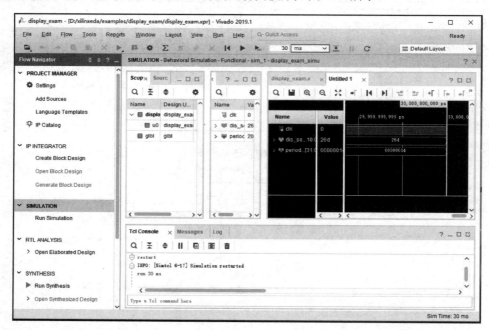

图 6.32　仿真波形

（15）观察波形与预设的逻辑功能是否一致，可以运用图 6.33 中的 （局部放大）或 （局部缩小）、 （合适窗口）等工具，以便于观察波形。在对应信号名称上右击选择 Radix，可设置输入/输出数据格式（Binary、Hexadecimal、Octal 等），本例设置输出数据格式为 Binary。图 6.33 所示为局部放大仿真波形。

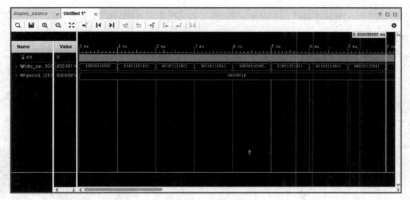

图 6.33　局部放大仿真波形

6.2.4　工程综合

（1）关闭仿真界面。在图 6.34 所示左侧 Flow Navigator 中单击 SYNTHESIS 下的 Run Synthesis 选项，对工程进行综合。

（2）综合运行之后，弹出如图 6.35 所示界面，如果显示 Synthesis successfully completed，表示综合完全正确，关闭该对话框即可（如果接下来利用 Vivado 中的 I/O planning 功能进行引脚分配，则不需要关闭该对话框，而是选择第二项 Open Synthesized Design）。

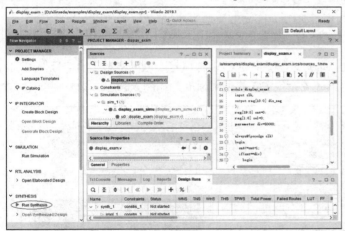

图 6.34　工程综合向导界面

图 6.35　综合完成界面

6.3　引脚分配与程序下载

6.3.1　引脚分配

引脚分配有以下两种方法。

1. 第一种方法：利用 Vivado 中的 I/O planning 功能分配引脚

（1）综合运行之后，不直接关闭图 6.35 所示界面，而是选择 Open Synthesized Design，如图 6.36 所示。

图 6.36　选择 Open Synthesized Design

（2）单击 OK 按钮，出现如图 6.37 所示界面（如果没有出现该界面，则可通过图示主菜单，单击 Layout，选择 IO Planning 项）。

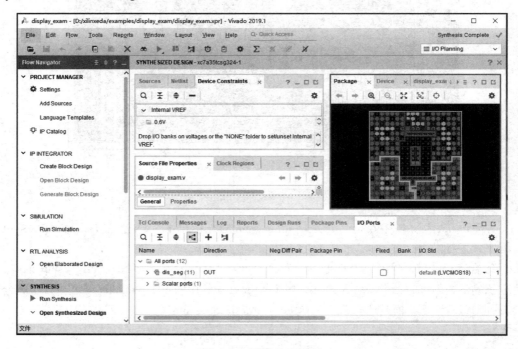

图 6.37　引脚分配界面

（3）在对应信号的 Package Pin 处，选择或输入相应的引脚标号（也可将对应的信号拖曳到右上方 Package 图中相应的引脚上），在 I/O std 处指定 I/O 的电平标准，如图 6.38 所示。

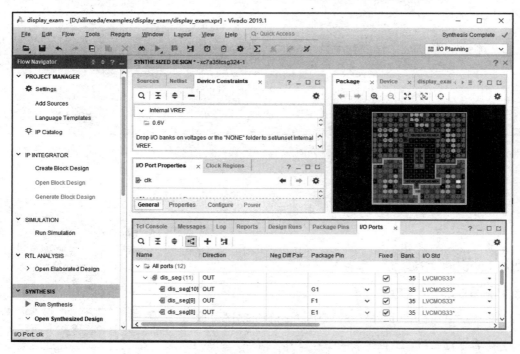

图 6.38　输入/输出引脚约束界面

本例基于附录 A.3 所给 EGO1 开发板，具体分配的引脚号如图 6.39 所示中。

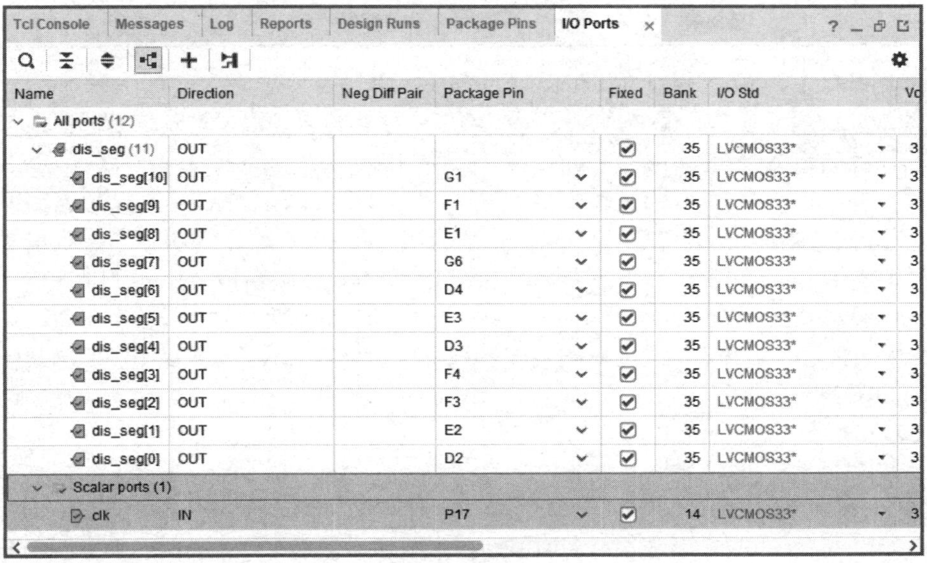

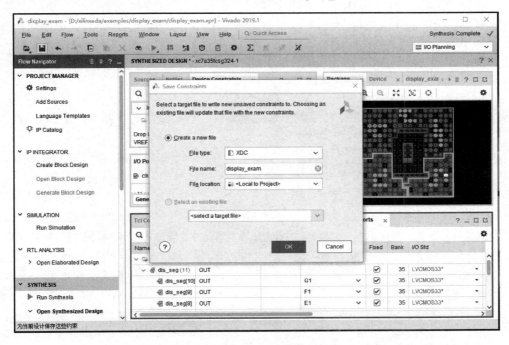

图 6.39　引脚号分配界面

（4）引脚分配完成之后，单击图 6.38 左上方工具栏中的保存按钮，弹出如图 6.40 所示界面，在 File name 框内输入新建的 XDC 约束文件名（本例为 display_exam.xdc），单击 OK 按钮。

图 6.40　XDC 约束文件保存界面

2. 第二种方法：直接新建 XDC 的约束文件，手动输入分配的引脚

（1）综合运行之后，关闭图 6.35 所示界面。添加或者新建约束文件，如图 6.41 所示向导

界面，单击 PROJECT MANAGER 目录下的 Add Sources，或者单击中间 Sources 对话框中的
"+"。

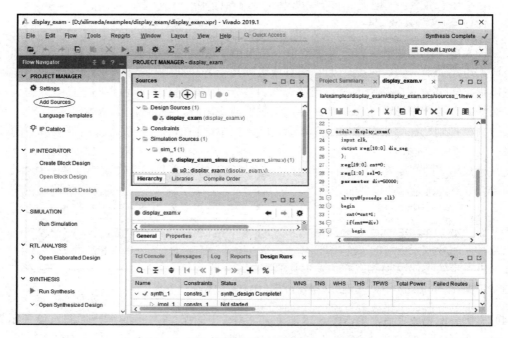

图 6.41 添加或新建约束文件向导界面（1）

（2）弹出如图 6.42 所示向导界面。选择第一项 Add or create constraints，添加或新建约束
文件。

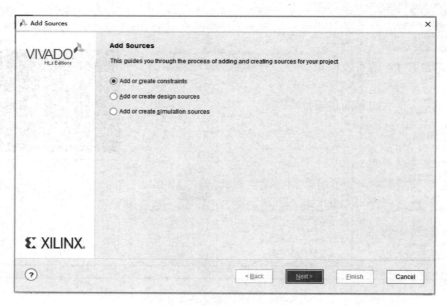

图 6.42 添加或新建约束文件向导界面（2）

（3）单击 Next 按钮，进入如图 6.43 所示向导界面。如果已经有了约束源文件，可以选择 Add
Files 进行添加。本例需要新建约束文件，选择 Create File。

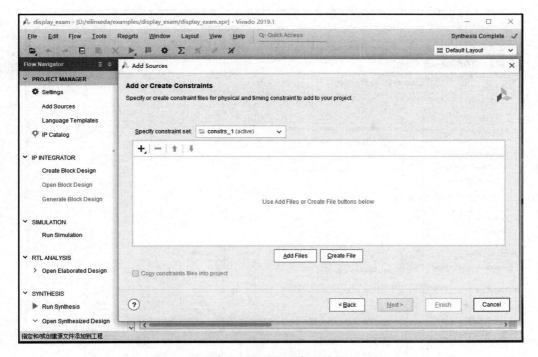

图 6.43　添加或新建约束文件向导界面（3）

（4）弹出如图 6.44 所示界面，在 File type 中选择 XDC 文件类型，在 File Name 框内输入约束文件名称（本例为 display_exam.xdc）。

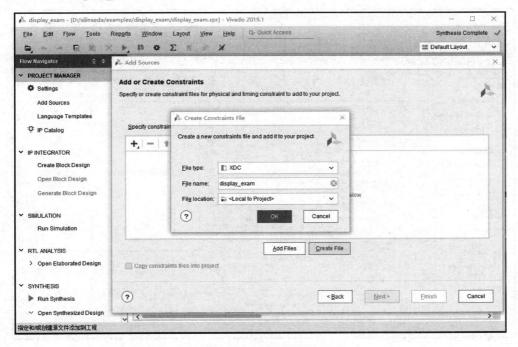

图 6.44　新建约束文件名称界面

（5）单击 OK 按钮，在图 6.45 中显示新建立的约束文件名称。

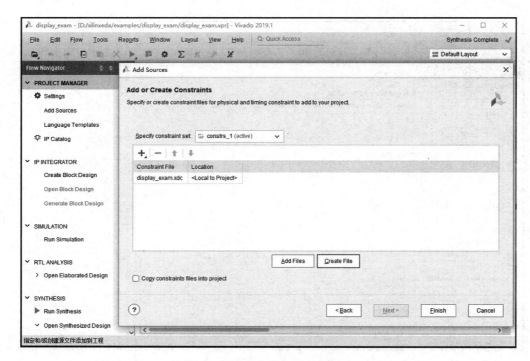

图 6.45　约束文件新建完成界面

（6）单击 Finish 按钮，弹出如图 6.46 所示界面，双击新建的"display_exam.xdc"文件，进入文本编辑界面。

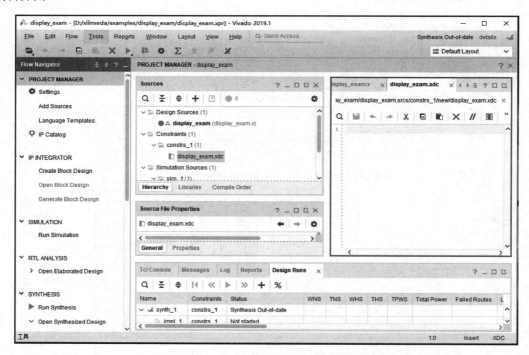

图 6.46　新建约束文件文本编辑界面

（7）在当前的文本编辑界面直接输入相应的引脚约束信息和电平标准，如图 6.47 所示。

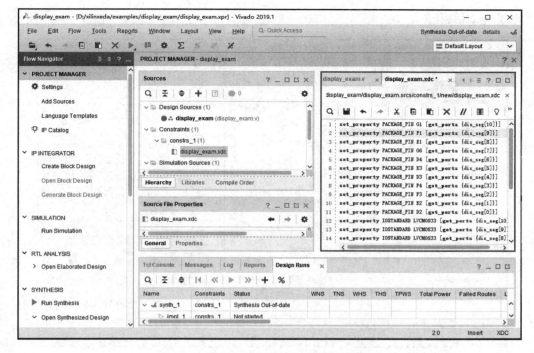

图 6.47　引脚约束信息和电平标准编辑界面

本例约束文件 display_exam.xdc 如下：

```
set_property PACKAGE_PIN G1 [get_ports {dis_seg[10]}]
set_property PACKAGE_PIN F1 [get_ports {dis_seg[9]}]
set_property PACKAGE_PIN E1 [get_ports {dis_seg[8]}]
set_property PACKAGE_PIN G6 [get_ports {dis_seg[7]}]
set_property PACKAGE_PIN D4 [get_ports {dis_seg[6]}]
set_property PACKAGE_PIN E3 [get_ports {dis_seg[5]}]
set_property PACKAGE_PIN D3 [get_ports {dis_seg[4]}]
set_property PACKAGE_PIN F4 [get_ports {dis_seg[3]}]
set_property PACKAGE_PIN F3 [get_ports {dis_seg[2]}]
set_property PACKAGE_PIN E2 [get_ports {dis_seg[1]}]
set_property PACKAGE_PIN D2 [get_ports {dis_seg[0]}]
set_property IOSTANDARD LVCMOS33 [get_ports {dis_seg[10]}]
set_property IOSTANDARD LVCMOS33 [get_ports {dis_seg[9]}]
set_property IOSTANDARD LVCMOS33 [get_ports {dis_seg[8]}]
set_property IOSTANDARD LVCMOS33 [get_ports {dis_seg[7]}]
set_property IOSTANDARD LVCMOS33 [get_ports {dis_seg[6]}]
set_property IOSTANDARD LVCMOS33 [get_ports {dis_seg[5]}]
set_property IOSTANDARD LVCMOS33 [get_ports {dis_seg[4]}]
set_property IOSTANDARD LVCMOS33 [get_ports {dis_seg[3]}]
set_property IOSTANDARD LVCMOS33 [get_ports {dis_seg[2]}]
set_property IOSTANDARD LVCMOS33 [get_ports {dis_seg[1]}]
set_property IOSTANDARD LVCMOS33 [get_ports {dis_seg[0]}]
set_property PACKAGE_PIN P17 [get_ports clk]
set_property IOSTANDARD LVCMOS33 [get_ports clk]
```

（8）直接单击 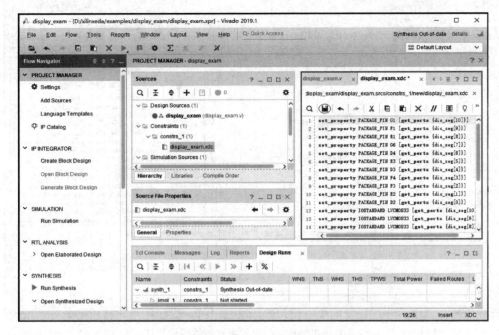 按钮或在主菜单选择 File→Save File，保存引脚约束文件，如图 6.48 所示。

图 6.48　保存引脚约束文件界面

6.3.2　程序下载

（1）完成引脚分配后，在如图 6.49 所示界面中单击 IMPLEMENTATION 下的 Run Implementation，进行工程实现。

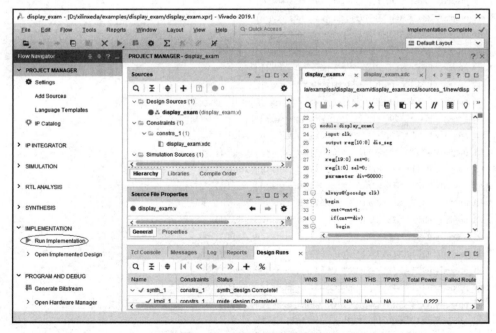

图 6.49　工程实现选项界面

（2）运行完成后，弹出如图 6.50 所示界面，选择 Generate Bitstream，单击 OK 按钮执行编译过程。

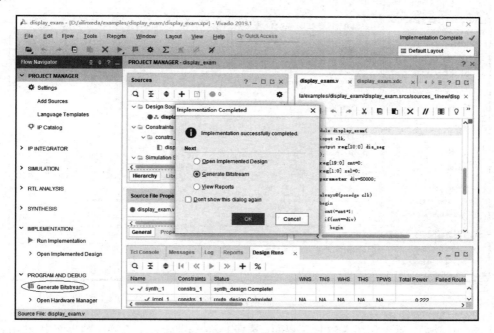

图 6.50　生成编译文件选项界面

（3）运行完成后，弹出如图 6.51 所示界面，选择 Open Hardware Manager，打开硬件管理器（也可选择 PROGRAM AND DEBUG→Open Hardware Manager）。

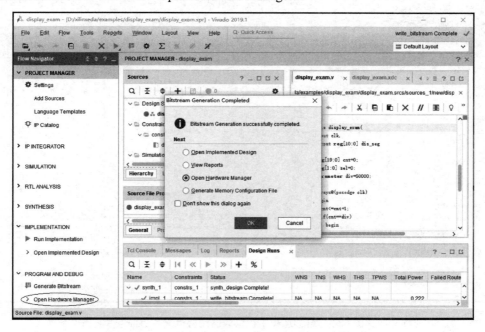

图 6.51　Open Hardware Manager 选项界面

（4）单击 OK 按钮，弹出如图 6.52 所示界面，单击 Open target，选择 Auto Connect 连接到板卡。

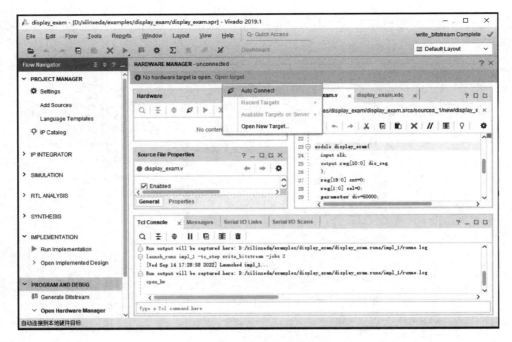

图 6.52　板卡连接选项界面

（5）连接成功后，弹出如图 6.53 所示界面，选择 Program Device，在弹出的界面中 Bitstream File 一栏已经自动加载工程生成的比特流文件。

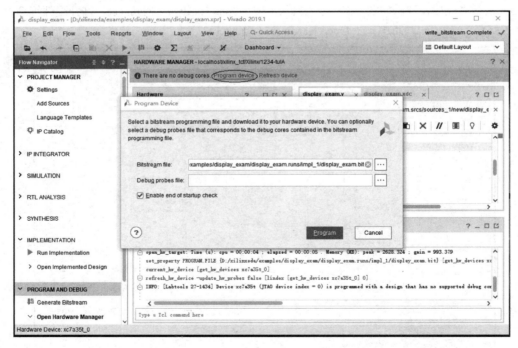

图 6.53　自动加载工程生成的比特流文件界面

（6）单击 Program，将 bit 文件下载到开发板上的 FPGA 中，如图 6.54 所示，完成后即可进行板级验证。

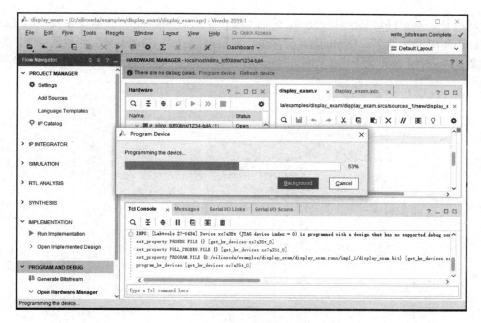

图 6.54　bit 文件下载界面

6.4　存储器 IP 核的生成

存储器按存取方式可分为只读存储器（ROM，Read Only Memory）和随机存储器（RAM，Random Access Memory）两类。虽然存储器在工艺和原理上不相同，但都是单个存储单元的集合体，并且按照顺序排列，其中每一个存储单元由 N 位二进制位构成，表示存放数据的值。这里主要介绍 Vivado 中 ROM 的 IP 使用过程，以存放一个周期正弦信号量化值、容量为 $2^{12} \times 8$ 位的 ROM 为例。

（1）如图 6.55 所示，单击 PROJECT MANAGER 目录下的 IP Catalog。

（2）弹出如图 6.56 所示界面，可在搜索栏键入 rom，查找可供使用的 IP 核。因 Block Memory 为块存储设备，这里需要的是 Distributed Memory Generator。

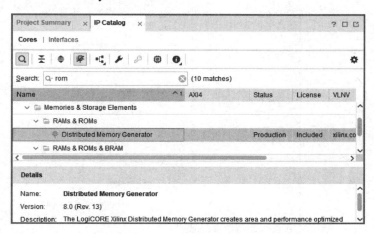

图 6.55　IP Catalog 选项界面　　　　　　　　　　图 6.56　查找可供使用的 IP 核界面

（3）双击 Distributed Memory Generator，弹出如图 6.57 所示界面，进行参数设置。其中，Component Name 为生成的 IP 核模块名；Depth 为存储深度，即数据点数目；DataWidth 为数据位宽，即每个数据点的位数；Memory Type 为 ROM、Single Port RAM、Simple Dual Port RAM，以及 Dual Port RAM。

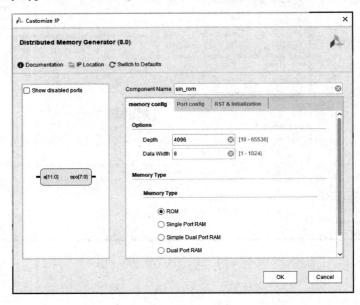

图 6.57　参数设置界面（1）

（4）初始化 ROM。单击 Port config，弹出如图 6.58 所示界面，设置 Input Options 为 Registered，Output Options 为 Registered；单击 RST & Initialization，弹出如图 6.59 所示界面，在 Coefficients File 栏选择.coe 文件，给 ROM 输入初值。

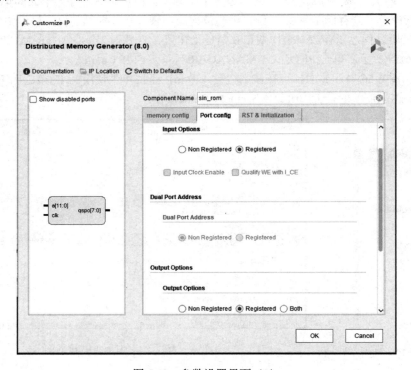

图 6.58　参数设置界面（2）

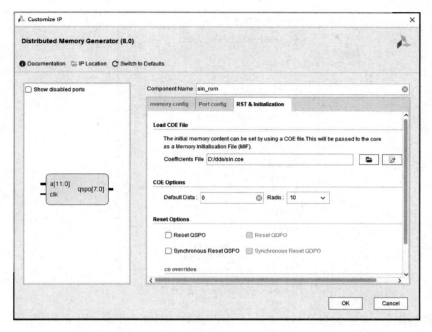

图 6.59　调用预先存放好的.coe 文件界面

其中.coe 文件可利用 MATLAB 等软件预先生成，必须符合一定的格式：第一行定义数据采用什么进制，第二行是初始化的数值向量，第三行开始就是数据了，每个数据用逗号"，"隔开，最后一个数据后可用分号"；"结束。如本例 sin.coe 的格式及部分数据如下：

```
memory_initialization_radix=10;
memory_initialization_vector=
128, 128, 128, 129, 129, 129, 129, 129, 130, 130, 130, 130, 130, 131, 131, 131, 131, 131, 132, 132, 132, 132,
132, 132, 133, 133, 133, 133, 133, 134, 134, 134, 134, 134, 135, 135, 135, 135, 135, 136, 136, 136, 136, 136,
137, 137, 137, 137, 137, 138, 138, 138, 138, 138, 139, 139, 139, 139, 139, 139, 140, 140, 140, 140, 140, 141,
141, 141, 141, 141, 142, 142, 142, 142, 142, 143, 143, 143, 143, 143, 144, 144, 144, 144, 144, 145, 145, 145,
145, 145, 145, 146, 146, 146, 146, 146, 147, 147, 147, 147, 147, 148, 148, 148, 148, 149, 149, 149, 149,
149, 150, 150, 150, 150, 150, 150, 151, 151, 151, 151, 151, 152, 152, 152, 152, 152, 153, 153, 153, 153, 153,
154, 154, 154, 154, 154, 155, 155, 155, 155, 155, 156, 156, 156, 156, 157, 157, 157, 157, 157, 158,
158, 158, 158, 158, 158, 159, 159, 159, 159, 159, 160, 160, 160, 160, 160, 161, 161, 161, 161, 161, 161, 162,
162, 162, 162, 162, 163, 163, 163, 163, 163, 164, 164, 164, 164, 164, 164, 165, 165, 165, 165, 165, 166, 166,
166, 166, 166, 167, 167, 167, 167, 167, 167, 168, 168, 168, 168, 168, 169, 169, 169, 169, 169, 169, 170, 170,
170, 170, 170, 171, 171, 171, 171, 171, 171, 172, 172, 172, 172, 172, 173, 173, 173, 173, 173, 174, 174, 174,
174, 174, 174, 175, 175, 175, 175, 175, 176, 176, 176, 176, 176, 177, 177, 177, 177, 177, 177, 178, 178,
178, 178, 178, 179, 179, 179, 179, 179, 179, 180, 180, 180, 180, 180, 181, 181, 181, 181, 181, 181, 182, 182,
182, 182, 182, 182, 183, 183, 183, 183, 183, 184, 184, 184, 184, 184, 184, 185, 185, 185, 185, 185, 185, 186,
186, 186, 186, 186, 186, 187, 187, 187, 187, 187, 187, 188, 188, 188, 188, 188, 189, 189, 189, 189, 189, 189,
190, 190, 190, 190, 190, 190, 191, 191, 191, 191, 191, 191, 192, 192, 192, 192, 192, 193, 193, 193, 193,
193, 193, 194, 194, 194, 194, 194, 195, 195, 195, 195, 195, 196, 196, 196, 196, 196, 197, 197, 197,
197, 197, 197, 197, 198, 198, 198, 198, 198, 198, 199, 199, 199, 199, 199, 199, 199, 200, 200, 200, 200, 200,
200, 201, 201, 201, 201, 201, 201, 202, 202, 202, 202, 202, 202, 203, 203, 203, 203, 203, 203, 203, 204, 204,
204, 204, 204, 204, 205, 205, 205, 205, 205, 205, 205, 206, 206, 206, 206, 206, 206, 207, 207, 207, 207, 207,
207, 207, 208, 208, 208, 208, 208, 208, 209, 209, 209, 209, 209, 209, 209, 210, 210, 210, 210, 210, 210, 210,
211, 211, 211, 211, 211, 211, 212, 212, 212, 212, 212, 212, 212, 213, 213, 213, 213, 213, 213, 213, 214, 214,
214, 214, 214, 214, 214, 215, 215, 215, 215, 215, 215, 215, 216, 216, 216, 216, 216, 216, 217, 217, 217,
217, 217, 217, 217, 217, 218, 218, 218, 218, 218, 218, 218, 219, 219, 219, 219, 219, 219, 219, 220, 220, 220,
220, 220, 220, 220, 220, 221, 221, 221, 221, 221, 221, 221, 222, 222, 222, 222, 222, 222, 222, 222, 223, 223,
223, 223, 223, 223, 223, 224, 224, 224, 224, 224, 224, 224, 225, 225, 225, 225, 225, 225, 225, 225, 226,
226, 226, 226, 226, 226, 226, 227, 227, 227, 227, 227, 227, 227, 227, 228, 228, 228, 228, 228, 228,
228, 228, 229, 229, 229, 229, 229, 229, 229, 230, 230, 230, 230, 230, 230, 230, 230, 230, 231, 231, 231,
231, 231, 231, 231, 231, 231, 232, 232, 232, 232, 232, 232, 232, 232, 232, 233, 233, 233, 233, 233, 233, 233,
```

（5）单击 OK 按钮，完成 ROM 的参数设置和初始化后，弹出如图 6.60 所示界面，单击 Generate 按钮生成 IP 核。

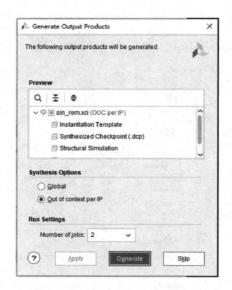

图 6.60　Generate 生成 IP 核界面

至此，就完成了一个容量为 $2^{12} \times 8$ 位的波形存储器（ROM）设计，用于存放一个周期正弦信号量化值。

第 7 章　硬件描述语言

EDA 的关键技术之一是要求用形式化的方法来描述数字逻辑系统的硬件电路，即用硬件描述语言来描述硬件电路的功能。随着大规模专用集成电路（ASIC）的研制和开发，为了提高效率，缩短开发时间，各个 ASIC 研制和生产厂家相继开发了用于各自目的的硬件描述语言。目前应用最为广泛的主要是 VHDL 语言和 Verilog HDL 语言。本章介绍了硬件描述语言的基本组成、基本要素及基本描述语句。

7.1　VHDL 语言的基本组成

一个相对完整的 VHDL 语言程序通常包括：库（Library）、程序包（Package）、实体（Entity）、结构体（Architecture）和配置（Configuration）5 个部分。程序包、实体、结构体和配置是可分别编译的源设计单元。

库：存放已经编译的程序包、实体、结构体和配置，一般由用户生成或 ASIC 芯片制造商提供，以便在设计中共享。

程序包：声明在设计或实体中将要用到的常数、数据类型、元件及子程序等。

实体：用于描述设计系统的外部接口信号。

结构体：用于描述系统内部的结构和行为。

配置：用于从库中选取所需单元来组成系统设计的不同规格的不同版本，使被设计系统的功能发生变化。

以上几部分并不是每一个 VHDL 程序都必须具备的，其中只有一个实体和一个与之对应的结构体是必需的。

下面以一个 8421BCD 计数器的 VHDL 程序为例，说明 VHDL 语言的基本构成。

【例 7.1】　具有异步清零、进位输入/输出功能，模为 10 的 8421BCD 计数器的 VHDL 描述。

```
LIBRARY ieee;                                      --库，程序包调用
USE ieee.std_logic_1164.all;
USE ieee.std_logic_unsigned.all;

ENTITY cntm10 IS                                   --实体
    PORT  ( ci        :in   std_logic;
            nreset    :in   std_logic;
            clk       :in   std_logic;
            co        :out  std_logic;
            qout      :out  std_logic_vector(3 downto 0)   --此处无';'号
          );
END cntm10;
```

```
ARCHITECTURE behave OF cntm10 IS                            --结构体
    SIGNAL count4: std_logic_vector(3 downto 0);
BEGIN
    qout<=count4;
    co<='1' when (count4="1001" and ci='1') else '0';
    PROCESS(clk,nreset)                                     --进程（敏感表）
        BEGIN
          IF(nreset='0') THEN
             count4<="0000";
          ELSIF (clk'EVENT AND clk='1') THEN
            IF (ci='1') then
             IF(count4=9)then
                count4<="0000";
            ELSE
               count4<= count4+1;
            END IF;
          END IF;
        END IF;
    END PROCESS;
END behave;
```

例 7.1 中，"--"后面的语句为注释语句，并不参与编译和综合。下面结合本例分别对库、程序包、实体、结构体和配置进行介绍。

7.1.1 库

在 VHDL 语言中，库的说明总是放在设计单元的最前面。库的书写格式为：

LIBRARY 库名;

这样，在设计单元内的语句就可以使用库中的数据。由此可见，库的好处就在于使设计者可以共享已经编译过的设计结果。在 VHDL 语言中可以存在多个不同的库，但是库和库之间是独立的，不能互相嵌套。

在 VHDL 语言中存在的库大致有 4 种：ieee 库、std 库、work 库以及用户定义库。除 work 库外，其他库在使用前都要先进行说明，第一个语句的书写格式为：

LIBRARY 库名;

说明使用什么库。

另外还需要说明设计人员使用的是库中的哪一个包集合以及包集合中的项目名。因此，第二个语句的书写格式为：

USE 库名.程序包名.项目名;

例如，例 7.1 中：

LIBRARY ieee;
USE   ieee.std_logic_1164.all;
USE   ieee.std_logic_unsigned.all;

库说明语句的作用范围从一个实体说明开始到它所属的构造体、配置为止。当一个源程序中出现两个以上的实体时，库使用说明应在每个实体说明语句前重复书写。例如：

```
LIBRARY ieee;                                LIBRARY ieee;
USE ieee.std_logic_1164.all; } 库使用说明       USE ieee.std_logic_1164.all; } 库使用说明
ENTITY and1 IS                               ENTITY and2 IS
    ⋮                                            ⋮
END and1;                                    END and2;
ARCHTECTURE rt1 of and1 IS                   ARCHTECTURE rt2 of and2 IS
    ⋮                                            ⋮
END rt1;                                     END rt2;
CONFIGURATION s1 of and1 IS                  CONFIGURATION s2 of and2 IS
    ⋮                                            ⋮
END s1;                                      END s2;
```

7.1.2 程序包

程序包说明如同 C 语言中的 INCLUDE 语句，用来罗列 VHDL 语言中所要用到的信号定义、常数定义、数据类型、元件语句、函数定义和过程定义等，是一个可编译的设计单元，也是库结构中的一个层次。使用程序包时，可以用 USE 语句说明。例如：

    USE   ieee.std_logic_1164.all;

该语句表示在 VHDL 程序中要使用名为 std_logic_1164 的程序包中所有定义或说明项。

一个程序包由包头（Header）和包体（Package Body）两大部分组成，其中包体是一个可选项，也就是说，程序包可以只由包头构成。一般包头列出所有项的名称，而在包体具体给出各项的细节。其结构如下：

```
PACKAGE 程序包名 IS ⌉                         PACKAGE BODY 程序包名 IS ⌉
  [说明语句];          } 包头                    [说明语句];               } 包体
END 程序包名;       ⌋                         END BODY;             ⌋
```

下面给出一个具体程序包的例子：

```
--包头说明
PACKAGE example IS
    TYPE   alu_op   IS (add, sub, mul, div, eq, gt, lt);
    CONSTANT pi: REAL: =3.1415926;
              delay1: TIME;
    COMPONENT nand2
       PORT(a, b: IN   BIT;
            c: OUT   BIT);
    END COMPONENT;
    FUNCTION mean (a, b, c: REAL) RETURN   REAL;
END example;
--包体说明
PACKAGE BODY example IS
    CONSTANT delay1: TIME: =15ns;
--函数的子程序体
    FUNCTION mean (a, b, c: REAL) RETURN   REAL   IS;
    BEGIN
       RETURN   (a+b+c)/3.0;
    END mean;
END example;
```

7.1.3 实体

实体类似于原理图中的一个部件符号，它并不描述电路设计的具体功能，只是定义了设计所需的全部输入/输出信号。实体是 VHDL 设计中最基本的组成部分之一，VHDL 表达的所有设计均与实体有关。

任何一个基本设计单元的实体说明都具有如下结构：

```
ENTITY  实体名  IS
    PORT ( 端口名 {,端口名}：端口模式   端口类型;
                ⋮
            端口名 {,端口名}：端口模式   端口类型
            );
    END 实体名;
```

一个基本设计单元的实体说明以"ENTITY 实体名 IS"开始到"END 实体名"结束。例 7.1 中模为 10 的 8421BCD 计数器的实体部分如下：

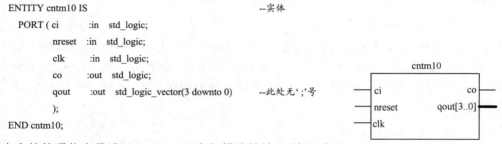

```
ENTITY cntm10 IS                                    --实体
    PORT ( ci       :in    std_logic;
            nreset  :in    std_logic;
            clk     :in    std_logic;
            co      :out   std_logic;
            qout    :out   std_logic_vector(3 downto 0)    --此处无';'号
            );
    END cntm10;
```

图 7.1   cntm10 原理图符号

该例中实体的通信点是端口（PORT），它与模块的输入/输出或器件的引脚相关联，其实体对应的 cntm10 原理图符号如图 7.1 所示。

下面对实体端口进行说明。

● 端口名：每个端口所定义的信号名在实体中必须是唯一的。端口名应是合法的标识符。
● 端口模式：决定信号的流向。有以下几种类型：

in	信号进入实体但并不输出；
out	信号离开实体，且不能用于设计实体的内部反馈；
inout	信号是双向的（既可以进入实体，也可以离开实体）；
buffer	信号输出到实体外部，但同时也在实体内部反馈；
linkage	不指定方向，无论哪个方向均可连接。

● 端口类型：决定端口所采用的数据类型。有以下几种类型：

integer	可用作循环的指针或常数，通常不用于 I/O 信号；
bit	可取"0"或"1"值；
std_logic	工业标准的逻辑类型，取值为"0"，"1"，"X"和"Z"；
std_logic_vector	std_logic 的组合，工业标准的逻辑类型。

7.1.4 结构体

实体只定义了设计的输入/输出，结构体则具体指明了设计单元的行为、元件及内部的连接关系，即定义了设计单元具体的功能。结构体对其基本设计单元的输入/输出关系可以用 3 种方式进行描述：行为描述（基本设计单元的数学模型描述）、寄存器传输描述（数据流描述）和结构描述（逻辑元件

连接描述）。不同的描述方式，只体现在描述语句上，而结构体的结构是完全一样的。一个实体可以有多个结构体，每个结构体分别代表该实体功能的不同实现方案。

由于结构体是对实体功能的具体描述，因此它一定要跟在实体的后面，通常先编译实体后才能对结构体进行编译。结构体的一般书写格式如下：

```
ARCHITECTURE 结构体名 OF  实体名 IS
--结构体声明区域
--声明结构体所用的内部信号及数据类型
--如果使用元件例化，则在此声明所用的元件
BEGIN     --以下开始结构体用于描述设计的功能
--concurrent signal assignments  并行语句信号赋值
--processes  进程（顺序语句描述设计）
--component instantiations  元件例化
END 结构体名;
```

一个结构体从"ARCHITECTURE 结构体名 OF 实体名 IS"开始，至"END 结构体名"结束。结构体名是对本结构体的命名，它是该结构体的唯一名称，OF 后面紧跟的实体名表明了该结构体所对应的是哪一个实体，用 IS 来结束结构体的命名。结构体的名称可以任意，但当一个实体具有多个结构体时，取名不可重复。

例 7.1 中模为 10 的 8421BCD 计数器的结构体部分如下：

```
ARCHITECTURE behave OF cntm10 IS              --结构体
SIGNAL count4: std_logic_vector(3 downto 0);   --内部信号定义
BEGIN
  qout<=count4;                               --并行赋值语句
  co<='1' when (count4="1001" and ci='1') else '0';
  PROCESS(clk,nreset)                         --进程（敏感表）
    BEGIN
      IF(nreset='0') THEN                     --顺序语句
        count4<="0000";
      ELSIF (clk'EVENT AND clk='1') THEN
        IF (ci='1') then
        IF(count4=9)then
          count4<="0000";
        ELSE
          count4<= count4+1;
        END IF;
       END IF;
      END IF;
    END PROCESS;
END behave;
```

在结构体中，其子结构描述运用了 PROCESS 进程语句。从该例中可以看出，PROCESS 进程语句描述电路结构的一般书写格式如下：

```
[进程名]:  PROCESS ( 信号名 1, 信号名 2, ...)
BEGIN
   顺序说明语句;
END PROCESS;
```

进程名是对进程的命名，并不是必需的。PROCESS 语句从 PROCESS 开始至 END PROCESS 结束。执行 PROCESS 语句时，通常在 PROCESS 后面括号中列出若干个进程敏感信号，如例 7.1 中 clk 和 nreset 就被列为敏感信号。改变这些敏感信号中的任何一个，进程中由顺序语句定义的行为就会重新执行一遍。对于结构体中的子结构描述，VHDL 语言中还可以用 BLOCK 结构语句和 SUBPROGRAMS 结构语句。

在规模较大的电路设计中，全部电路都用唯一的一个模块来描述是不方便的，设计人员总是希望将整个电路分成若干个相对独立的模块来进行描述。一个结构体可以用几个子结构，即可以用几个相对独立的子模块来构成，满足了设计者的需求。

7.1.5 配置

配置语句主要用于描述层与层之间的连接关系，以及实体与结构之间的连接关系。在复杂的 VHDL 语言设计中，设计人员可利用配置语句实现不同结构体的选择，使其与要设计的实体相对应，或者为例化的各元件实体配置指定的结构体。

配置语句的一般书写格式为：

```
CONFIGURATION 配置名 OF 实体名 IS
    语句说明;
END 配置名;
```

7.2　VHDL 语言的基本要素

VHDL 语言的基本要素是编程语句的基本单元，理解和掌握 VHDL 语言的基本用法，对完成 VHDL 程序设计具有十分重要的意义。本节简要介绍 VHDL 语言的标识符、数据对象以及运算操作符等基本要素。

7.2.1 标识符

标识符（Identifiers）是 VHDL 语言中最常用的操作符，它可以是常数、变量、信号、端口、子程序或者参数的名字，由英文字母"A"到"Z"、"a"到"z"、数字"0"到"9"以及下画线"_"组成。它使用时要遵守以下规则：

（1）标识符一定要以字母开头；

（2）下画线前后都必须有英文字母或数字，即下画线不能连用，也不能放在结尾；

（3）综合仿真时，短标识符不区分大小写；

（4）标识符不能用 VHDL 语言的常用保留字。

如 decode_4、counter_a、Idel 等是有效标识符，counter_、LIBRARY 等则是非法标识符。

7.2.2 数据对象

在逻辑综合中，VHDL 语言常用的数据对象为信号（SIGNAL）、常数（CONSTANT）及变量（VARIABLE）。

（1）信号

信号是一个全局量，用于声明内部信号，是电子线路内部硬件实体相互连接的抽象表示。通常在实体、构造体和程序包说明中使用。

信号描述的一般书写格式：

> SIGNAL　信号名: 数据类型:= 初始值;

例如：

> SIGNAL　count:std_logic_vector(7 DOWNTO 0):= "00000000";

在程序中，":="用于给信号直接赋值，如给信号赋初始值。而信号值的代入须采用"<="代入符，表示代入赋值。

例如：

> qcnt<=count;

（2）常数

常数是设计过程中保持某一规定类型的固定值，其值在运行中不变。如果要改变设计中某个位置的值，只需改变该位置的常数值，然后重新编译即可。通常常数赋值在程序开始前进行，该值的数据类型则在说明语句中指明。

常数说明的一般书写格式：

> CONSTANT　常数名: 数据类型:= 表达式;

例如，16 位寄存器宽度指定：

> CONSTANT width: integer: =16;

（3）变量

变量只能在进程语句、函数语句和过程语句中使用，它是一个局部量。在仿真过程中它不像信号那样，到了规定的仿真时间才进行赋值，变量的赋值是立即生效的。

变量说明的一般书写格式：

> VARIABLE　变量名: 数据类型:= 初始值;

例如：

> VARIABLE temp: integer:= 0;

变量赋值的一般书写格式：

> 目标变量名:= 表达式;

变量赋值符号是":="，变量数值的改变是通过变量赋值语句来实现的。

7.2.3　VHDL 语言运算符

VHDL 语言中有 4 类运算符，可分别进行逻辑运算（Logical）、关系运算（Relational）、算术运算（Arithmetic）和并置运算（Concatenation）。

（1）逻辑运算符

在 VHDL 语言中逻辑运算符共有 7 种：

NOT	取反	NOR	或非
AND	与	XOR	异或
OR	或	XNOR	同或
NAND	与非		

这 7 种逻辑运算符可以对"STD_LOGIC"和"BIT"等逻辑型数据、"STD_LOGIC_VECTOR"

逻辑型数组及布尔型数据进行逻辑运算。需要说明的是，逻辑运算符的左边和右边，以及代入信号的数据类型必须是相同的。

（2）关系运算符

在 VHDL 语言中关系运算符共有 6 种：

=	等于	>	大于
/=	不等于	<=	小于等于
<	小于	>=	大于等于

其中"="和"/="适用于所有类型的数据，其他关系运算符则适用于整数（INTEGER）、实数（REAL）、位（STD_LOGIC）等枚举类型，以及位矢量（STD_LOGIC_VECTOR）等数组类型的关系运算。另外在关系运算符中小于等于符"<="和代入符"<="是相同的，在读 VHDL 语言的语句时，应按照上下文关系来判断此符号到底是关系符还是代入符。需要说明的是，在进行关系运算时，原则上关系运算符左右两边的操作数的数据类型必须相同。

（3）算术运算符

在 VHDL 语言中算术运算符共有 10 种：

+	加	/	除
–	减	MOD	求模
+	正（一元运算）	REM	取余
–	负（一元运算）	**	指数
*	乘	ABS	取绝对值

在算术运算中，一元运算的操作数（正、负）可以为任何数值类型，即可以是整数、实数及物理量。加法和减法的操作数也和上面一样，具有相同的数据类型，且参加加、减运算的操作数类型也必须要求相同。乘、除法的操作数可以同为整数和实数。物理量可以被整数或实数相乘或相除，其结果仍为一个物理量，物理量除以同一类型的物理量即可得到一个整数量。求模和取余的操作数必须是同一整数类型数据。一个指数运算符的左操作数可以是任意整数或实数，而右操作数应为一个整数。

（4）并置运算符

    &   并置符

并置运算符用于将多个对象或矢量连接成维数更大的矢量。

以上分别介绍了 VHDL 语言中的 4 类运算符，这些运算符是有优先级的，例如逻辑运算符 NOT，在所有的运算符中优先级最高。

7.2.4　属性描述与定义

VHDL 语言具有属性预定义功能，这些功能有许多重要的应用，如检出时钟边沿、完成定时检查、获得未约束的数据类型的范围等。通过预定义属性描述语句，可以得到客体的有关值、功能、类型及范围。属性类型有函数类属性、范围类属性、数值类属性、信号类属性等。本节仅介绍函数类属性。

函数类属性是指属性以函数的形式，让设计者得到有关数据类型、数组、信号的某些信息。函数类属性有 3 种：信号属性函数、数据类型属性函数、数组属性函数。这里主要说明信号属性函数。

信号属性函数主要用于得到信号的行为信息。信号属性函数共有 5 种：

（1）s'EVENT：表示如果在当前一个相当小的时间间隔内事件发生了，则函数将返回一个为"真"的布尔量；否则返回"假"。

例如，时钟边沿表示若有如下定义：

```
signal clk : in std_logic;
```

则 clk'EVENT AND clk='1'或 clk='1' AND clk'EVENT 均可表示时钟的上升沿。即时钟变化了，且其值为 1（从 0 变化到 1），因此表示上升沿。

clk'EVENT AND clk='0'或 clk='0' AND clk'EVENT 均可表示时钟的下降沿。即时钟变化了，且其值为 0（从 1 变化到 0），因此表示下降沿。

（2）s'ACTIVE：表示如果在当前一个相当小的时间间隔内，信号发生了改变，则函数将返回一个为"真"的布尔量；否则返回"假"。

（3）s'LAST_EVENT：该属性函数将返回一个时间值，即从信号前一个事件发生到现在所经过的时间。

（4）s'LAST_VALUE：该属性函数将返回一个值，即该值是信号最后一次改变以前的值。

（5）s'LAST_ACTIVE：该属性函数将返回一个时间值，即从信号前一次改变到现在的时间。

7.3 VHDL 语言基本描述语句

顺序（Sequential）语句和并行（Concurrent）语句是 VHDL 语言设计中的两类基本描述语句，这些语句可以从多侧面完整地描述数字逻辑系统的硬件结构和基本逻辑功能。

顺序语句：顺序的含义是指按照进程或子程序执行每一条语句，且在结构层次中，前面语句的执行结果可能会直接影响后面的结果。顺序语句总是处于进程和子程序的内部，并且从仿真的角度来看是顺序执行的。

并行语句：并行语句总是处于进程的外部，各种并行语句都是在结构体中同步执行的，与它们出现的先后次序无关。

7.3.1 顺序语句

VHDL 语言有 6 类基本顺序语句：赋值语句、流程控制语句、等待语句、子程序调用语句、返回语句和空操作语句。常用的顺序语句可以用 IF 语句、CASE 语句、LOOP 语句、NEXT 语句、NULL 语句等描述，这里仅介绍 IF 语句和 CASE 语句。

1. IF 语句

IF 语句根据指定的条件来确定语句执行的顺序，其书写格式通常有 3 种类型。

（1）IF 语句的门闩控制类型

用于门闩控制的 IF 语句的一般书写格式为：

```
IF 条件  THEN
    顺序处理语句;
END IF;
```

当程序执行到该 IF 语句时，判断条件是否成立，若成立，则 IF 语句所包含的顺序处理语句将被执行；若不成立，程序将会跳过 IF 语句所包含的顺序处理语句。

（2）IF 语句的二选一控制类型

用于二选一控制的 IF 语句的一般书写格式为：

```
IF 条件  THEN
    顺序处理语句;
ELSE
```

```
        顺序处理语句;
    END IF;
```

例如:

```
    IF （a='1'）  THEN
        y<='0';
    ELSE
        y<='1';
    END IF;
```

在这种格式中，当 IF 语句所指定的条件满足时将执行 THEN 和 ELSE 之间的顺序处理语句，条件不满足时将执行 ELSE 和 END IF 之间的顺序处理语句。

（3）IF 语句的多选择控制类型

IF 语句的多选择控制，又称 IF 语句的嵌套，其一般书写格式为:

```
    IF  条件  THEN
        顺序处理语句;
    ELSIF  条件  THEN
        顺序处理语句;
            ⋮
    ELSIF  条件  THEN
        顺序处理语句;
            ⋮
    ELSE
        顺序处理语句;
    END IF;
```

例如:

```
    ARCHITECTURE rtl OF mux4 IS
    BEGIN
        PROCESS(sel,d0, d1,d2,d3)
          BEGIN
          IF sel ="00" THEN
              y <=d0;
          ELSIF sel ="01" THEN
              y <=d1;
          ELSIF sel ="10" THEN
              y <=d2;
          ELSE
              y<=d3;
          END IF;
        END PROCESS;
    END rtl;
```

在多选择控制的 IF 语句中，当满足所设置的多个条件之一时，就执行该条件后面的顺序处理语句；当所有设置的条件都不满足时，则执行 ELSE 和 END IF 之间的顺序处理语句。

2. CASE 语句

CASE 语句常用于描述总线、编码和译码行为，从含有许多不同语句的序列中选择其中之一执行。前面介绍的 IF 语句虽然也有类似的功能，但 CASE 语句可读性好，非常简洁。

CASE 语句的一般书写格式为：

```
CASE 条件表达式 IS
    WHEN 条件表达式的值=>顺序处理语句;
END CASE;
```

例如：

```
ARCHITECTURE rtl OF mux4 IS
BEGIN
    PROCESS(sel,d0,d1,d2,d3)
      BEGIN
       CASE sel IS
          WHEN "00" => y<=d0;
          WHEN "01" => y<=d1;
          WHEN "10" => y<=d2;
          WHEN others => y<=d3;
       END CASE;
     END PROCESS;
END rtl;
```

CASE 语句中，当条件表达式的值满足指定的值时，程序将执行紧随其后由符号"=>"所指的顺序处理语句。

7.3.2 并行语句

并行语句之间是并行的关系，每个并行语句表示一个功能单元。各个并行语句在结构体中是同步执行的，与语句所在的顺序无关。在 VHDL 语言中，能够进行并行处理的语句有布尔方程、条件赋值语句、例化语句等。

1. 布尔方程

例如，四选一的数据选择器的库声明、程序包声明及实体定义如下：

```
library ieee;
use ieee.std_logic_1164.all;
ENTITY mux4 IS
    PORT ( d0,d1,d2,d3    :   in    std_logic;
            sel            :   in    std_logic_vector(1 downto 0);
            y              :   out   std_logic );
END mux4;
```

对于四选一的数据选择器，其输出表达式可以表示为：

$$y=\overline{sel(1)}\ \overline{sel(0)}\ d0+\overline{sel(1)}\ sel(0)\ d1+sel(1)\ \overline{sel(0)}\ d2+sel(1)\ sel(0)\ d3$$

$$=\left(\overline{sel(0)}\ d0+sel(0)\ d1\right)\overline{sel(1)}+\left(\overline{sel(0)}\ d2+sel(0)\ d3\right)sel(1)$$

因此用布尔方程实现的结构体如下：

```
ARCHITECTURE rtl OF mux4 IS
    BEGIN
       y <=(((d0 and not (sel (0))) or (d1 and sel (0))) and not (sel (1))) or (((d2 and not (sel (0))) or (d3 and sel (0))) and sel (1));
```

```
END rtl;
```

2. 条件赋值语句

（1）WITH-SELECT-WHEN 语句

WITH-SELECT-WHEN 语句的一般书写格式为：

```
WITH  选择表达式  SELECT
    赋值目标信号<=  表达式  WHEN  选择值,
                表达式  WHEN  选择值,
                        ⋮
                表达式  WHEN  选择值;
```

以四选一的数据选择器为例：

```
ARCHITECTURE rtl OF mux4 IS
    BEGIN
        WITH sel SELECT
            y<= d0 when "00",
                d1 when "01",
                d2 when "10",
                d3 when others;
    END rtl;
```

说明：WITH-SELECT-WHEN 语句必须指明所有互斥条件。本例中，"sel"的类型是"std_logic_vector"，其所有取值的组合除了 00，01，10，11，还有 0x，0z，⋯⋯虽然这些取值组合在实际电路中不出现，但也应列出。为避免麻烦可以用"others"代替其他各种组合。

（2）WHEN-ELSE 语句

WHEN-ELSE 语句的一般书写格式为：

```
赋值目标信号<=  表达式  WHEN  赋值条件  ELSE
            表达式  WHEN  赋值条件  ELSE
                        ⋮
            表达式;
```

以四选一的数据选择器为例：

```
ARCHITECTURE rtl OF mux4 IS
    BEGIN
        y<= d0 WHEN sel="00" ELSE
            d1 WHEN sel ="01" ELSE
            d2 WHEN sel ="10" ELSE
            d3;
    END rtl;
```

说明：WHEN-ELSE 语句和 WITH-SELECT-WHEN 语句同为条件赋值语句，但无须列出所有的输入情况。

3. 元件及元件例化

对整个系统自顶向下逐级分层细化的描述离不开元件例化，设计人员常把已经设计好的实体称为一个元件或一个模块，而元件例化就是调用已经设计好的元件。

元件声明是对 VHDL 模块的说明，使之可在其他模块中被调用，元件声明可放在程序包中，也可以在某个设计的结构体中声明。

元件声明书写格式：

```
COMPONENT 元件实体名
    PORT （元件端口信息）;          --与所要调用元件定义的实体的 PORT 部分相同
END COMPONENT;
```

元件例化书写格式：

```
例化名: 元件实体名  PORT MAP（端口列表）;
```

例如，在一个名为 cntdec 的电路设计中调用一个模为 10 的计数器 cntm10 和一个七段译码器 decode47，则该调用过程即元件例化的 VHDL 描述如下：

```
Library ieee;
use ieee.std_logic_1164.all;
ENTITY cntdec IS                              -- cntdec 为所要设计的电路名
    PORT ( rd,ci,clk :in    std_logic;
          co          :out    std_logic;
          qout        :out    std_logic_vector(6 downto 0));
END cntdec;
ARCHITECTURE arch OF cntdec IS
--元件声明（库中已经有设计好的 cntm10 和 decode47 元件）
COMPONENT cntm10
    PORT (ci,nreset,clk    :  in    std_logic;
          co              :  out std_logic;
          qcnt            :  buffer    std_logic_vector(3 downto 0));
END COMPONENT;
COMPONENT   decode47
    PORT (adr              :  in    std_logic_vector(3 downto 0);
          decodeout        :  out std_logic_vector(6 downto 0));
END COMPONENT;
SIGNAL qa :  std_logic_vector(3   downto 0);          --作为中间量
BEGIN
  u1 : cntm10     PORT MAP (ci,rd,clk,co,qa);
  u2 :decode47   PORT MAP (decodeout=>qout,adr=>qa);
END arch;
```

元件例化时的端口列表可按位置关联方法，如 u1，这种方法要求实参（该设计中连接到端口的实际信号，如 ci, rd 等）所映射的形参（元件的对外接口信号）位置同元件声明中一样；元件例化时的端口列表也可按名称关联方法映射实参和形参，如 u2，格式为（形参 1=>实参 1，形参 2=>实参 2，……），这种映射方式与位置无关。上例描述的电路如图 7.2 所示。

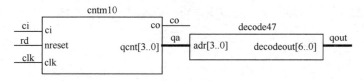

图 7.2   由 cntm10 和 decode47 构成的电路

7.4 Verilog HDL 语言的基本组成

Verilog HDL 程序由模块（module）组成，一个完整的模块包括模块声明、输入/输出端口说明、信号类型声明和功能描述。模块的内容都嵌在 module 和 endmodule 两个关键字之间。

例如，定义一个 2 选 1 数据选择器模块，s 为地址码输入信号，a、b 为数据输入，y 为数据输出，则其输出表达式为：$y = \overline{s}a + sb$ 。

例 7.2 是基于 IEEE Std 1364-1995 标准编写的 Verilog HDL 程序。

【例 7.2】 2 选 1 数据选择器的 Verilog HDL 描述。

```
module mux2_1(s,a,b, y);
    input    s;
    input    a,b;
    output    y;
    wire    s;
    wire    a,b;
    wire    y;
    assign    y=~s&a | s&b;
endmodule
```

例 7.3 是基于 IEEE Std 1364-2001 标准编写的 Verilog HDL 程序。

【例 7.3】 2 选 1 数据选择器的 Verilog HDL 描述。

```
module mux2_1(s,a,b, y);
    input wire    s;
    input wire    a,b;
    output wire    y;
    assign y=~s&a | s&b;
endmodule
```

例 7.4 是基于 IEEE Std 1364-2001 标准编写的、输入/输出声明为 ANSI C 风格的 Verilog HDL 程序。

【例 7.4】 2 选 1 数据选择器的 Verilog HDL 描述。

```
module mux2_1(
    input wire    s,
    input wire    a,b,
    output wire    y
    );
    assign y=~s&a | s&b;
endmodule
```

下面结合例 7.2、例 7.3 和例 7.4，对模块声明、输入/输出端口声明、信号类型声明和功能描述分别予以介绍。

1. 模块声明

模块声明包括模块名和模块端口列表，书写格式如下：

module 模块名（端口 1, 端口 2, …, 端口 n）；

例如：

> module mux2_1(s,a,b, y);

每个模块必须有一个模块名，用于唯一标识该模块。模块结束的标志为 endmodule，在 Verilog HDL 中，不允许在模块声明中嵌套模块。

2．输入/输出端口声明

输入/输出端口声明用来定义各端口信号流动方向，主要包括输入（input）、输出（output）和双向（inout）。

（1）输入端口声明

① 信号位宽为 1 位，书写格式为：

> input　端口 1, 端口 2, …, 端口 n;

例如：

> input　a,b;

② 信号位宽为多位时，书写格式为：

> input　[MSB:LSB]　端口 1, 端口 2, …, 端口 n;

MSB 和 LSB 分别表示最高位和最低位的序号。例如

> input　[3:0]　a,b;

（2）输出端口声明

① 信号位宽为 1 位，书写格式为：

> output　端口 1, 端口 2, …, 端口 n;

例如：

> output　y;

② 信号位宽为多位时，书写格式为：

> output　[MSB:LSB]　端口 1, 端口 2, …, 端口 n;

MSB 和 LSB 分别表示最高位和最低位的序号。例如

> output　[3:0]　y;

（3）双向端口声明

① 信号位宽为 1 位，书写格式为：

> inout　端口 1, 端口 2, …, 端口 n;

例如：

> inout　c,d;

② 信号位宽为多位时，书写格式为：

> inout　[MSB:LSB]　端口 1, 端口 2, …, 端口 n;

MSB 和 LSB 分别表示最高位和最低位的序号。例如

```
inout    [3:0]    c,d;
```

3. 信号类型声明

信号类型声明用来定义所用信号（包括端口、内部信号等）的数据类型。例如，每个端口除了声明是输入、输出或双向端口，还要声明其数据类型。常用的信号类型有线网型（wire）、寄存器型（reg）、整数型（integer）等，其中输入和双向端口信号不能声明为 reg 型。

例如：

```
wire    a,b;
reg [3:0]    y;
```

如果端口没有信号类型声明，则默认为 wire 型。wire 型数据常用来表示以 assign 关键字指定的逻辑信号；而在 always 块内被赋值的每一个信号都须定义为 reg 型，即赋值操作符的有效变量必须为 reg 型。

在 Verilog HDL 的 2001 版本或以上版本中，允许将输入/输出端口声明和信号类型声明放在一条语句中，如例 7.3 和例 7.4。

4. 功能描述

功能描述用来定义所设计模块的逻辑功能，是 Verilog HDL 程序的核心部分。定义逻辑功能常用的方法有数据流描述、结构描述、行为描述等，可以用 assign 语句、模块例化、always 块语句等描述。

（1）数据流描述

数据流描述是根据信号之间的逻辑关系，采用持续赋值语句描述逻辑电路的方式。其主要使用 assign 语句，基本书写格式为：

```
assign    #延时 变量名=表达式;
```

如果缺省延时量，则延时量默认为 0。

例如，一个 2 选 1 数据选择器，若 s=0，将 a 的值送到输出端口 y；若 s=1，将 b 的值送到输出端口 y。故输出表达式为 $y = \bar{s}a + sb$，用 assign 语句可表示为：

```
assign y=~s&a | s&b;
```

（2）结构描述

结构描述是通过调用已有的电路单元或模块作为逻辑元件来连接建模的，这些单元或模块主要包括门原语、用户自定义原语和模块（module）等。

这里主要介绍模块例化的方法，有两种：

① 按端口顺序连接，即例化端口列表顺序必须和模块定义时的端口顺序一致。

```
模块名    例化名 (例化端口 1, 例化端口 2, …, 例化端口 n);
```

② 按端口名称连接，即模块端口和相应的例化端口按名字连接，可以不按声明时的顺序。

```
模块名    例化名 (.模块端口 1(例化端口 1), .模块端口 2(例化端口 2), …, .模块端口 n(例化端口 n));
```

例如，2 选 1 数据选择器模块声明为：

```
module mux2_1(s,a,b, y);
```

则调用该模块时可以写成：

```
              mux2_1   u0(sel,in1,in2,out);
或者          mux2_1   u0(.s(sel), .a(in1), .b(in2), .y(out));
```

（3）行为描述

行为描述是对电路行为进行描述，而不关心电路的内部结构，注重电路实现的算法。一般用 initial 块语句或 always 块语句描述行为建模方式。

这里主要介绍 always 块语句，仍以实现 2 选 1 数据选择器为例说明。2 选 1 数据选择器电路行为表现为：如果 s=0，则 y=a；如果 s=1，则 y=b。

【例 7.5】 2 选 1 数据选择器的 Verilog HDL 行为描述。

```
module mux2_1(s,a,b,y);
    input   s;
    input   a,b;
    output reg   y;
    always @(s,a,b)
      if(s==0)
        y=a;
      else
        y=b;
endmodule
```

其中 always 块的开始语句书写格式为：

```
always @(敏感事件列表)
```

对于 IEEE Std 1364-1995 标准，always 块的开始语句书写格式为：

```
always @(s or a or b)
```

而基于 IEEE Std 1364-2001 标准，always 块的开始语句书写格式则同例 7.5 中的表示：

```
always @(s,a,b)
```

为避免丢失敏感事件列表中部分信号，例 7.5 中 always 块的开始语句书写格式还可以简写成如下形式：

```
always @(*)
```

需要注意的是：

① 在 always 块中生成的输出必须被声明为 reg 信号类型，而不是 wire 信号型；

② 敏感事件可以是电平触发，也可以是边沿触发。如果是电平信号，则直接列出信号名，如例 7.5 中所示；如果是边沿信号，那么上升沿触发的信号前加关键字 posedge，下降沿触发的信号前加关键字 negedge。

7.5 Verilog HDL 语言的基本要素

7.5.1 词法约定

Verilog HDL 程序中含有关键字、标识符、注释等，这些基本词法约定和 C 语言类似。

1. 关键字

Verilog HDL 定义了一系列关键字，有其特定的语法作用，用户不能随便使用。如例 7.5 中的 module、input、wire、output、reg、always、if、else、endmodule 都是关键字。IEEE Std 1364-2001 Verilog 中共有 123 个关键字。

关键字必须使用小写字母，例如，module 是关键字，而 MODULE 则不是关键字。

2. 标识符

Verilog HDL 中的标识符可以由任意一组字母、数字、下画线 "_" 以及符号 "$" 组成，但标识符的第一个字符必须是字母或下画线 "_"。

标识符是用户定义模块名、端口名、信号名等所用的各种名称，如例 7.5 中的 mux2_1、s、a、b、y 等。

标识符区分大小写，如 mux2_1、Mux2_1、MUX2_1 为不同的标识符。

3. 注释

Verilog HDL 中的注释是为了便于程序的可读性和文档管理。注释主要有两种形式。
① 单行注释：以 "//" 开始到本行结束，注释的内容只能写在一行中。
② 多行注释：以 "/*" 开始，到 "*/" 结束，注释的内容可以跨越多行。

7.5.2　数据类型

数据类型用来表示数字电路中的数据存储与传输的要素，Verilog HDL 提供了丰富的数据类型。

1. 常量

常量是指在程序运行过程中其值不能被改变的量。Verilog HDL 有三类常量：整型、实型和字符串型。

Verilog HDL 有四种基本取值：

0：表示逻辑 0 或 "假"；

1：表示逻辑 1 或 "真"；

x：表示未知或不确定；

z：表示高阻。

其中，x 和 z 不区分大小写。Verilog HDL 中的常量是由上述四种基本取值组成的。

（1）整型常量

Verilog HDL 中整型常量的表示形式：

① <位宽>'<进制><数值>

位宽：定义数值所对应的二进制数位宽；

进制：规定数值的进制，可以是 b 或 B（二进制）、o 或 O（八进制）、d 或 D（十进制）、h 或 H（十六进制）；

数值：相应进制格式下的一串数字。

例如：

```
11'b10110011000        //二进制数，位宽为 11
4'b11x0               //二进制数，位宽为 4，从低位数起第 2 位为不定值
4'b110Z               //二进制数，位宽为 4，从低位数起第 1 位为高阻
```

6'O57	//八进制数，位宽为 6
6'd38	//十进制数，位宽为 6
8'he3	//十六进制数，位宽为 8

对于负数，可以在<位宽>前加一个负号"–"来表示，如-8'd59。

② '<进制><数值>

不指定位宽时，默认位宽由具体的机器系统决定，但至少 32 位。

例如：

'O57	//默认位宽的八进制数
'd38	//默认位宽的十进制数

③ <数值>

既无位宽，也无进制，则默认为十进制数。

例如：

23	//十进制数 23
–15	//十进制数-15

（2）实型常量

实型常量可以用以下两种格式表示。

① 十进制格式，由数字和小数点组成（必须有小数点）。

例如：3.14、5.0

② 科学计数格式，由数字和字符 e（E）组成。

例如：7e-2、5.8E2

（3）字符串型常量

字符串型常量是用双引号括起来的字符序列，必须在同一行中书写。

例如："Verilog HDL"

2．变量

变量是指在程序运行中其值可以改变的量。Verilog HDL 有以下两类变量。

（1）线网型变量

线网型变量相当于硬件电路中的各种物理连接，其特点是输出值紧随输入值变化而变化。Verilog HDL 中共有 11 种线网型变量，这里介绍一种常用的 wire 型变量。

wire 型变量的定义格式如下：

wire 数据名 1，数据名 2，…，数据名 *n*;	//数据位宽为 1
wire [MSB:LSB] 数据名 1，数据名 2，…，数据名 *n*;	//数据位宽为 *n*

其中，MSB 和 LSB 分别表示最高位和最低位的序号。

例如：

```
wire   a,b;
wire [3:0]   a,b;
```

（2）寄存器型变量

寄存器型变量表示抽象的数据存储单元，可以通过赋值语句改变寄存器内存储的值。寄存器型变量只能在 always 和 initial 块语句中赋值，若未被初始化，则其值为未知值 x。Verilog HDL 中寄存器型变量有 reg、integer、time、real、realtime 等，这里介绍一种常用的 reg 型变量。

reg 型变量的定义格式如下：

```
reg  数据名 1, 数据名 2, …, 数据名 n;              //数据位宽为 1
reg [MSB:LSB]  数据名 1, 数据名 2, …, 数据名 n;    //数据位宽为 n
```

例如：

```
reg   x,y;
reg [3:0]   x,y;
```

在数字系统设计中常用到存储器，在 Verilog HDL 中不能直接声明存储器，而是通过 reg 型数组来描述的。

存储器声明格式如下：

```
reg [MSB:LSB]   memory1[upper1:lower1], memory2[upper2:lower2], … ;
```

其中，[MSB:LSB]定义了存储器的位宽；memory1 等表示存储器名； [upper1:lower1]定义了 memory1 存储器的字数（即 memory1 存储器有多少个存储单元）。

例如：

```
reg [7:0]   sinrom1[1023:0];
```

7.5.3   运算符

Verilog HDL 中的运算符有以下 9 种类型。

（1）算术运算符

+   加法或表示正值

−   减法或表示负值

*   乘法

/   除法

%   取模

整数除法时，结果只取整数部分，略去小数部分，例如 8/5 的结果为 1；取模运算时，结果值的符号与第一个操作数的符号位相同，例如 8%5 的结果为 3，而−8%5 的结果为−3。

（2）逻辑运算符

&& 逻辑与

|| 逻辑或

!   逻辑非

逻辑运算符是对操作数做与、或、非逻辑运算，逻辑运算的结果为 0 或 1。

（3）位运算符

&   与

| 或

~   非

^   异或

~^, ^~   同或

位运算符中除了非运算，其余都是对两个操作数按位进行运算。当两个操作数的位数不同时，自动在位数较少的操作数的高位补 0。

（4）缩减运算符

&   与

~&   与非

| 或

~| 或非

^   异或

~^, ^~   同或

缩减运算符与位运算符的运算法则一样，但缩减运算符是对操作数进行与、或、非递推运算，它放在操作数的前面，运算结果缩减到 1 位。例如：

    a=4'b1011;

那么&a 的结果为 0，因为&a 的运算就相当于 a[3] & a[2] & a[1] & a[0]。

（5）关系运算符

>   大于

<   小于

>=   大于等于

<=   小于等于

关系运算符是对两个操作数进行比较，如果比较关系为真，则结果为 1；比较关系为假，则结果为 0。

（6）等值运算符

==   相等

!=   不等

===   全等

! ==   非全等

等值运算符也是对两个操作数进行比较。需要注意的是：

① "=="和"!="是将两个操作数进行比较，如果操作数中某些位出现 x 或 z，即使它们出现在相同的位，比较结果也是未知值 x。

② "==="和"!=="按位进行比较，即便在两个操作数中某些位出现了 x 或 z，只要它们出现在相同的位，那么就认为二者是相同的，比较结果为 1，否则为 0，不会出现结果为未知值 x 的情况；如果它们出现在不同位，则比较结果为 0，也不会出现结果为未知值 x 的情况。例如：

    d1=4'b1011;

    d2=4'b1010;

    d3=4'b101x;

    d4=4'b101x;

那么，d1==d2 的结果为 0，d1!=d3 的结果为 x，d3==d4 的结果为 x；而 d1===d2 的结果为 0，d1! ==d3 的结果为 0，d3===d4 的结果为 1。

（7）条件运算符

? :

条件运算符的书写格式如下：

    条件?表达式 1:表达式 2

其含义是，当条件成立时，结果为表达式 1 的值；当条件不成立时，结果为表达式 2 的值。

（8）移位运算符

>>   右移

<<   左移

移位运算符是将操作数向右或向左移位，空闲位填 0 补位。例如：

        n=4'b1011;

则 n>>2 的结果为 4'b0010；n<<2 的结果为 4'b1100。

（9）位拼接运算符

{   }

位拼接运算符用于将两个或多个信号的某些位拼接起来，格式如下：

{信号 1 的某几位, 信号 2 的某几位, …, 信号 n 的某几位}

例如：

        {a[3:0], b[1], 3'b011}

位拼接运算符还可以用指定拼接的重复次数实现复制操作。

例如：{4{2'b10}}，等同于 8'b10101010。

7.6   Verilog HDL 语言基本描述语句

在 Verilog HDL 语言中，语句是构成程序不可缺少的部分，主要包括赋值语句、结构说明语句、块语句、条件语句、循环语句等，每一类语句又可能包含几种不同的语句格式。在 Verilog HDL 的这些语句中，有些是顺序执行语句，有些属于并行执行语句。

7.6.1   赋值语句

赋值语句主要有两种。

（1）连续赋值语句

连续赋值语句是把值赋给线网型变量，可以用于描述组合逻辑。其书写格式为：

        assign   #延时 变量名=表达式;

其含义是：只要右端表达式中有变量发生变化，表达式即被重新运算，新结果赋给左边的线网变量。如果缺省延时量，则延时量默认为 0。例如：

        assign z=a&b;

连续赋值语句中的变量不能为寄存器型变量。

（2）过程赋值语句

过程赋值语句只能对寄存器型变量赋值，分为阻塞赋值和非阻塞赋值两类。过程赋值一般用于 initial 或 always 语句内赋值。

① 阻塞赋值

阻塞赋值符为 "="，书写格式为：

        变量=赋值表达式;

阻塞赋值语句是顺序执行语句，只有当前语句执行结束时，下一条语句才能执行，即执行当前语句时下一条语句被阻塞。例如：

        begin

```
    a=5;
    b=a;
    c=b;
  end
```

该程序段执行完后，a、b、c 的值均为 5。

② 非阻塞赋值

非阻塞赋值符为 "<="，书写格式为：

```
变量<=赋值表达式;
```

非阻塞赋值语句是并行执行语句，各条语句是同时执行的，在程序块结束后才完成赋值操作。例如：

```
begin
  a<=5;
  b<=a;
  c<=b;
end
```

该程序段执行完后，a 的值为 5，b 的值为 a 的原值，c 的值为 b 的原值。

7.6.2 结构说明语句

在 Verilog HDL 语言中，任何过程模块都从属于以下四种结构说明语句。

（1）always 说明语句

always 说明语句在程序一开始时立即被执行，并且不断地重复执行，直到过程结束。一个程序中可以有多个 always 说明语句。

always 说明语句的书写格式为：

```
always @(敏感事件列表)
```

例如：

```
always @(s,a,b)
```

为避免丢失敏感事件列表中的部分信号，always 说明语句格式还可以简写成如下形式：

```
always @(*)
```

需要注意的是：

① 在 always 块中生成的输出必须被声明为 reg 信号类型，而不是 wire 信号类型；

② 敏感事件可以是电平触发，也可以是边沿触发。如果是电平信号，则直接列出信号名；如果是边沿信号，那么上升沿触发的信号前加关键字 posedge，下降沿触发的信号前加关键字 negedge。例如：

```
always @(posedge clk)
```

（2）initial 说明语句

initial 说明语句在程序一开始时立即被执行，并且只执行一次。一个程序中可以有多个 initial 说明语句。其书写格式如下：

```
initial
```

```
        begin
            语句 1;
            语句 2;
                ⋮
            语句 n;
        end
```

initial 说明语句主要用于初始化和波形生成。例如：

```
        initial
            begin
                clk=0;
                key=0;
                #100;
                key=1;
                #1000;
                key=0;
            end
```

该程序段说明 clk 信号初始状态为低电平；key 信号初始状态为低电平，经过 100 个时间单位后变为高电平，产生 1000 个时间单位的高电平 key 信号后又维持在低电平。

（3）task 说明语句

task 说明语句用来单独完成某项任务，并被其他模块或其他任务调用。

① task 任务定义的书写格式

```
        task 任务名;
            端口声明语句;
            类型声明语句;
            语句
        endtask
```

② task 任务调用的书写格式

```
        任务名（端口 1，端口 2，…，端口 n）；
```

当任务被调用激活时，任务通过调用任务名和端口名列表来实现，端口名的顺序和类型必须与任务定义中的一一对应。

task 说明语句利用任务将程序模块分解成若干个小的任务，使程序结构清晰易懂，便于理解和调试。

（4）function 说明语句

function 说明语句用来定义函数，函数可以有一个或多个输入，但只能返回一个值，通常在表达式中调用函数的返回值。

① function 函数定义的书写格式

```
        function <返回值的类型或范围> 函数名;
            端口声明语句;
            类型声明语句;
            语句
        endfunction
```

② function 函数调用的书写格式

函数名（端口名列表）

function 函数调用的返回值通过函数名传递给调用语句。

7.6.3　块语句

块语句是将多条语句组合在一起，这样看上去好像一个语句。它主要分为串行块语句和并行块语句。

（1）串行块语句

串行块语句是顺序块语句，这些语句需要一条接一条地顺序执行。其书写格式如下：

```
begin
    语句 1;
    语句 2;
    ⋮
    语句 n;
end
```

（2）并行块语句

并行块语句内的各条语句并行执行。其书写格式如下：

```
fork
    语句 1;
    语句 2;
    ⋮
    语句 n;
join
```

7.6.4　条件语句

条件语句用于根据某个条件来确定是否执行其后的语句，Verilog HDL 中主要有 if-else 语句和 case 语句。

1．if-else 语句

Verilog HDL 语言提供了三种形式的 if 语句。

① 单分支语句

```
if(表达式)
    语句;
```

② 双分支语句

```
if(表达式)
    语句 1;
else
    语句 2;
```

例如，在例 7.5 中，2 选 1 数据选择器的 Verilog HDL 描述过程中采用了 if 的双分支语句形式。

```
if(s==0)
    y=a;
else
    y=b;
```

③ 多分支语句

```
if (表达式 1)
    语句 1;
else if (表达式 2)
    语句 2;
else if (表达式 3)
    语句 3;
    ⋮
else if (表达式 n)
    语句 n;
else
    语句 m;
```

2. case 语句

case 语句是一种多分支语句，书写格式如下：

```
case (条件表达式)
    分支 1: 语句 1;
    分支 2: 语句 2;
        ⋮
    分支 n: 语句 n;
    default: 语句 m;
endcase
```

在 case 语句中，每一行冒号前的选择值代表 case 参数的值，这些值必须互不相同。case 语句中的 default 项可有可无，一个 case 语句只准有一个 default 项。default 语句行，其作用是将所有的 case 选项全部包含，因为 Verilog HDL 实际上为每一位定义了 4 种可能的值：0（逻辑 0）、1（逻辑 1）、x（未知值）、z（高阻）。

【例 7.6】 使用 case 语句实现 4 选 1 数据选择器的 Verilog HDL 描述。

```
module mux4_1(s1,s0,d0,d1,d2,d3,y);
    input    s1,s0;
    input    d0,d1,d2,d3;
    output reg   y;
    always @(*)
        case({s1,s0})
            2'b00: y=d0;
            2'b01: y=d1;
            2'b10: y=d2;
            2'b11: y=d3;
            default: y=d0;
        endcase
endmodule
```

7.6.5 循环语句

循环语句用来控制执行语句的执行次数，Verilog HDL 中主要有 for 语句、while 语句、repeat 语句和 forever 语句。

1. for 语句

for 语句的一般书写格式：

```
for (循环变量赋初值表达式; 循环控制条件表达式; 循环变量步长表达式)
    语句;
```

【例 7.7】 带使能控制端的 2 线-4 线译码器的 Verilog HDL 描述。

```
module dec2_4(en,a,y);
    input en;
    input [1:0] a;
    output reg [0:3] y;
    integer i;
    always@(*)
      for(i=0;i<=3;i=i+1)
        if((en==1)&&(a==i))
            y[i]=1;
        else
            y[i]=0;
endmodule
```

从例 7.7 中可以看出：

① for 语句先对循环变量 i 赋初值。

② 对循环控制条件表达式 i<=3 进行判断，如果条件为真则执行相应的内嵌语句（本例中内嵌语句为 if-else 语句），然后转到第③步。若条件为假则结束循环。

③ 通过循环变量步长表达式，对循环变量增值 i=i+1。

④ 转回上面的第②步再次执行。

2. while 语句

while 语句的一般书写格式：

```
while (条件表达式)
    begin
      顺序执行语句;
      顺序执行语句;
        ⋮
    end
```

当顺序执行语句只有一条时，begin 和 and 可以省略。

while 循环语句一开始执行时，先对条件进行判断，若条件为真则执行接下来的语句，直到某个条件不满足时才退出循环；而如果一开始条件就为假，则接下来的语句一次也不能被执行。

【例 7.8】 采用 while 语句实现 4 位乘法器的 Verilog HDL 描述。

```
module mult4_while(a,b,p);
input [3:0] a,b;
output reg [7:0] p;
reg [7:0] a_r;
reg [3:0] b_r;
integer i;
```

```
always @(*)
  begin
  i=4;
  a_r =a;
  b_r =b;
  p=0;
  while(i>0)
    begin
    if(b_r [0])
       p=p+ a_r;
       a_r = a_r <<1;
       b_r = b_r >>1;
       i=i-1;
    end
  end
endmodule
```

3. repeat 语句

repeat 语句的一般书写格式:

```
repeat (循环次数表达式)
  begin
    顺序执行语句;
    顺序执行语句;
      ⋮
  end
```

当顺序执行语句只有一条时,begin 和 and 可以省略。

repeat 语句中的循环次数表达式已经决定了循环的次数,如下面的例 7.9 采用 repeat 语句实现 4 位乘法器的 Verilog HDL 描述。

【例 7.9】 采用 repeat 语句实现 4 位乘法器的 Verilog HDL 描述。

```
module mult4_repeat (a,b,p);
input [3:0] a,b;
output reg [7:0] p;
reg [7:0] a_r;
reg [3:0] b_r;
always @(*)
  begin
  a_r =a;
  b_r =b;
  p=0;
  repeat(4)
    begin
    if(b_r [0])
       p=p+ a_r;
       a_r = a_r <<1;
       b_r = b_r >>1;
    end
```

```
        end
    endmodule
```

4．forever 语句

forever 语句的一般书写格式：

```
forever
    begin
        顺序执行语句;
        顺序执行语句;
        ⋮
    end
```

当顺序执行语句只有一条时，begin 和 and 可以省略。

forever 语句不需要声明任何变量，无限循环下去；如果想要退出循环，必须采用强制退出循环的方法。forever 语句常用于产生周期性波形，不能独立写在程序中，必须写在 initial 块中。例如：

```
initial
    begin
        clk=0;
        forever
        #10 clk=~clk;
    end
```

该程序段用于产生一个周期为 20 个单位时间的持续时钟波形。

第 8 章 常用数字电路 HDL 设计

数字电路一般分为两大类，一类是组合逻辑电路，如编码器、译码器、数据选择器、加法器、数值比较器等；另一类是时序逻辑电路，如触发器、计数器、移位寄存器、分频器等。本章主要介绍基本数字逻辑单元的 VHDL 和 Verilog HDL 描述，为设计完整的数字系统打下坚实的基础。

8.1 组合逻辑电路的 HDL 描述

组合逻辑电路在任何时刻的输出信号的稳定值，仅仅与该时刻的输入信号有关，而与该时刻以前的输入信号无关。下面介绍常用组合逻辑电路的 HDL 描述。

8.1.1 编码器

由于数字设备只能处理二进制代码信息，因此对需要处理的任何信息（如数和字符等），必须转换成符合一定规则的二进制代码。编码指的就是用代码表示特定信息的过程。完成编码功能的逻辑电路称为编码器。常用的编码器有二进制编码器、二-十进制编码器等。

1．二进制编码器

以 8 线-3 线优先编码器 74148 为例，该编码器有 8 条编码信号输入线、3 条输出线，以及输入使能端 $\overline{\text{EI}}$、选通输出端 $\overline{\text{EO}}$、扩展输出端 $\overline{\text{GS}}$。编码输入 $\overline{\text{I}}_7 \sim \overline{\text{I}}_0$ 以低电平为有效电平，$\overline{\text{I}}_7$ 优先级最高，$\overline{\text{I}}_0$ 最低。当 $\overline{\text{EI}}$ =1 时，编码器处于禁止工作状态，此时 $\overline{\text{I}}_7 \sim \overline{\text{I}}_0$ 不论为何值，输出 $\overline{\text{Y}}_2$、$\overline{\text{Y}}_1$、$\overline{\text{Y}}_0$ 均为 1，$\overline{\text{GS}}$ 和 EO 均为 1。当 $\overline{\text{EI}}$ =0 时，编码器处于工作状态，允许编码：

（1）当所有输入 $\overline{\text{I}}_i$ 均为 1 时，$\overline{\text{Y}}_2\ \overline{\text{Y}}_1\ \overline{\text{Y}}_0$ =111，而 $\overline{\text{GS}}$ 为 1，$\overline{\text{EO}}$ 为 0；

（2）只要有一个输入 $\overline{\text{I}}_i$ 为 0，$\overline{\text{Y}}_2\ \overline{\text{Y}}_1\ \overline{\text{Y}}_0$ 就输出对应的二进制码的反码，$\overline{\text{GS}}$ 为 0，$\overline{\text{EO}}$ 则为 1。

【例 8.1】 8 线-3 线优先编码器 74148 的 VHDL 描述。

```
LIBRARY ieee;
USE ieee.std_logic_1164.all;
ENTITY encoder_74148 IS
    PORT(nEI      :   in    std_logic;
         nI       :   in    std_logic_vector(7 downto 0);
         nY       :   out   std_logic_vector(2 downto 0);
         nGS,nEO  :   out   std_logic );
END encoder_74148;
ARCHITECTURE behave OF encoder_74148 IS
BEGIN
  PROCESS (nEI,nI)
    BEGIN
```

```
        IF (nEI='1') THEN
            nY <="111";
            nGS<='1';
            nEO<='1';
        ELSIF (nI="11111111") THEN
            nY <="111";
            nGS<='1';
            nEO<='0';
        ELSIF (nI(7)= '0') THEN
            nY <="000";
            nGS<='0';
            nEO<='1';
        ELSIF (nI(6)= '0') THEN
            nY <="001";
            nGS<='0';
            nEO<='1';
        ELSIF (nI(5)= '0') THEN
            nY <="010";
            nGS<='0';
            nEO<='1';
        ELSIF (nI(4)= '0') THEN
            nY <="011";
            nGS<='0';
            nEO<='1';
        ELSIF (nI(3)= '0') THEN
            nY <="100";
            nGS<='0';
            nEO<='1';
        ELSIF (nI(2)= '0') THEN
            nY <="101";
            nGS<='0';
            nEO<='1';
        ELSIF (nI(1)= '0') THEN
            nY <="110";
            nGS<='0';
            nEO<='1';
        ELSIF (nI(0)= '0') THEN
            nY <="111";
            nGS<='0';
            nEO<='1';
        END IF;
    END PROCESS;
END behave;
```

【例 8.2】 8 线–3 线优先编码器 74148 的 Verilog HDL 描述。

```
module encoder_74148(nEI,nI,nY,nGS,nEO);
    input nEI;
    input [7:0] nI;
    output reg [2:0] nY;
```

```
        output reg nGS,nEO;
        always @(*)
          begin
          if(nEI)
              {nY,nGS,nEO}=5'b11111;
          else if(nI==8'b11111111)
              {nY,nGS,nEO}=5'b11110;
          else if(!nI[7])
              {nY,nGS,nEO}=5'b00001;
          else if(!nI[6])
              {nY,nGS,nEO}=5'b00101;
          else if(!nI[5])
              {nY,nGS,nEO}=5'b01001;
          else if(!nI[4])
              {nY,nGS,nEO}=5'b01101;
          else if(!nI[3])
              {nY,nGS,nEO}=5'b10001;
          else if(!nI[2])
              {nY,nGS,nEO}=5'b10101;
          else if(!nI[1])
              {nY,nGS,nEO}=5'b11001;
          else
              {nY,nGS,nEO}=5'b11101;
          end
      endmodule
```

2. 二–十进制编码器

以 10 线-4 线优先编码器 74147 为例，该编码器有 9 位编码信号输入、4 位输出。编码输入 $\bar{I}_9 \sim$ $\bar{I}_1$ 以低电平为有效电平，$\bar{I}_9$ 优先级最高，$\bar{I}_1$ 最低；输出是反码形式的 8421BCD 码。这种编码器中没有 $\bar{I}_0$ 线，这是因为信号 $\bar{I}_0$ 的编码，等效于 $\bar{I}_9 \sim \bar{I}_1$ 输入均为 1 的情况。

【例 8.3】 10 线-4 线优先编码器 74147 的 VHDL 描述。

```
      LIBRARY ieee;
      USE ieee.std_logic_1164.all;
      ENTITY encoder_74147 IS
          PORT(nI   :   in    std_logic_vector(9 downto 1);
                  nY  :   out   std_logic_vector(3 downto 0));
      END encoder_74147;
      ARCHITECTURE behave OF encoder_74147 IS
      BEGIN
        PROCESS (nI)
          BEGIN
            IF (nI(9)= '0') THEN
                nY <="0110";
              ELSIF (nI(8)= '0') THEN
                nY <="0111";
              ELSIF (nI(7)= '0') THEN
                nY <="1000";
```

```
            ELSIF (nI(6)= '0') THEN
                nY <="1001";
            ELSIF (nI(5)= '0') THEN
                nY <="1010";
            ELSIF (nI(4)= '0') THEN
                nY <="1011";
            ELSIF (nI(3)= '0') THEN
                nY <="1100";
            ELSIF (nI(2)= '0') THEN
                nY <="1101";
            ELSIF (nI(1)= '0') THEN
                nY <="1110";
            ELSE
                nY <="1111";
            END IF;
        END PROCESS;
    END behave;
```

【例 8.4】 10 线−4 线优先编码器 74147 的 Verilog HDL 描述。

```
module encoder_74147(nI,nY);
    input [9:1] nI;
    output reg [3:0] nY;
    always @(*)
      begin
      if(!nI[9])
        nY=4'b0110;
      else if(!nI[8])
        nY=4'b0111;
      else if(!nI[7])
        nY=4'b1000;
      else if(!nI[6])
        nY=4'b1001;
      else if(!nI[5])
        nY=4'b1010;
      else if(!nI[4])
        nY=4'b1011;
      else if(!nI[3])
        nY=4'b1100;
      else if(!nI[2])
        nY=4'b1101;
      else if(!nI[1])
        nY=4'b1110;
      else
        nY=4'b1111;
      end
endmodule
```

8.1.2 译码器

在编码时，每一组代码都被赋予了特定的含义，即表示一个确定的信息。而译码则是编码的逆过程，是把每一组代码的含义"翻译"出来的过程。完成译码功能的逻辑电路称为译码器。常见的译码器有二进制译码器、二-十进制译码器和显示译码器等。

1. 二进制译码器

以 3 线-8 线二进制译码器 74138 为例，该译码器输入为 3 位二进制码，有 8 路输出，且输出低电平有效。另外，电路中有 3 个使能输入端 G_1、$\overline{G}_{2A}$ 和 $\overline{G}_{2B}$，当 $G_1=1$、$\overline{G}_{2A}=\overline{G}_{2B}=0$ 时，译码器才能正常工作；否则译码器处于禁止状态，所有输出端为高电平。

【例 8.5】 3 线-8 线二进制译码器 74138 的 VHDL 描述。

```
LIBRARY ieee;
USE ieee.std_logic_1164.all;
ENTITY decoder_74138 IS
    PORT(C,B,A          :  in    std_logic;
         G1,nG2A,nG2B :  in    std_logic;
         nY              :  out   std_logic_vector(7 downto 0));
END decoder_74138;
ARCHITECTURE behave OF decoder_74138 IS
SIGNAL decodein: std_logic_vector(2 downto 0);
BEGIN
    decodein <=C & B & A;
    PROCESS(decodein,G1,nG2A,nG2B)
      BEGIN
        IF    (G1='1' and nG2A='0' and nG2B='0')    THEN
            CASE decodein IS
                WHEN "000"=> nY <="11111110";
                WHEN "001"=> nY <="11111101";
                WHEN "010"=> nY <="11111011";
                WHEN "011"=> nY <="11110111";
                WHEN "100"=> nY <="11101111";
                WHEN "101"=> nY <="11011111";
                WHEN "110"=> nY <="10111111";
                WHEN "111"=> nY <="01111111";
                WHEN others=> nY <="XXXXXXXX";
            END CASE;
          ELSE
            nY <="11111111";
        END IF;
    END PROCESS;
END behave;
```

【例 8.6】 3 线-8 线二进制译码器 74138 的 Verilog HDL 描述。

```
module decoder_74138(C,B,A,G1,nG2A,nG2B,nY);
    input C,B,A;
    input G1,nG2A,nG2B;
    output reg [7:0] nY;
    reg [2:0] decodein,EN;
    always @(*)
        begin
```

```verilog
        decodein ={C,B,A};
        EN={G1,nG2A,nG2B};
        if(EN!=3'b100)
          nY=8'b11111111;
        else
          case(decodein)
            3'd0: nY=8'b11111110;
            3'd1: nY=8'b11111101;
            3'd2: nY=8'b11111011;
            3'd3: nY=8'b11110111;
            3'd4: nY=8'b11101111;
            3'd5: nY=8'b11011111;
            3'd6: nY=8'b10111111;
            3'd7: nY=8'b01111111;
            default: nY=8'bXXXXXXXX;
          endcase
        end
    endmodule
```

2．二-十进制译码器

以 4 线-10 线二-十进制译码器 7442 为例，该译码器输入为 8421BCD 码，有 10 路输出，输出为低电平有效，该电路有拒绝伪码输入功能，而无使能输入端。

【例 8.7】 4 线-10 线二-十进制译码器 7442 的 VHDL 描述。

```vhdl
        LIBRARY ieee;
        USE ieee.std_logic_1164.all;
        ENTITY decoder_7442 IS
          PORT(D,C,B,A   :   in    std_logic;
                nY        :   out   std_logic_vector(9 downto 0));
        END decoder_7442;
        ARCHITECTURE behave OF decoder_7442 IS
        SIGNAL decodein: std_logic_vector(3 downto 0);
        BEGIN
          decodein <=D & C & B & A;
          PROCESS(decodein)
            BEGIN
              CASE decodein IS
                WHEN "0000"=> nY <="1111111110";
                WHEN "0001"=> nY <="1111111101";
                WHEN "0010"=> nY <="1111111011";
                WHEN "0011"=> nY <="1111110111";
                WHEN "0100"=> nY <="1111101111";
                WHEN "0101"=> nY <="1111011111";
                WHEN "0110"=> nY <="1110111111";
                WHEN "0111"=> nY <="1101111111";
                WHEN "1000"=> nY <="1011111111";
                WHEN "1001"=> nY <="0111111111";
                WHEN others=> nY <="XXXXXXXXXX";
```

```
        END CASE;
      END PROCESS;
    END behave;
```

【例 8.8】 4 线-10 线二-十进制译码器 7442 的 Verilog HDL 描述。

```
module decoder_7442(D,C,B,A,nY);
  input D,C,B,A;
  output reg [9:0] nY;
  reg [3:0] decodein;
  always @(*)
    begin
    decodein ={D,C,B,A};
      case(decodein)
        4'd0: nY=10'b1111111110;
        4'd1: nY=10'b1111111101;
        4'd2: nY=10'b1111111011;
        4'd3: nY=10'b1111110111;
        4'd4: nY=10'b1111101111;
        4'd5: nY=10'b1111011111;
        4'd6: nY=10'b1110111111;
        4'd7: nY=10'b1101111111;
        4'd8: nY=10'b1011111111;
        4'd9: nY=10'b0111111111;
        default: nY=10'bXXXXXXXXXX;
      endcase
    end
endmodule
```

3. 显示译码器

驱动数码管的译码器称为显示译码器，通过它将数字系统中的 BCD 码转换成数码管所需要的驱动信号，使数码管用十进制数字显示出 BCD 代码所表示的数值。本例显示译码器有 4 个输入端、7 个输出端。输入为待显示的 BCD 码，输出驱动七段共阴数码管。

【例 8.9】 显示译码器的 VHDL 描述。

```
LIBRARY ieee;
USE ieee.std_logic_1164.all;
ENTITY BCD_7SEG IS
  PORT(BCD  :  in    std_logic_vector(3 downto 0);
       SEG  :  out   std_logic_vector(6 downto 0));
END BCD_7SEG;
ARCHITECTURE behave OF BCD_7SEG IS
BEGIN
  PROCESS(BCD)
    BEGIN
      CASE BCD IS
        WHEN "0000"=> SEG <="1111110";
        WHEN "0001"=> SEG <="0110000";
        WHEN "0010"=> SEG <="1101101";
```

```
              WHEN "0011"=> SEG <="1111001";
              WHEN "0100"=> SEG <="0110011";
              WHEN "0101"=> SEG <="1011011";
              WHEN "0110"=> SEG <="1011111";
              WHEN "0111"=> SEG <="1110000";
              WHEN "1000"=> SEG <="1111111";
              WHEN "1001"=> SEG <="1111011";
              WHEN others=> SEG <="0000000";
          END CASE;
      END PROCESS;
  END behave;
```

【例 8.10】 显示译码器的 Verilog HDL 描述。

```
module BCD_7SEG(BCD,SEG);
    input [3:0] BCD;
    output reg[6:0] SEG;
    always @(*)
       begin
         case(BCD)
           4'd0:SEG=7'b1111110;
           4'd1:SEG=7'b0110000;
           4'd2:SEG=7'b1101101;
           4'd3:SEG=7'b1111001;
           4'd4:SEG=7'b0110011;
           4'd5:SEG=7'b1011011;
           4'd6:SEG=7'b1011111;
           4'd7:SEG=7'b1110000;
           4'd8:SEG=7'b1111111;
           4'd9:SEG=7'b1111011;
           default:SEG=7'b0000000;
         endcase
       end
endmodule
```

8.1.3 数据选择器

在数字系统中，经常需要从多路输入数据中选择其中一路送至输出端，完成这一功能的逻辑电路称为数据选择器，简称 MUX。常见的数据选择器有 2 选 1、4 选 1、8 选 1 以及 16 选 1 等。

8 选 1 数据选择器有 8 路数据输入通道，1 个输出端，为了能指定 8 路输入数据中的任何一个，用 3 位输入地址代码 $A_2 A_1 A_0$。另有一选通控制端 $\overline{ST}$，低电平有效，即 $\overline{ST}=0$ 时数据选择器工作，$\overline{ST}=1$ 时数据选择器被禁止工作，输出为 0。

【例 8.11】 8 选 1 数据选择器的 VHDL 描述。

```
LIBRARY ieee;
USE ieee.std_logic_1164.all;
ENTITY MUX8_1 IS
    PORT(D     :  in    std_logic_vector(7 downto 0);
         nST   :  in    std_logic;
```

```vhdl
            A       :  in     std_logic_vector(2 downto 0);
            Y       :  out    std_logic);
    END MUX8_1;
    ARCHITECTURE rtl OF MUX8_1 IS
    BEGIN
      PROCESS(nST, A)
          BEGIN
            IF (nST='1') THEN
                Y <='0';
            ELSIF (A ="000") THEN
                Y <=D(0);
            ELSIF (A ="001") THEN
                Y <=D(1);
            ELSIF (A ="010") THEN
                Y <=D(2);
            ELSIF (A ="011") THEN
                Y <=D(3);
            ELSIF (A ="100") THEN
                Y <=D(4);
            ELSIF (A ="101") THEN
                Y <=D(5);
            ELSIF (A ="110") THEN
                Y <=D(6);
            ELSIF (A ="111") THEN
                Y <=D(7);
            END IF;
          END PROCESS;
    END rtl;
```

【例 8.12】 8 选 1 数据选择器的 Verilog HDL 描述。

```verilog
    module MUX8_1(nST,A,D,Y);
      input nST;
      input [2:0] A;
      input [7:0] D;
      output reg Y;
      always @(*)
        begin
        if(nST)
          begin
            Y=1'b0;
          end
        else
          case(A)
            3'd0: Y=D[0];
            3'd1: Y=D[1];
            3'd2: Y=D[2];
            3'd3: Y=D[3];
            3'd4: Y=D[4];
            3'd5: Y=D[5];
```

```
            3'd6: Y=D[6];
            3'd7: Y=D[7];
        endcase
    end
endmodule
```

8.1.4 加法器

在数字系统中，除了进行逻辑运算，还经常需要完成二进制数之间的算术运算。数字信号的算术运算主要指加、减、乘、除，而加运算最基础。

四位二进制加法器中，A 是一组加数，B 是另一组加数，CI 是进位信号输入，S 为和，CO 为向高位的进位信号。

【例 8.13】 4 位二进制加法器的 VHDL 描述。

```
LIBRARY ieee;
USE ieee.std_logic_1164.all;
USE ieee.std_logic_unsigned.all;
ENTITY adder4 IS
    PORT(A,B  :  in    std_logic_vector(3 downto 0);
         CI   :  in    std_logic;
         S    :  out   std_logic_vector(3 downto 0);
         CO   :  out   std_logic);
END adder4;
ARCHITECTURE behave OF adder4 IS
SIGNAL temp: std_logic_vector(4 downto 0);
BEGIN
    temp<=('0'&A)+B+CI;
    S<=temp(3 downto 0);
    CO<=temp(4);
END behave;
```

由于 A 和 B 均为 4 位数，但其相加的结果可能是 5 位，所以定义了一个内部信号 temp，为 5 位。然而，VHDL 要求算式两边信号的位数相同，为解决这一矛盾，在 A 前用连接符 "&" 加一个 "0"，这样等式右边信号的最大位数就变成了 5 位，满足设计要求。

【例 8.14】 4 位二进制加法器的 Verilog HDL 描述。

```
module adder4(A,B,CI,S,CO);
    input [3:0] A,B;
    input CI;
    output reg[3:0] S;
    output reg CO;
    always @(*)
        begin
            {CO,S}=A+B+CI;
        end
endmodule
```

8.1.5 数值比较器

在一些数字系统，特别是计算机中，经常需要比较两个数的大小，完成这一逻辑功能的电路称为数值比较器。

带级联输入的 4 位数值比较器中，输入变量 $A_3A_2A_1A_0$ 和 $B_3B_2B_1B_0$ 是两个相比较的 4 位二进制数。大于 gtin、等于 eqin、小于 ltin 是级联输入，即当比较的数位大于 4 位时，级联输入可和低位比较器输出端相连，实现比较器位数扩展。输出变量 gtout、eqout、ltout 分别表示大于、等于和小于的比较结果。

【例 8.15】 带级联输入的 4 位数值比较器的 VHDL 描述。

```
LIBRARY ieee;
USE ieee.std_logic_1164.all;
ENTITY comp4 IS
    PORT(A,B            :  in   std_logic_vector(3 downto 0);
            gtin,eqin,ltin    :  in   std_logic;
            gtout,eqout,ltout :  out  std_logic);
END comp4;
ARCHITECTURE behave OF comp4 IS
BEGIN
    PROCESS(A,B,gtin,eqin,ltin)
      BEGIN
        IF (A>B) THEN
            gtout<='1';
            eqout<='0';
            ltout<='0';
        ELSIF (A<B) THEN
            gtout<='0';
            eqout<='0';
            ltout<='1';
        ELSE
            gtout<= gtin;
            eqout<= eqin;
            ltout<= ltin;
        END IF;
    END PROCESS;
END behave;
```

【例 8.16】 带级联输入的 4 位数值比较器的 Verilog HDL 描述。

```
module comp4(A,B,gtin,eqin,ltin,gtout,eqout,ltout);
    input [3:0] A,B;
    input gtin,eqin,ltin;
    output reg gtout,eqout,ltout;
    always @(*)
      begin
        if(A>B)
            begin
                gtout=1;
                eqout=0;
                ltout=0;
            end
        else if(A<B)
```

```
        begin
          gtout=0;
          eqout=0;
          ltout=1;
        end
      else
        begin
          gtout=gtin;
          eqout=eqin;
          ltout=ltin;
        end
    end
endmodule
```

8.2　时序逻辑电路的 HDL 描述

时序逻辑电路与组合逻辑电路不同，该电路在任何时刻的输出稳态值，不仅与该时刻的输入信号有关，而且与该时刻以前的电路状态也有关。时序逻辑电路中基本的存储电路是触发器，常用的时序逻辑电路有计数器、移位寄存器、分频器等。

8.2.1　触发器

触发器种类很多，这里仅以 D 触发器和 JK 触发器的 HDL 语言设计为例加以说明。

1. D 触发器

一般 D 触发器有一个数据输入端 D、一个时钟输入端 CLK 和一个数据输出端 Q。只有在时钟的有效上升沿（下降沿）脉冲过后，输入端 D 的数据才能传递到输出端 Q。

【例 8.17】　上升沿触发的 D 触发器的 VHDL 描述。

```
LIBRARY ieee;
USE ieee.std_logic_1164.all;
ENTITY D_ff IS
  PORT(D      :   in    std_logic;
       CLK    :   in    std_logic;
       Q      :   out   std_logic);
END D_ff;
ARCHITECTURE rtl OF D_ff IS
BEGIN
  PROCESS(CLK)
    BEGIN
    IF (CLK'EVENT AND CLK='1') THEN
      Q<=D;
    END IF;
  END PROCESS;
END rtl;
```

【例 8.18】　上升沿触发的 D 触发器的 Verilog HDL 描述。

```
module D_ff(D,CLK,Q);
    input D,CLK;
    output reg Q;
    always @(posedge CLK)
        begin
            Q<=D;
        end
endmodule
```

在数字电路中，还有常见的带异步复位/置位的 D 触发器等。异步复位/置位不受时钟信号的控制，一旦复位端 $\overline{\text{CLR}}$ 有效（即 $\overline{\text{CLR}}$ =0、$\overline{\text{PR}}$ =1）时，触发器马上被强迫置 0；一旦置位端 $\overline{\text{PR}}$ 有效（即 $\overline{\text{CLR}}$ =1、$\overline{\text{PR}}$ =0）时，触发器马上被强迫置1。

【例 8.19】 带异步复位/置位的上升沿触发 D 触发器的 VHDL 描述。

```
LIBRARY ieee;
USE ieee.std_logic_1164.all;
ENTITY DffRS IS
    PORT(D            :  in     std_logic;
          CLRN,PRN  :  in     std_logic;
          CLK          :  in     std_logic;
          Q             :  out    std_logic);
END DffRS;
ARCHITECTURE rtl OF DffRS IS
BEGIN
    PROCESS(CLRN,PRN,CLK,D)
        BEGIN
        IF (CLRN='0' AND PRN='1') THEN
            Q<='0';
        ELSIF (CLRN ='1' AND PRN='0') THEN
            Q<='1';
        ELSIF (CLK'EVENT AND CLK='1') THEN
            Q<= D;
        END IF;
    END PROCESS;
END rtl;
```

【例 8.20】 带异步复位/置位的上升沿触发 D 触发器的 Verilog HDL 描述。

```
module DffRS(D,CLRN,PRN,CLK, Q);
    input D,CLRN,PRN,CLK;
    output reg Q;
    always @(posedge CLK or negedge CLRN or negedge PRN)
        if(!CLRN && PRN)
            begin
                Q<=0;
            end
        else if(!PRN && CLRN)
            begin
                Q<=1;
            end
```

```
            else
                begin
                    Q<=D;
                end
    endmodule
```

2. JK 触发器

JK 触发器具有保持、置 0、置 1 和翻转等功能。

【例 8.21】 带异步复位/置位的下降沿触发 JK 触发器的 VHDL 描述。

```
LIBRARY ieee;
USE ieee.std_logic_1164.all;
ENTITY JKffRS IS
  PORT(J,K         : in    std_logic;
          CLRN,PRN  : in    std_logic;
          CLK         : in    std_logic;
          Q            : out   std_logic);
END JKffRS;
ARCHITECTURE rtl OF JKffRS IS
SIGNAL tempQ: std_logic;
BEGIN
    PROCESS(CLRN,PRN,CLK, J,K)
        VARIABLE    JK: std_logic_vector(1 downto 0);
        BEGIN
        JK:=(J & K);
        IF (CLRN='0' AND PRN='1') THEN
            tempQ <='0';
        ELSIF (PRN='0' AND CLRN='1') THEN
            tempQ <='1';
        ELSIF (CLK'EVENT AND CLK='0') THEN
            CASE JK IS
                WHEN "00"=> tempQ <= tempQ;
                WHEN "01"=> tempQ <='0';
                WHEN "10"=> tempQ <='1';
                WHEN "11"=> tempQ <=NOT tempQ;
                WHEN OTHERS=> tempQ <='X';
            END CASE;
        END IF;
        Q<= tempQ;
    END PROCESS;
END rtl;
```

【例 8.22】 带异步复位/置位的下降沿触发 JK 触发器的 Verilog HDL 描述。

```
module JKffRS(J,K,CLRN,PRN,CLK,Q);
    input J,K,CLRN,PRN,CLK;
    output reg Q;
    always @(negedge CLK or negedge CLRN or negedge PRN)
        if(!CLRN && PRN)
```

```
            begin
                Q<=0;
            end
        else if(!PRN && CLRN)
            begin
                Q<=1;
            end
        else case({J,K})
            2'b00: Q<=Q;
            2'b01: Q<=0;
            2'b10: Q<=1;
            2'b11: Q<=~Q;
            default: Q<=1'bx;
        endcase
    endmodule
```

8.2.2 计数器

计数器是一种能统计输入脉冲个数的时序逻辑电路。目前常用的计数器种类繁多，按计数脉冲的作用方式可分为同步计数器和异步计数器；按进位基数（模）可分为二进制计数器和非二进制计数器。

1. 二进制计数器 74163

74163 是具有清零、置数、计数和禁止计数（保持）4 种功能的集成四位二进制计数器。$\overline{CLR}$ 是同步清零端，当 $\overline{CLR}$ =0 时，在时钟脉冲 CLK 上升沿作用下，计数器输出直接清零；$\overline{LD}$ 是预置数控制端，D_3、D_2、D_1、D_0 是预置数输入端，当 $\overline{CLR}$ =1、$\overline{LD}$ =0 时，在时钟脉冲 CLK 上升沿作用下，计数器输出 $Q_3Q_2Q_1Q_0 = D_3D_2D_1D_0$；ENT 和 ENP 是计数使能（控制）端，当 $\overline{CLR} = \overline{LD}$ =1、ENT·ENP =0 时，计数器将保持原状态不变；$RCO = ENT·Q_3·Q_2·Q_1·Q_0$ 是进位输出端，它的设置为多片集成计数器的级联提供了方便；当 $\overline{CLR} = \overline{LD}$ = ENT = ENP=1 时，74163 处于四位二进制计数状态。

【例 8.23】 具有同步清零、同步置数的二进制计数器 74163 的 VHDL 描述。

```
        LIBRARY ieee;
        USE ieee.std_logic_1164.all;
        USE ieee.std_logic_unsigned.all;
        ENTITY CT74163 IS
            PORT   ( CLRN   :in        std_logic;
                     LDN    :in        std_logic;
                     ENT    :in        std_logic;
                     ENP    :in        std_logic;
                     D      :in        std_logic_vector(3 downto 0);
                     CLK    :in        std_logic;
                     Q      :buffer    std_logic_vector(3 downto 0) ;
                     RCO    :out       std_logic);
        END CT74163;
        ARCHITECTURE behave OF CT74163 IS
        BEGIN
```

```vhdl
        RCO<='1' WHEN (Q="1111" AND ENT='1') ELSE '0';
        PROCESS(CLK,CLRN)
            BEGIN
                IF (CLK'EVENT AND clk='1') THEN
                    IF(CLRN='0') THEN
                        Q <="0000";
                    ELSIF (LDN='0') THEN
                        Q <=D(3 downto 0);
                    ELSIF ((ENT AND ENP)='1') THEN
                        Q <= Q+1;
                    END IF;
                END IF;
            END PROCESS;
        END behave;
```

【例 8.24】 具有同步清零、同步置数的二进制计数器 74163 的 Verilog HDL 描述。

```verilog
    module CT74163(CLRN,LDN,ENT,ENP,D,CLK,Q,RCO);
        input CLRN,LDN,ENT,ENP, CLK;
        input [3:0] D;
        output reg[3:0] Q;
        output reg RCO;
        always @(posedge CLK)
            begin
            if(!CLRN)
                Q <=4'b0000;
            else if(!LDN)
                Q <=D;
            else if({ENT && ENP})
                Q <= Q +1;
            else
                Q <= Q;
            end
        always @(*)
            begin
            if(Q ==4'b1111 && ENT==1'b1)
                RCO<=1'b1;
            else
                RCO<=1'b0;
            end
    endmodule
```

2. 十进制计数器 74160

74160 是具有清零、置数、计数和禁止计数（保持）4 种功能的集成 BCD 码计数器。$\overline{CLR}$ 是异步清零端，只要 $\overline{CLR}$ =0 时，计数器输出就直接清零；$\overline{LD}$ 是预置数控制端，D_3、D_2、D_1、D_0 是预置数输入端，当 $\overline{CLR}$ =1、$\overline{LD}$ =0 时，在时钟脉冲 CLK 上升沿作用下，计数器输出 $Q_3Q_2Q_1Q_0 = D_3D_2D_1D_0$；ENT 和 ENP 是计数使能（控制）端，当 $\overline{CLR} = \overline{LD} =1$、ENT·ENP =0 时，计数器将保持原状态不变；RCO = ENT·Q_3·Q_0 是进位输出端，它的设置为多片集成计数器的级联提

供了方便；当 $\overline{\text{CLR}} = \overline{\text{LD}} = \text{ENT} = \text{ENP} = 1$ 时，74160 处于 8421BCD 码计数状态。

【例 8.25】 具有异步清零、同步置数的十进制计数器 74160 的 VHDL 描述。

```vhdl
LIBRARY ieee;
USE ieee.std_logic_1164.all;
USE ieee.std_logic_unsigned.all;
ENTITY CT74160 IS
    PORT  ( CLRN   :in      std_logic;
            LDN    :in      std_logic;
            ENT    :in      std_logic;
            ENP    :in      std_logic;
            D      :in      std_logic_vector(3 downto 0);
            CLK    :in      std_logic;
            Q      :buffer  std_logic_vector(3 downto 0);
            RCO    :out     std_logic);
END CT74160;
ARCHITECTURE behave OF CT74160 IS
BEGIN
    RCO<='1' WHEN (Q="1001" AND ENT='1') ELSE '0';
    PROCESS(CLK,CLRN)
      BEGIN
        IF(CLRN='0') THEN
            Q <="0000";
          ELSIF (CLK'EVENT AND CLK='1') THEN
            IF (LDN='0') THEN
                Q <=D(3 downto 0);
              ELSIF ((ENT AND ENP)='1') THEN
                IF (Q="1001") THEN
                    Q<="0000";
                ELSE
                    Q<=Q+1;
                END IF;
            END IF;
        END IF;
    END PROCESS;
END behave;
```

【例 8.26】 具有异步清零、同步置数的十进制计数器 74160 的 Verilog HDL 描述。

```verilog
module CT74160(CLRN,LDN,ENT,ENP,D,CLK,Q,RCO);
  input CLRN,LDN,ENT,ENP,CLK;
  input [3:0] D;
  output reg[3:0] Q;
  output reg RCO;
  always @(posedge CLK or negedge CLRN)
    begin
    if(!CLRN)
       Q <=4'b0000;
    else if(!LDN)
       Q <=D;
```

```
        else if({ENT && ENP})
          if(Q ==4'b1001)
            Q <=4'b0000;
          else
            Q <= Q +1;
        else
          Q <= Q;
      end
      always @(*)
        begin
        if(Q ==4'b1001 && ENT==1'b1)
          RCO<=1'b1;
        else
          RCO<=1'b0;
        end
    endmodule
```

8.2.3　移位寄存器

移位寄存器具有存放代码和移位的功能。所谓移位，是指寄存器中所存代码能够在移位脉冲（即时钟脉冲）的作用下实现依次左移或右移。

1．单向移位寄存器

单向 4 位右移寄存器中，$\overline{\text{CLR}}$ 是异步清零端，只要 $\overline{\text{CLR}}$ =0，移位寄存器输出就直接清零；Vi 是右移串行输入信号，Q_0、Q_1、Q_2、Q_3 为移位寄存器输出端，在移位脉冲 CLK 作用下，寄存器中的数据依次向右移位。

【例 8.27】　4 位右移移位寄存器的 VHDL 描述。

```
LIBRARY ieee;
USE ieee.std_logic_1164.all;
USE ieee.std_logic_unsigned.all;
ENTITY SRG4 IS
    PORT  ( CLRN   :in    std_logic;
              Vi     :in    std_logic;
              CLK    :in    std_logic;
              Q      :out   std_logic_vector(0 to 3));
END SRG4;
ARCHITECTURE behave OF SRG4 IS
SIGNAL tempQ: std_logic_vector(0 to 3);
BEGIN
    PROCESS(CLK,CLRN)
      BEGIN
        IF(CLRN='0') THEN
          tempQ <="0000";
        ELSIF (CLK'EVENT AND CLK='1') THEN
            tempQ<=Vi & tempQ(0 to 2);
          END IF;
        Q<=tempQ;
```

```
        END PROCESS;
    END behave;
```

【例 8.28】 4 位右移移位寄存器的 Verilog HDL 描述。

```
        module SRG4(CLRN,Vi,CLK,Q);
          input CLRN,Vi,CLK;
          output reg[0:3] Q;
          always @(posedge CLK or negedge CLRN)
            begin
            if(!CLRN)
              Q<=4'b0000;
            else
              begin
                Q<={Vi,Q[0:2]};
              end
            end
        endmodule
```

2. 双向移位寄存器 74194

中规模集成 4 位双向移位寄存器（简称移存器）74194 具有保持、左移、右移和并行置数功能，是一种功能较强、使用广泛的中规模集成移存器。其中 DSR 为右移串行数据输入端，DSL 为左移串行数据输入端；D_0、D_1、D_2、D_3 为并行数据输入端，Q_0、Q_1、Q_2、Q_3 为并行数据输出端。S_A、S_B 为移存器工作状态控制端，在时钟脉冲 CLK 上升沿作用下，当 $S_A S_B$=00 时，实现保持功能；当 $S_A S_B$=01 时，实现右移功能；当 $S_A S_B$=10 时，实现左移功能；当 $S_A S_B$=11 时，实现并行置数功能，即移存器输出 $Q_0 Q_1 Q_2 Q_3 = D_0 D_1 D_2 D_3$。$\overline{CLR}$ 为异步清零端，低电平有效。

【例 8.29】 双向移位寄存器 74194 的 VHDL 描述。

```
        LIBRARY ieee;
        USE ieee.std_logic_1164.all;
        USE ieee.std_logic_unsigned.all;
        ENTITY shift74194 IS
            PORT  ( CLRN   :in   std_logic;
                    SA     :in   std_logic;
                    SB     :in   std_logic;
                    DSR    :in   std_logic;
                    DSL    :in   std_logic;
                    D      :in   std_logic_vector(0 to 3);
                    CLK    :in   std_logic;
                    Q      :out  std_logic_vector(0 to 3));
        END shift74194;
        ARCHITECTURE behave OF shift74194 IS
        SIGNAL tempQ: std_logic_vector(0 to 3);
        BEGIN
            PROCESS(CLK,CLRN,SA,SB)
            VARIABLE   S: std_logic_vector(1 downto 0);
              BEGIN
                S:=(SA & SB);
```

```
        IF(CLRN='0') THEN
            tempQ <="0000";
        ELSIF (CLK'EVENT AND CLK='1') THEN
            CASE S IS
                WHEN "00"=> tempQ<=tempQ;
                WHEN "01"=> tempQ<= DSR & tempQ(0 to 2);
                WHEN "10"=> tempQ<= tempQ(1 to 3) & DSL;
                WHEN "11"=> tempQ<= D;
                WHEN OTHERS=> tempQ<="XXXX";
            END CASE;
        END IF;
        Q<= tempQ;
    END PROCESS;
END behave;
```

【例 8.30】 双向移位寄存器 74194 的 Verilog HDL 描述。

```
module shift74194(CLRN,SA,SB,DSR,DSL,D,CLK,Q);
    input CLRN,SA,SB,DSR,DSL,CLK;
    input [0:3] D;
    output reg[0:3] Q;
    always @(posedge CLK or negedge CLRN)
        begin
        if(!CLRN)
            Q<=4'b0000;
        else
            begin
            case({SA,SB})
                2'b00: Q<=Q;
                2'b01: Q<={DSR,Q[0:2]};
                2'b10: Q<={Q[1:3],DSL };
                2'b11: Q<=D;
            endcase
            end
        end
endmodule
```

8.2.4 分频器

分频器是数字系统中最常用的电路之一，在 FPGA 中实现分频电路一般有两种方法：一是使用 FPGA 芯片内部提供的锁相环电路；二是使用硬件描述语言。分频器类型有：偶数分频器、奇数分频器、半整数分频器、小数分频器、分数分频器、积分分频器等，这里主要给出基于硬件描述语言实现偶数分频器和奇数分频器的例子，且占空比均为 50%。

1. 偶数分频器

将时钟信号进行 8 分频，分频后得到的时钟信号占空比为 50%。

【例 8.31】 8 分频的 VHDL 描述。

```
LIBRARY ieee;
```

```
USE ieee.std_logic_1164.all;
USE ieee.std_logic_unsigned.all;
ENTITY div8 IS
    PORT (CLRN      :    in std_logic;
            CLK      :    in std_logic;
            CLK_out  :   out std_logic);
END div8;
ARCHITECTURE behave OF div8 IS
SIGNAL temp_out: std_logic;
SIGNAL count: std_logic_vector(2 downto 0);
BEGIN
  PROCESS (CLK,CLRN)
    BEGIN
      IF (CLRN='0') THEN
        temp_out <='0';
        count <= (others =>'0');
      ELSIF(CLK'EVENT and CLK='1') THEN
        count <= count + 1;
        IF (count = "011") THEN
          count <= (others =>'0');
          temp_out <= NOT temp_out;
        END IF;
      END IF;
    CLK_out<= temp_out;
  END PROCESS;
END behave;
```

【例 8.32】　8 分频的 Verilog HDL 描述。

```
module div8(CLRN,CLK, CLK_out);
  input CLRN, CLK;
  output reg CLK_out;
  reg [1:0] count;
  always @(posedge CLK or negedge CLRN)
    begin
    if(!CLRN)
      begin
        count<=0;
        CLK_out<=0;
      end
    else
      begin
      if(count==3)
        begin
          count<=0;
          CLK_out<=~ CLK_out;
        end
      else
        begin
          count<=count+1;
```

```
                CLK_out<= CLK_out;
        end
    end
endmodule
```

2．奇数分频器

将时钟信号进行 9 分频，分频后得到的时钟信号占空比为 50%。

【例 8.33】 9 分频的 VHDL 描述。

```
LIBRARY ieee;
USE ieee.std_logic_1164.all;
USE ieee.std_logic_unsigned.all;
ENTITY div9 IS
PORT (CLRN       :   in std_logic;
       CLK         :   in std_logic;
       CLK_out    :   out std_logic);
END div9;

ARCHITECTURE behave OF div9 IS
SIGNAL count1, count2: integer range 0 to 8;
SIGNAL CLK1,CLK2:std_logic;
BEGIN
  PROCESS (CLK,CLRN)
    BEGIN
      IF (CLRN='0') THEN
        CLK1 <='0';
        count1<=0;
      ELSIF (CLK'EVENT and CLK='1') THEN
        IF (count1 < 8) THEN
          count1 <= count1 + 1;
        ELSE
          count1 <= 0;
        END IF;
        IF (count1 < 4) THEN
          CLK1 <= '1';
        ELSE
          CLK1 <= '0';
        END IF;
      END IF;
    END PROCESS;
  PROCESS (CLK,CLRN)
    BEGIN
      IF (CLRN='0') THEN
        CLK2 <='0';
        count2<=0;
      ELSIF (CLK'EVENT and CLK='0') THEN
        IF (count2 < 8) THEN
          count2 <= count2 + 1;
```

```
        ELSE
          count2 <= 0;
        END IF;
        IF (count2 < 4) THEN
          CLK2 <= '1';
        ELSE
          CLK2 <= '0';
        END IF;
      END IF;
    END PROCESS;
  PROCESS(CLK1,CLK2,CLRN)
    BEGIN
      IF (CLRN='0') THEN
        CLK_out <='0';
      ELSE
        CLK_out<=CLK1 OR CLK2;
      END IF;
    END PROCESS;
END behave;
```

【例 8.34】 9 分频的 Verilog HDL 描述。

```verilog
module div9(CLRN,CLK,CLK_out);
  input CLRN,CLK;
  output reg CLK_out;
  reg[3:0] count1,count2;
  reg CLK1,CLK2;
  always @(posedge CLK or negedge CLRN)
    begin
    if(!CLRN)
      count1<=0;
    else if(count1==8)
      count1<=0;
    else
      count1<= count1+1;
    end
  always @(posedge CLK or negedge CLRN)
    begin
    if(!CLRN)
      CLK1<=0;
    else if(count1==4)
      CLK1<=~CLK1;
    else if(count1==8)
      CLK1<=~CLK1;
    end
  always @(negedge CLK or negedge CLRN)
    begin
    if(!CLRN)
      count2<=0;
    else if(count2==8)
```

```
            count2<=0;
        else
            count2<= count2+1;
        end
    always @(negedge CLK or negedge CLRN)
        begin
        if(!CLRN)
            CLK2<=0;
        else if(count2==4)
            CLK2<=~CLK2;
        else if(count2==8)
            CLK2<=~CLK2;
        end
    always @(CLK1 or CLK2 or CLRN)
        if(!CLRN)
            CLK_out=0;
        else
            CLK_out=CLK1 | CLK2;
endmodule
```

8.3   有限状态机设计的 HDL 描述

有限状态机（Finite State Machine，FSM）是用来表示有限个状态以及这些状态之间的转移和动作的模型。有限状态机及其设计技术是数字系统设计的重要组成部分，根据输出信号的特点，可以分为米里（Mealy）型有限状态机和摩尔（Moore）型有限状态机。

8.3.1   Mealy 型有限状态机

Mealy 型有限状态机的输出不仅与当前时刻的状态有关，而且与当前时刻的输入信号有关。

以"111"序列检测器的 Mealy 型时序逻辑电路为例，要求：当连续输入三个（或三个以上）1 时，输出为 1，否则输出为 0。其状态转移图如图 8.1 所示。

【例 8.35】 Mealy 型"111"序列检测器的 VHDL 描述。

```
LIBRARY ieee;
USE ieee.std_logic_1164.all;
USE ieee.std_logic_unsigned.all;
ENTITY mealy_sequ IS
PORT (CLRN    : in std_logic;
        CLK     : in std_logic;
        din     : in std_logic;
        dout    : out std_logic);
END mealy_sequ;

ARCHITECTURE behave OF mealy_sequ IS
TYPE state is (S0,S1,S2);
SIGNAL present_state,next_state: state;
BEGIN
```

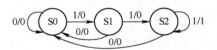

图 8.1 Mealy 型"111"序列检测器的
状态转移图

```
p0:PROCESS(CLK,CLRN)
  BEGIN
    IF (CLRN='0') THEN
      dout<='0';
      present_state<=S0;
    ELSIF (CLK'EVENT and CLK='1') THEN
      IF ((present_state=S2) AND (din='1')) THEN
        dout<='1';
        present_state<=next_state;
      ELSE
        dout<='0';
        present_state<=next_state;
      END IF;
    END IF;
  END PROCESS p0;
p1:PROCESS(din, present_state)
  BEGIN
    CASE present_state IS
      WHEN S0=>IF din='1' THEN
        next_state<=S1;
        ELSE
        next_state<=S0;
        END IF;
      WHEN S1=>IF din='1' THEN
        next_state<=S2;
        ELSE
        next_state<=S0;
        END IF;
      WHEN S2=>IF din='1' THEN
        next_state<=S2;
        ELSE
        next_state<=S0;
        END IF;
      WHEN OTHERS=> next_state<=S0;
    END CASE;
  END PROCESS p1;
END behave;
```

【例 8.36】 Mealy 型 "111" 序列检测器的 Verilog HDL 描述。

```
module mealy_sequ(CLRN,CLK,din,dout);
  input CLRN,CLK,din;
  output reg dout;
  reg [1:0] present_state,next_state;
  parameter   S0=2'b00, S1=2'b01, S2=2'b10;
  always @(posedge CLK or negedge CLRN)
    begin
    if(!CLRN)
      begin
        dout<=0;
```

```
                present_state<=S0;
            end
        else
            if((present_state==S2)&&(din==1))
            begin
                dout<=1;
                present_state<= next_state;
            end
            else
            begin
                dout<=0;
                present_state<= next_state;
            end
        end
    always @(*)
        begin
        case(present_state)
            S0: if(din==1)
                    next_state<=S1;
                else
                    next_state<=S0;
            S1: if(din==1)
                    next_state<=S2;
                else
                    next_state<=S0;
            S2: if(din==1)
                    next_state<=S2;
                else
                    next_state<=S0;
            default: next_state<=S0;
        endcase
        end
endmodule
```

8.3.2　Moore 型有限状态机

Moore 型有限状态机的输出仅与当前时刻的状态有关，而与当前时刻的输入信号无关。

以"111"序列检测器的 Moore 型时序逻辑电路为例，要求：当连续输入三个（或三个以上）1 时，输出为 1，否则输出为 0。其状态转移图如图 8.2 所示。

【例 8.37】　Moore 型"111"序列检测器的 VHDL 描述。

```
LIBRARY ieee;
USE ieee.std_logic_1164.all;
USE ieee.std_logic_unsigned.all;
ENTITY moore_sequ IS
PORT (CLRN    : in std_logic;
        CLK    : in std_logic;
        din    : in std_logic;
        dout    : out std_logic);
```

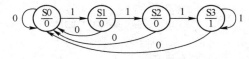

图 8.2　Moore 型"111"序列检测器的
状态转移图

```
        END moore_sequ;

        ARCHITECTURE behave OF moore_sequ IS
        TYPE state is (S0,S1,S2,S3);
        SIGNAL present_state,next_state: state;
        BEGIN
            p0:PROCESS(CLK,CLRN)
            BEGIN
                IF (CLRN='0') THEN
                    present_state<=S0;
                ELSIF (CLK'EVENT and CLK='1') THEN
                    present_state<=next_state;
                END IF;
            END PROCESS p0;
            p1:PROCESS(din, present_state)
            BEGIN
                CASE present_state IS
                    WHEN S0=>IF din='1' THEN
                        next_state<=S1;
                        ELSE
                        next_state<=S0;
                        END IF;
                    WHEN S1=>IF din='1' THEN
                        next_state<=S2;
                        ELSE
                        next_state<=S0;
                        END IF;
                    WHEN S2=>IF din='1' THEN
                        next_state<=S3;
                        ELSE
                        next_state<=S0;
                        END IF;
                    WHEN S3=>IF din='1' THEN
                        next_state<=S3;
                        ELSE
                        next_state<=S0;
                        END IF;
                    WHEN OTHERS=> next_state<=S0;
                END CASE;
            END PROCESS p1;
            p2:PROCESS(present_state)
                BEGIN
                    IF (present_state=S3) THEN
                        dout<='1';
                    ELSE
                        dout<='0';
                    END IF;
            END PROCESS p2;
        END behave;
```

【例 8.38】 Moore 型"111"序列检测器的 Verilog HDL 描述。

```verilog
module moore_sequ(CLRN,CLK,din,dout);
    input CLRN,CLK,din;
    output reg dout;
    reg [1:0] present_state,next_state;
    parameter    S0=2'b00, S1=2'b01, S2=2'b11, S3=2'b10;
    always @(posedge CLK or negedge CLRN)
      begin
      if(!CLRN)
        present_state<=S0;
      else
        present_state<= next_state;
      end
    always @(*)
      begin
      case(present_state)
        S0: if(din==1)
              next_state<=S1;
            else
              next_state<=S0;
        S1: if(din==1)
              next_state<=S2;
            else
              next_state<=S0;
        S2: if(din==1)
              next_state<=S3;
            else
              next_state<=S0;
        S3: if(din==1)
              next_state<=S3;
            else
              next_state<=S0;
        default: next_state<=S0;
      endcase
      end
    always @(*)
      begin
      if(present_state==S3)
          dout<=1;
      else
          dout<=0;
      end
endmodule
```

第9章　数字系统 EDA 设计与实践

现代电子系统发展的趋势是数字化和集成化，可编程逻辑器件在数字系统中发挥着越来越重要的作用。本章详细介绍了循环冗余校验码、通用异步收发器、蓝牙通信、VGA 彩色信号显示控制等 4 个设计范例和方法，安排了多功能数字钟、直接数字频率合成器、等精度频率计等 3 个数字系统 EDA 的实验项目，以培养学生自主设计和创新设计的能力。

9.1　循环冗余校验码的 EDA 设计

循环冗余校验（Cyclic Redundancy Check，CRC）码是以数据块为对象进行校验的，它是一种高效、可靠的检错和纠错方法。由于编码简单、纠错能力强且误判概率很低，因此，循环冗余校验码在卫星测控及通信系统中得到了广泛的应用。

1. 实验目的

（1）掌握循环冗余校验码的工作原理。
（2）基于 FPGA 实现循环冗余校验码电路设计。

2. 实验要求

（1）循环冗余校验码电路的设计要求。
① 12 位信息加 5 位 CRC 校验码发送、接收。
② 用数码管显示发送的数据、接收的数据，以及校验码等信息。
③ 其他扩展功能。
（2）将设计电路下载到 EDA 实验系统，对其功能进行验证。
说明：范例中的 VHDL 程序、Verilog HDL 程序基于附录 A.3 所给 EGO1 开发板的 EDA 实验系统编写，该平台的系统时钟为 100MHz。8 个数码管分为两路控制，每路有 4 个数码管，都为共阴极，且共阴极由三极管驱动，FPGA 需要提供正向信号。因此，对于每路数码管，FPGA 输出有效的位选信号和段选信号都应该是高电平。

3. 实验内容

循环冗余校验是在要发送的 k 位有用信息数据后添加 r 位循环冗余校验码的比特串来实现数据传输的差错检测。

举例说明循环冗余校验编码的生成和校验过程：假设信息数据序列为 101001111011；生成多项式 $G(x) = x^5 + x^4 + x^2 + 1$，对应的序列为 110101；将发送数据序列左移 5 位，新序列为 10100111101100000；用生成的新序列除以生成的多项式，得到余数多项式比特序列 10100（见图 9.1），即为循环冗余校验码。

将校验码 10100 加到信息数据序列 101001111011 后面，就生成了带有 CRC 校验的实际发送比特序列 10100111101110100。如果数据在传输过程中没有发生差错，则接收端收到的带有 CRC 校验的比特序列一定能够被同一生成多项序列 110101 整除（见图 9.2）。

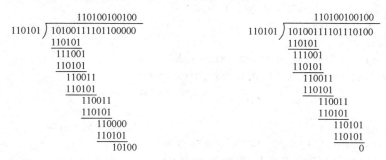

图 9.1　CRC 校验码生成运算　　　　　　　图 9.2　CRC 校验码接收检错运算

基于循环冗余校验编码电路基本原理，设计完成电路中各个功能模块。

（1）CRC 校验码生成、接收检错模块

CRC 校验码生成模块如图 9.3 所示。该模块采用 CRC-5，即生成的多项式为 $G(x) = x^5 + x^4 + x^2 + 1$，完成 12 位信息数据附加 5 位 CRC 校验码的发送。

CRC 校验码接收检错模块如图 9.4 所示。当校验正确时，输出 12 位有效信息；当校验错误时，输出全零，且给出误码警告。

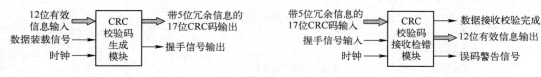

图 9.3　CRC 校验码生成模块　　　　　　　图 9.4　CRC 校验码接收检错模块

① 基于 VHDL 的 CRC 校验码生成、接收检错模块源程序。

```
LIBRARY IEEE;
USE IEEE.STD_LOGIC_1164.ALL;
USE IEEE.STD_LOGIC_Arith.ALL;
USE IEEE.STD_LOGIC_Unsigned.ALL;
ENTITY CRC5 IS
PORT(
clk:        IN   STD_LOGIC;                        --系统时钟 100MHz
clrn:       IN   STD_LOGIC;                        --复位信号
sdata:      IN   STD_LOGIC_VECTOR(11 DOWNTO 0);    --有效信息输入
dload:      IN   STD_LOGIC;                        --数据装载信号
hrecv:      IN   STD_LOGIC;                        --握手信号输入
crcidata:   IN   STD_LOGIC_VECTOR(16 DOWNTO 0);    --带冗余信息的 CRC 码输入
hsend:      OUT  STD_LOGIC;                        --握手信号输出
rdata:      OUT  STD_LOGIC_VECTOR(11 DOWNTO 0);    --有效信息输出
crcodata:   OUT  STD_LOGIC_VECTOR(16 DOWNTO 0);    --带冗余信息的 CRC 码输出
finish:     OUT  STD_LOGIC;                        --数据接收完毕
error:      OUT  STD_LOGIC                         --数据接收错误
);
```

```vhdl
END;

ARCHITECTURE one OF CRC5 IS
SIGNAL    crcodata_r:    STD_LOGIC_VECTOR(16 DOWNTO 0);
SIGNAL    hsend_r:    STD_LOGIC;
SIGNAL    rdata_r:    STD_LOGIC_VECTOR(11 DOWNTO 0);
SIGNAL    finish_r:    STD_LOGIC;
SIGNAL    error_r:    STD_LOGIC;
SIGNAL    crcd_r:    STD_LOGIC_VECTOR(16 DOWNTO 0);
CONSTANT    GX:    STD_LOGIC_VECTOR(5 DOWNTO 0):="110101";
                                              --生成多项式 G(x)=x^5 + x^4 + x^2 + 1
BEGIN
PROCESS(clk,clrn)                                              --CRC 码产生模块
VARIABLE    d_temp:    STD_LOGIC_VECTOR(16 DOWNTO 0);
VARIABLE    sd_temp:    STD_LOGIC_VECTOR(11 DOWNTO 0);
BEGIN
  IF RISING_EDGE(clk) THEN
    IF clrn='0' THEN
      hsend_r<='0';
      crcodata_r<=(OTHERS=>'0');
    ELSIF dload='1' THEN
      d_temp :=sdata & "00000";
      sd_temp :=sdata;
      IF d_temp(16)='1' THEN
        d_temp(16 DOWNTO 11) :=d_temp(16 DOWNTO 11) XOR GX;
      END IF;
      IF d_temp(15)='1' THEN
        d_temp(15 DOWNTO 10) :=d_temp(15 DOWNTO 10) XOR GX;
      END IF;
      IF d_temp(14)='1' THEN
        d_temp(14 DOWNTO 9) :=d_temp(14 DOWNTO 9) XOR GX;
      END IF;
      IF d_temp(13)='1' THEN
        d_temp(13 DOWNTO 8) :=d_temp(13 DOWNTO 8) XOR GX;
      END IF;
      IF d_temp(12)='1' THEN
        d_temp(12 DOWNTO 7) :=d_temp(12 DOWNTO 7) XOR GX;
      END IF;
      IF d_temp(11)='1' THEN
        d_temp(11 DOWNTO 6) :=d_temp(11 DOWNTO 6) XOR GX;
      END IF;
      IF d_temp(10)='1' THEN
        d_temp(10 DOWNTO 5) :=d_temp(10 DOWNTO 5) XOR GX;
      END IF;
      IF d_temp(9)='1' THEN
        d_temp(9 DOWNTO 4) :=d_temp(9 DOWNTO 4) XOR GX;
      END IF;
      IF d_temp(8)='1' THEN
        d_temp(8 DOWNTO 3) :=d_temp(8 DOWNTO 3) XOR GX;
```

```vhdl
        END IF;
        IF d_temp(7)='1' THEN
            d_temp(7 DOWNTO 2) :=d_temp(7 DOWNTO 2) XOR GX;
        END IF;
        IF d_temp(6)='1' THEN
            d_temp(6 DOWNTO 1) :=d_temp(6 DOWNTO 1) XOR GX;
        END IF;
        IF d_temp(5)='1' THEN
            d_temp(5 DOWNTO 0) :=d_temp(5 DOWNTO 0) XOR GX;
        END IF;
            crcodata_r<=sd_temp & d_temp(4 DOWNTO 0);
            hsend_r<='1';
        ELSE
            hsend_r<='0';
        END IF;
    END IF;
END PROCESS;

PROCESS(clk,clrn)                                        --接收端 CRC5 校验模块
VARIABLE rd_temp: STD_LOGIC_VECTOR(16 DOWNTO 0);
BEGIN
    IF RISING_EDGE(clk) THEN
        IF clrn='0' THEN
        rdata_r <=(OTHERS=>'0');
        finish_r <='0';
        error_r <='0';
        ELSIF hrecv='1' THEN
        crcd_r <=crcidata;
        rd_temp :=crcidata;
        IF rd_temp(16)='1' THEN
            rd_temp(16 DOWNTO 11) :=rd_temp(16 DOWNTO 11) XOR GX;
        END IF;
        IF rd_temp(15)='1' THEN
            rd_temp(15 DOWNTO 10) :=rd_temp(15 DOWNTO 10) XOR GX;
        END IF;
        IF rd_temp(14)='1' THEN
            rd_temp(14 DOWNTO 9) :=rd_temp(14 DOWNTO 9) XOR GX;
        END IF;
        IF rd_temp(13)='1' THEN
            rd_temp(13 DOWNTO 8) :=rd_temp(13 DOWNTO 8) XOR GX;
        END IF;
        IF rd_temp(12)='1' THEN
            rd_temp(12 DOWNTO 7) :=rd_temp(12 DOWNTO 7) XOR GX;
        END IF;
        IF rd_temp(11)='1' THEN
            rd_temp(11 DOWNTO 6) :=rd_temp(11 DOWNTO 6) XOR GX;
        END IF;
        IF rd_temp(10)='1' THEN
            rd_temp(10 DOWNTO 5) :=rd_temp(10 DOWNTO 5) XOR GX;
```

```
            END IF;
            IF rd_temp(9)='1' THEN
                rd_temp(9 DOWNTO 4) :=rd_temp(9 DOWNTO 4) XOR GX;
            END IF;
            IF rd_temp(8)='1' THEN
                rd_temp(8 DOWNTO 3) :=rd_temp(8 DOWNTO 3) XOR GX;
            END IF;
            IF rd_temp(7)='1' THEN
                rd_temp(7 DOWNTO 2) :=rd_temp(7 DOWNTO 2) XOR GX;
            END IF;
            IF rd_temp(6)='1' THEN
                rd_temp(6 DOWNTO 1) :=rd_temp(6 DOWNTO 1) XOR GX;
            END IF;
            IF rd_temp(5)='1' THEN
                rd_temp(5 DOWNTO 0) :=rd_temp(5 DOWNTO 0) XOR GX;
            END IF;
            IF rd_temp(4 DOWNTO 0)="00000" THEN
                rdata_r <=crcd_r(16 DOWNTO 5);              --校验正确，输出数据
                finish_r <='1';
                error_r <='0';
            ELSE
                rdata_r <=(OTHERS=>'0');                    --校验错误，输出全零
                error_r <='1';
            END IF;
        ELSE
            finish_r <='0';
        END IF;
    END IF;
END PROCESS;

crcodata<=crcodata_r;
hsend<=hsend_r;
rdata<=rdata_r;
finish<=finish_r;
error<=error_r;
END;
```

② 基于 Verilog HDL 的 CRC 校验码生成、接收检错模块源程序。

```
module CRC5(clk,clrn,sdata,dload, hrecv,crcidata,hsend,rdata,crcodata,finish,error);
input    clk;                        //系统时钟 100MHz
input    clrn;                       //复位信号
input[11:0]   sdata;                 //有效信息输入
input    dload;                      //数据装载信号
input    hrecv;                      //握手信号输入
input[16:0]   crcidata;              //带冗余信息的 CRC 码输入
output    hsend;                     //握手信号输出
output[11:0]   rdata;                //有效信息输出
output[16:0]   crcodata;             //带冗余信息的 CRC 码输出
output    finish;                    //数据接收完毕
```

```verilog
output   error;                        //数据接收错误

reg[16:0]   crcodata_r;
reg   hsend_r;
reg[11:0]   rdata_r;
reg   finish_r;
reg   error_r;
reg[16:0]   d_temp;
reg[11:0]   sd_temp;
reg[16:0]   rd_temp;
reg[16:0]   crcd_r;
parameter   GX = 6'b110101;            //生成多项式 G(x)=x^5 + x^4 + x^2 + 1
assign crcodata = crcodata_r;
assign hsend = hsend_r;
assign rdata = rdata_r;
assign finish = finish_r;
assign error = error_r;

always @(posedge clk or negedge clrn)   //CRC 码产生模块
begin
  if(!clrn)
  begin
    hsend_r = 1'b0;
    crcodata_r = 17'd0;
  end
  else if(dload = = 1'b1)
  begin
    d_temp = {sdata,5'b0};
    sd_temp = sdata;
    if(d_temp[16]) d_temp[16:11] = d_temp[16:11] ^ GX;
    if(d_temp[15]) d_temp[15:10] = d_temp[15:10] ^ GX;
    if(d_temp[14]) d_temp[14:9] = d_temp[14:9] ^ GX;
    if(d_temp[13]) d_temp[13:8] = d_temp[13:8] ^ GX;
    if(d_temp[12]) d_temp[12:7] = d_temp[12:7] ^ GX;
    if(d_temp[11]) d_temp[11:6] = d_temp[11:6] ^ GX;
    if(d_temp[10]) d_temp[10:5] = d_temp[10:5] ^ GX;
    if(d_temp[9]) d_temp[9:4] = d_temp[9:4] ^ GX;
    if(d_temp[8]) d_temp[8:3] = d_temp[8:3] ^ GX;
    if(d_temp[7]) d_temp[7:2] = d_temp[7:2] ^ GX;
    if(d_temp[6]) d_temp[6:1] = d_temp[6:1] ^ GX;
    if(d_temp[5]) d_temp[5:0] = d_temp[5:0] ^ GX;
    crcodata_r = {sd_temp,d_temp[4:0]};
    hsend_r = 1'b1;
  end
  else
    hsend_r = 1'b0;
end

always @(posedge clk or negedge clrn)   //接收端 CRC5 校验模块
```

```
        begin
            if(!clrn)
            begin
                rdata_r = 12'd0;
                finish_r = 1'b0;
                error_r = 1'b0;
            end
            else if(hrecv == 1'b1)
            begin
                crcd_r = crcidata;
                rd_temp = crcidata;
                if(rd_temp[16]) rd_temp[16:11] = rd_temp[16:11] ^ GX;
                if(rd_temp[15]) rd_temp[15:10] = rd_temp[15:10] ^ GX;
                if(rd_temp[14]) rd_temp[14:9] = rd_temp[14:9] ^ GX;
                if(rd_temp[13]) rd_temp[13:8] = rd_temp[13:8] ^ GX;
                if(rd_temp[12]) rd_temp[12:7] = rd_temp[12:7] ^ GX;
                if(rd_temp[11]) rd_temp[11:6] = rd_temp[11:6] ^ GX;
                if(rd_temp[10]) rd_temp[10:5] = rd_temp[10:5] ^ GX;
                if(rd_temp[9]) rd_temp[9:4] = rd_temp[9:4] ^ GX;
                if(rd_temp[8]) rd_temp[8:3] = rd_temp[8:3] ^ GX;
                if(rd_temp[7]) rd_temp[7:2] = rd_temp[7:2] ^ GX;
                if(rd_temp[6]) rd_temp[6:1] = rd_temp[6:1] ^ GX;
                if(rd_temp[5]) rd_temp[5:0] = rd_temp[5:0] ^ GX;
                if(rd_temp[4:0] == 5'd0)
                begin
                    rdata_r = crcd_r[16:5];                    //校验正确，输出数据
                    finish_r = 1'b1;
                end
                else
                begin
                    rdata_r = 12'd0;                            //校验错误，输出全零
                    error_r = 1'b1;
                end
            end
            else
                finish_r = 1'b0;
        end

        endmodule
```

（2）显示模块

用数码管分别显示发送的 12 位信息数据、接收的 12 位数据，以及 5 位 CRC 校验码，用发光二极管分别指示数据接收校验完成和误码警告。

① 基于 VHDL 的 CRC 校验码显示模块源程序。

```
LIBRARY IEEE;
USE IEEE.STD_LOGIC_1164.ALL;
USE IEEE.STD_LOGIC_Arith.ALL;
USE IEEE.STD_LOGIC_Unsigned.ALL;
ENTITY CRC5_test IS
```

```
PORT(
clock:   IN    STD_LOGIC;                              --系统时钟 100MHz
key:     IN    STD_LOGIC_VECTOR(4 DOWNTO 0);           --按键输入
rdata:   IN    STD_LOGIC_VECTOR(11 DOWNTO 0);          --3 位 16 进制数输入
crc:     IN    STD_LOGIC_VECTOR(4 DOWNTO 0);           --CRC 冗余码输入
dload:   OUT   STD_LOGIC;                              --加载信号输出
sdata:   OUT   STD_LOGIC_VECTOR(11 DOWNTO 0);          --3 位 16 进制数输出
clrn:    OUT   STD_LOGIC;                              --复位信号输出
led :    OUT   STD_LOGIC_VECTOR(1 DOWNTO 0);
seg:     OUT   STD_LOGIC_VECTOR(15 DOWNTO 0);          --数码管段码输出
dig:     OUT   STD_LOGIC_VECTOR(7 DOWNTO 0)            --数码管位码输出
);
END;

ARCHITECTURE one OF CRC5_test IS
SIGNAL seg_r:    STD_LOGIC_VECTOR(15 DOWNTO 0);
SIGNAL dig_r:    STD_LOGIC_VECTOR(7 DOWNTO 0);
SIGNAL sdata_r:   STD_LOGIC_VECTOR(11 DOWNTO 0);
SIGNAL dload_r:   STD_LOGIC;
SIGNAL clrn_r:   STD_LOGIC;
SIGNAL count:    STD_LOGIC_VECTOR(17 DOWNTO 0);
SIGNAL dout1,dout2,dout3:   STD_LOGIC_VECTOR(4 DOWNTO 0);
SIGNAL cnt3:    STD_LOGIC_VECTOR(2   DOWNTO 0);
SIGNAL disp_dat:   STD_LOGIC_VECTOR(3 DOWNTO 0);
SIGNAL k_debounce:   STD_LOGIC_VECTOR(4 DOWNTO 0);
SIGNAL clk:    STD_LOGIC;
SIGNAL key_edge:   STD_LOGIC_VECTOR(4 DOWNTO 0);

BEGIN
PROCESS(clock)                                         ---------时钟分频部分
BEGIN
    IF RISING_EDGE(clock) THEN
      IF count<250000 THEN
        count<=count+1;
        clk<='0';
      ELSE
        count<=(OTHERS=>'0');
        clk<='1';
      END IF;
    END IF;
END PROCESS;

PROCESS (clock)                                        ---------按键消抖部分
BEGIN
    IF RISING_EDGE(clock) THEN
      IF clk='1' THEN
        dout1<=key;
        dout2<=dout1;
        dout3<=dout2;
      END IF;
```

```vhdl
        END IF;
      END PROCESS;

      PROCESS (clock)
      BEGIN
        IF RISING_EDGE(clock) THEN
          k_debounce<=dout1 OR dout2 OR dout3;
        END IF;
      END PROCESS;
      key_edge<=NOT (dout1 OR dout2 OR dout3) AND k_debounce;

      PROCESS(clock)                              -------3 位 16 进制数输出部分
      BEGIN
        IF RISING_EDGE(clock) THEN
          IF key_edge(0)='1' THEN
            sdata_r(11 DOWNTO 8)<=sdata_r(11 DOWNTO 8)+1;
          END IF;
        END IF;
      END PROCESS;

      PROCESS(clock)
      BEGIN
        IF RISING_EDGE(clock) THEN
          IF key_edge(1)='1' THEN
            sdata_r(7 DOWNTO 4)<=sdata_r(7 DOWNTO 4)+1;
          END IF;
        END IF;
      END PROCESS;

      PROCESS(clock)
      BEGIN
        IF RISING_EDGE(clock) THEN
          IF key_edge(2)='1' THEN
            sdata_r(3 DOWNTO 0)<=sdata_r(3 DOWNTO 0)+1;
          END IF;
        END IF;
      END PROCESS;

      PROCESS(clock)
      BEGIN
        IF RISING_EDGE(clock) THEN
          IF key_edge(3)='1' THEN
            dload_r<=NOT dload_r;
          END IF;
        END IF;
      END PROCESS;

      clrn_r<=k_debounce(4);

      PROCESS(clock)                              -------数码管扫描显示部分
      BEGIN
        IF RISING_EDGE(clock) THEN
```

```vhdl
            IF clk='1' THEN
                cnt3<=cnt3+1;
            END IF;
        END IF;
    END PROCESS;

    PROCESS(clock)
    BEGIN
        IF RISING_EDGE(clock) THEN
            IF clk='1' THEN
                CASE (cnt3) IS                                  --选择扫描显示数据
                    WHEN "000"=>disp_dat<=sdata_r(11 DOWNTO 8);     --第 1 个数码管
                    WHEN "001"=>disp_dat<=sdata_r(7 DOWNTO 4);      --第 2 个数码管
                    WHEN "010"=>disp_dat<=sdata_r(3 DOWNTO 0);      --第 3 个数码管
                    WHEN "011"=>disp_dat<=rdata(11 DOWNTO 8);       --第 4 个数码管
                    WHEN "100"=>disp_dat<=rdata(7 DOWNTO 4);        --第 5 个数码管
                    WHEN "101"=>disp_dat<=rdata(3 DOWNTO 0);        --第 6 个数码管
                    WHEN "110"=>disp_dat<="000" & crc(4);           --第 7 个数码管
                    WHEN "111"=>disp_dat<=crc(3 DOWNTO 0);          --第 8 个数码管
                END CASE;
                CASE(cnt3) IS                                   --选择数码管显示位
                    WHEN "000"=>dig_r<="10000000";              --选择第 1 个数码管显示
                    WHEN "001"=>dig_r<="01000000";              --选择第 2 个数码管显示
                    WHEN "010"=>dig_r<="00100000";              --选择第 3 个数码管显示
                    WHEN "011"=>dig_r<="00010000";              --选择第 4 个数码管显示
                    WHEN "100"=>dig_r<="00001000";              --选择第 5 个数码管显示
                    WHEN "101"=>dig_r<="00000100";              --选择第 6 个数码管显示
                    WHEN "110"=>dig_r<="00000010";              --选择第 7 个数码管显示
                    WHEN "111"=>dig_r<="00000001";              --选择第 8 个数码管显示
                END CASE;
            END IF;
        END IF;
    END PROCESS;

    PROCESS(disp_dat)
    BEGIN
        CASE disp_dat IS
            WHEN    X"0"=> seg_r<=X"3f3f";                      --显示 0
            WHEN    X"1"=> seg_r<=X"0606";                      --显示 1
            WHEN    X"2"=> seg_r<=X"5b5b";                      --显示 2
            WHEN    X"3"=> seg_r<=X"4f4f";                      --显示 3
            WHEN    X"4"=> seg_r<=X"6666";                      --显示 4
            WHEN    X"5"=> seg_r<=X"6d6d";                      --显示 5
            WHEN    X"6"=> seg_r<=X"7d7d";                      --显示 6
            WHEN    X"7"=> seg_r<=X"0707";                      --显示 7
            WHEN    X"8"=> seg_r<=X"7f7f";                      --显示 8
            WHEN    X"9"=> seg_r<=X"6f6f";                      --显示 9
            WHEN    X"a"=> seg_r<=X"7777";                      --显示 a
            WHEN    X"b"=> seg_r<=X"7c7c";                      --显示 b
            WHEN    X"c"=> seg_r<=X"3939";                      --显示 c
```

```
            WHEN    X"d"=> seg_r<=X"5e5e";                        --显示 d
            WHEN    X"e"=> seg_r<=X"7979";                        --显示 e
            WHEN    X"f"=> seg_r<=X"7171";                        --显示 f
            WHEN    OTHERS=> seg_r<=X"0000";
        END CASE;
    END PROCESS;

    seg<=seg_r;
    dig<=dig_r;
    sdata<=sdata_r;
    dload<=dload_r;
    clrn<=clrn_r;
    led<=(dload_r & (NOT clrn_r));
    END;
```

② 基于 Verilog HDL 的 CRC 校验码显示模块源程序。

```
module CRC5_test(clock,key,rdata,crc,dload,sdata,clrn,led,seg,dig);
input    clock;                            //系统时钟 100MHz
input[4:0]    key;                         //按键输入
input[11:0]    rdata;                      //3 位 16 进制数输入
input[4:0]    crc;                         //CRC 冗余码输入
output    dload;                           //加载信号输出
output[11:0]    sdata;                     //3 位 16 进制数输出
output    clrn;                            //复位信号输出
output[1:0]    led;                        //LED 输出指示
output[15:0]    seg;                       //两路数码管段码输出
output[7:0]    dig;                        //数码管位码输出

reg[11:0]    sdata_r;
reg[15:0]    seg_r;
reg[7:0]    dig_r;
reg    dload_r;
reg[17:0]    count;
reg[4:0]    dout1,dout2,dout3;
reg[4:0]    buff;
reg[2:0]    cnt3;
reg[3:0]    disp_dat;
reg    div_clk;
wire[4:0]    key_edge;

assign seg = seg_r;
assign dig = dig_r;
assign sdata = sdata_r;
assign dload = dload_r;
assign led = {dload_r,~clrn};

always @(posedge clock)                    //时钟分频部分
begin
    if (count < 18'd250000)
    begin
        count <= count + 1'b1;
```

```verilog
                div_clk <= 1'b0;
            end
        else
            begin
                count <= 18'd0;
                div_clk <= 1'b1;
            end
    end

always @(posedge clock)                          //按键消抖部分
begin
    if(div_clk)
    begin
        dout1 <= key;
        dout2 <= dout1;
        dout3 <= dout2;
    end
end

always @(posedge clock)
begin
    buff <= dout1 | dout2 | dout3;
end

assign key_edge = ~(dout1 | dout2 | dout3) & buff;

always @(posedge clock)                          //3 位 16 进制数输出部分
begin
    if(key_edge[0])
        sdata_r[11:8] <= sdata_r[11:8] + 1'b1;
end

always @(posedge clock)
begin
    if(key_edge[1])
        sdata_r[7:4] <= sdata_r[7:4] + 1'b1;
end

always @(posedge clock)
begin
    if(key_edge[2])
        sdata_r[3:0] <= sdata_r[3:0] + 1'b1;
end

always @(posedge clock)
begin
    if(key_edge[3])
        dload_r <= ~dload_r;
end

assign clrn = buff[4];

always @(posedge clock)                          //数码管扫描显示部分
begin
```

```
        if(div_clk)
            cnt3 <= cnt3 + 1'b1;
    end

    always @(posedge clock)
    begin
        if(div_clk)
        begin
            case(cnt3)                          //选择扫描显示数据
                3'd0:disp_dat = sdata_r[11:8];       //第 1 个数码管
                3'd1:disp_dat = sdata_r[7:4];        //第 2 个数码管
                3'd2:disp_dat = sdata_r[3:0];        //第 3 个数码管
                3'd3:disp_dat = rdata[11:8];         //第 4 个数码管
                3'd4:disp_dat = rdata[7:4];          //第 5 个数码管
                3'd5:disp_dat = rdata[3:0];          //第 6 个数码管
                3'd6:disp_dat = {3'd0,crc[4]};       //第 7 个数码管
                3'd7:disp_dat = crc[3:0];            //第 8 个数码管
            endcase
            case(cnt3)                          //选择数码管显示位
                3'd0:dig_r = 8'b10000000;            //选择第 1 个数码管显示
                3'd1:dig_r = 8'b01000000;            //选择第 2 个数码管显示
                3'd2:dig_r = 8'b00100000;            //选择第 3 个数码管显示
                3'd3:dig_r = 8'b00010000;            //选择第 4 个数码管显示
                3'd4:dig_r = 8'b00001000;            //选择第 5 个数码管显示
                3'd5:dig_r = 8'b00000100;            //选择第 6 个数码管显示
                3'd6:dig_r = 8'b00000010;            //选择第 7 个数码管显示
                3'd7:dig_r = 8'b00000001;            //选择第 8 个数码管显示
            endcase
        end
    end

    always @(disp_dat)
    begin
        case(disp_dat)                          //两路七段译码
            4'h0:seg_r = 16'h3f3f;               //显示 0、0
            4'h1:seg_r = 16'h0606;               //显示 1、1
            4'h2:seg_r = 16'h5b5b;               //显示 2、2
            4'h3:seg_r = 16'h4f4f;               //显示 3、3
            4'h4:seg_r = 16'h6666;               //显示 4、4
            4'h5:seg_r = 16'h6d6d;               //显示 5、5
            4'h6:seg_r = 16'h7d7d;               //显示 6、6
            4'h7:seg_r = 16'h0707;               //显示 7、7
            4'h8:seg_r = 16'h7f7f;               //显示 8、8
            4'h9:seg_r = 16'h6f6f;               //显示 9、9
            4'ha:seg_r = 16'h7777;               //显示 a、a
            4'hb:seg_r = 16'h7c7c;               //显示 b、b
            4'hc:seg_r = 16'h3939;               //显示 c、c
            4'hd:seg_r = 16'h5e5e;               //显示 d、d
            4'he:seg_r = 16'h7979;               //显示 e、e
            4'hf:seg_r = 16'h7171;               //显示 f、f
```

```
            endcase
        end
        endmodule
```

（3）顶层模块

通过模块例化的方法，调用 CRC 校验码生成、接收检错模块及显示模块，实现整体功能。

① 基于 VHDL 的 CRC 校验码顶层模块源程序。

```
LIBRARY IEEE;
USE IEEE.STD_LOGIC_1164.ALL;
ENTITY CRC IS
PORT(
clock:    IN   STD_LOGIC;
key:      IN   STD_LOGIC_VECTOR(4 DOWNTO 0);
finish:   OUT   STD_LOGIC;
error:    OUT   STD_LOGIC;
led :     OUT   STD_LOGIC_VECTOR(1 DOWNTO 0);
seg:      OUT   STD_LOGIC_VECTOR(15 DOWNTO 0);
dig:      OUT   STD_LOGIC_VECTOR(7 DOWNTO 0)
);
END;

ARCHITECTURE one OF CRC IS
COMPONENT CRC5
PORT(
clk:       IN   STD_LOGIC;
clrn:      IN   STD_LOGIC;
sdata:     IN   STD_LOGIC_VECTOR(11 DOWNTO 0);
dload:     IN   STD_LOGIC;
hrecv:     IN   STD_LOGIC;
crcidata:  IN   STD_LOGIC_VECTOR(16 DOWNTO 0);
hsend:     OUT   STD_LOGIC;
rdata:     OUT   STD_LOGIC_VECTOR(11 DOWNTO 0);
crcodata:  OUT   STD_LOGIC_VECTOR(16 DOWNTO 0);
finish:    OUT   STD_LOGIC;
error:     OUT   STD_LOGIC
);
END COMPONENT;

COMPONENT CRC5_test
PORT(
clock:     IN   STD_LOGIC;
key:       IN   STD_LOGIC_VECTOR(4 DOWNTO 0);
rdata:     IN   STD_LOGIC_VECTOR(11 DOWNTO 0);
crc:       IN   STD_LOGIC_VECTOR(4 DOWNTO 0);
dload:     OUT   STD_LOGIC;
sdata:     OUT   STD_LOGIC_VECTOR(11 DOWNTO 0);
clrn:      OUT   STD_LOGIC;
led :      OUT   STD_LOGIC_VECTOR(1 DOWNTO 0);
seg:       OUT   STD_LOGIC_VECTOR(15 DOWNTO 0);
```

```
dig:        OUT    STD_LOGIC_VECTOR(7 DOWNTO 0)
);
END COMPONENT;

SIGNAL clrn_c:   STD_LOGIC;
SIGNAL sdata_c:   STD_LOGIC_VECTOR(11 DOWNTO 0);
SIGNAL dload_c:   STD_LOGIC;
SIGNAL crcodata_c:   STD_LOGIC_VECTOR(16 DOWNTO 0);
SIGNAL hsend_c:   STD_LOGIC;
SIGNAL rdata_c:   STD_LOGIC_VECTOR(11 DOWNTO 0);

BEGIN
u0: CRC5 PORT MAP(clk=>clock,clrn=>clrn_c,sdata=>sdata_c,dload=>dload_c,
    hrecv=>hsend_c,crcidata=>crcodata_c,hsend=>hsend_c,rdata => rdata_c,
    crcodata=>crcodata_c,finish=>finish,error=>error);
u1: CRC5_test PORT MAP(clock=>clock,key=>key,rdata=>rdata_c,crc=>
    crcodata_c(4 DOWNTO 0),dload=>dload_c,sdata=> sdata_c,clrn=>clrn_c,
    led=>led, seg=>seg,dig=>dig);
END;
```

② 基于 Verilog HDL 的 CRC 校验码顶层模块源程序。

```
module CRC (clock,key,finish,error,led,seg,dig);
input    clock;
input [4:0]    key;
output    finish;
output    error;
output [1:0]    led;
output [15:0]    seg;
output [7:0]    dig;
wire    clrn_c;
wire [11:0]    sdata_c;
wire    dload_c;
wire [16:0]    crcodata_c;
wire    hsend_c;
wire [11:0]    rdata_c;

CRC5 CRC5
( .clk(clock),
  .clrn(clrn_c),
  .sdata(sdata_c),
  .dload(dload_c),
  .hrecv(hsend_c),
  .crcidata(crcodata_c),
  .hsend(hsend_c),
  .rdata(rdata_c),
  .crcodata(crcodata_c),
  .finish(finish),
  .error(error)
);
CRC5_test CRC5_test
```

```
    ( .clock(clock),
     .key(key),
     .rdata(rdata_c),
     .crc(crcodata_c[4:0]),
     .dload(dload_c),
     .sdata(sdata_c),
     .clrn(clrn_c),
     .led(led),
     .seg(seg),
     .dig(dig)
    );

    endmodule
```

（4）下载与验证

本例基于 EGO1 开发板的引脚约束如表 9.1 所示。

表 9.1　引脚约束

信号	引脚	信号	引脚	信号	引脚	信号	引脚
clock	P17	led[1]	J2	seg[8]	B4	dig[1]	E1
key[0]	R1	seg[0]	D4	seg[9]	A4	dig[2]	F1
key[1]	N4	seg[1]	E3	seg[10]	A3	dig[3]	G1
key[2]	M4	seg[2]	D3	seg[11]	B1	dig[4]	H1
key[3]	R2	seg[3]	F4	seg[12]	A1	dig[5]	C1
key[4]	P2	seg[4]	F3	seg[13]	B3	dig[6]	C2
finish	J3	seg[5]	E2	seg[14]	B2	dig[7]	G2
error	H4	seg[6]	D2	seg[15]	D5		
led[0]	K2	seg[7]	H2	dig[0]	G6		

将本例综合并下载至 EGO1 开发板，观察实际效果。

若信息数据序列为 101001111011，由 key[0]、key[1]、key[2] 三个开关控制输入，数码管显示发送的 12 位信息数据 A7b；key[3]开关加载信号，用发光二极管 led[1]指示加载信号，当校验正确时，用数码管分别显示接收的 12 位数据 A7b，以及 5 位循环冗余校验码 14，即 10100，用发光二极管 led[2]、led[3]分别指示数据接收校验完成 finish 和误码警告 error；key[4]为清零开关，用发光二极管 led[0]指示。（**实际显示效果请扫二维码 9-1**）

4．实验仪器

（1）PC　1 台　　（2）可编程器件开发软件　1 套　　（3）EDA 实验系统　1 套

二维码 9-1

5．实验报告内容

（1）循环冗余校验码基本原理分析。

（2）循环冗余校验码电路设计及仿真波形图。

（3）总结实验过程中遇到的问题及解决问题的方法。

6．思考题

若生成的多项式为 $G(x) = x^8 + x^5 + x^4 + 1$，如何实现 12 位信息加 8 位 CRC 校验码的发送、接收？

9.2 通用异步收发器的 EDA 设计

通用异步收发器（Universal Asynchronous Receiver Transmitter，UART）是一种通用串行数据总线，包括 RS232、RS449、RS423、RS422、RS485 等接口标准规范和总线标准规范，用于异步通信。

1. 实验目的

（1）掌握 UART 通信原理。
（2）基于 FPGA 实现通用异步收发器设计。

2. 实验要求

（1）通用异步收发器的设计要求。
① 以波特率为 9600bit/s、8 位数据、1 位停止位的格式进行数据传输。
② 其他扩展功能。
（2）将设计电路下载到 EDA 实验系统，对其功能进行验证。

说明：范例中的 Verilog HDL 程序基于附录 A.3 所给 EGO1 开发板的 EDA 实验系统编写，该平台的系统时钟为 100MHz。8 个数码管分为两路控制，每路有 4 个数码管，都为共阴极，且共阴极由三极管驱动，FPGA 需要提供正向信号。因此，对于每路数码管，FPGA 输出有效的位选信号和段选信号都应该是高电平。

3. 实验内容

UART 传输时序如图 9.5 所示，说明如下。

图 9.5 UART 传输时序

起始位：先发出一个逻辑 0 的信号，表示传输数据的开始；
数据位：从最低位开始传输；
校验位：发送时，检查数据中"1"的个数，自动在奇偶校验位上添加 1 或 0，用于数据的校验，校验模式为奇校验、偶校验、无校验；
停止位：数据的结束标志，可以为 1 位、1.5 位、2 位的高电平。
（1）发送模块
空闲状态时线路处于高电平。若收到发送数据指令后，发出一个逻辑 0 的信号，表示传输数据的开始；接着数据从低位到高位依次发送；数据发送完毕后接着发送奇偶校验位（本例为无校验模式）、高电平停止位，至此一帧数据发送结束。

本例以波特率为 9600 bit/s、8 位数据、1 位停止位的格式传输数据。当使用 100MHz 晶振产生的频率时，进行 10417 分频，即可得到波特率为 9600 bit/s。即 $100 \times 10^6 / 9600 = 10417$。

发送模块的 Verilog HDL 代码如下：

```
module send(clk,Datain,TXD,TI,WR);
```

```
input   WR;
input [7:0]   Datain;
input   clk;
output   TXD,TI;                              //串行数据，发送中断
reg[9:0]   Datainbuf1,Datainbuf2;
reg   WR_s,TI,txd_reg;
reg [3:0]   bincnt;
reg [15:0]   cnt;
reg   clk_div;
parameter   cout = 10417;

always@(posedge clk)                          //波特率发生进程
begin
  if(cnt==cout-1)
    begin
      cnt=0;
      clk_div=1;
    end
  else
    begin
      cnt=cnt+1;
      clk_div=0;
    end
end

always@(posedge clk)                          //读数据到缓存进程
begin
  if(WR)
  begin
    Datainbuf1 = {1'b1,Datain[7:0],1'b0};
    WR_s = 1'b1;                              //置开始标志位
  end
  else if(TI==0)
    WR_s = 1'b0;
end

always@(posedge clk)
begin
  if(clk_div)
  begin
    if(WR_s==1||bincnt<4'd10)                 //发送条件判断
    begin
      if(bincnt<4'd10)
      begin
        txd_reg =   Datainbuf2[0];            //从最低位开始发送
        Datainbuf2 = Datainbuf1>>bincnt;      //移位输出
        bincnt = bincnt+4'd1;                 //发送数据位计数
        TI = 1'b0;
      end
      else
```

```verilog
            bincnt = 4'd0;
      end
    else
    begin                          //发送完毕或者处于等待状态时 TXD 和 TI 为高
      txd_reg = 1'b1;
      TI = 1'b1;
    end
  end
  end
end

assign TXD = txd_reg;
endmodule
```

（2）接收模块

空闲状态时线路处于高电平。若检测到起始位的下降沿，表明有数据传输；从低位到高位接收数据；数据接收完毕后，接收并比较奇偶校验位是否正确（可选项）；数据输出。

为了保证数据传输的正确性，UART 采用 16 倍数据波特率的时钟进行采样。当使用 100MHz 晶振产生的频率时，进行 651 分频，可得到采样率为 16×9600 bit/s。即 $100 \times 10^6 / (16 \times 9600) = 651$。

每个数据有 16 个时钟采样，可以取该数据的第 6、7、8 三个状态中两个以上相同的值作为采样结果，以避免滑码或误码。

接收模块的 Verilog HDL 代码如下：

```verilog
module rec(clk,Dataout,RXD,RI);
input    clk,RXD;
output   RI;
output [7:0]   Dataout;            //并行数据输出
reg    StartF,RI;
reg [9:0]   UartBuff;
reg [3:0]   count,count_bit;
reg [15:0]   cnt;
reg [2:0]   bit_collect;
reg   clk_div;
wire   bit1,bit2,bit3,bit;
parameter   cout = 651;

always@(posedge clk)               //波特率发生进程
begin
  if(cnt==cout-1)
    begin
      cnt=0;
      clk_div=1;
    end
  else
    begin
      cnt=cnt+1;
      clk_div=0;
    end
end
assign   bit1 = bit_collect[0]&bit_collect[1];
assign   bit2 = bit_collect[1]&bit_collect[2];
```

```
assign    bit3 = bit_collect[0]&bit_collect[2];
assign    bit = bit1|bit2|bit3;

always@(posedge clk)
begin
  if(clk_div)
  begin
    if(!StartF)                         //是否处于接收状态
    begin
      if(!RXD)
      begin
        count = 4'b0;
        count_bit = 4'b0;
        RI = 1'b0;
        StartF = 1'b1;
      end
      else    RI = 1'b1;
    end
  else
    begin
      count = count+1'b1;
      if(count==4'd6)
        bit_collect[0] = RXD;
      if(count==4'd7)
        bit_collect[1] = RXD;
      if(count==4'd8)
        begin
          bit_collect[2] = RXD;
          UartBuff[count_bit] = bit;
          count_bit = count_bit+1'b1;
          if((count_bit==4'd1)&&(UartBuff[0]==1'b1))
            begin
            StartF = 1'b0;              //开始接收
            end
            RI = 1'b0;                  //中断标志位低
        end
      if(count_bit>4'd9)               //检测是否接收结束
        begin
          RI = 1'b1;                    //中断标志为高, 接收结束
          StartF = 1'b0;
        end
    end
  end
end
assign    Dataout = UartBuff[8:1];
endmodule
```

（3）测试模块

通过实验板上的 RS232 接口和 PC 联机进行 UART 测试与分析，测试模块主要功能为：①通过实验板上的两个开关控制输入所要发送的数据，并显示于数码管上；再通过一个开关控制，将数据发送到 PC，由串口调试软件显示相应的数据；②通过串口调试软件，由 PC 发送数据到 FPGA，并

显示于数码管上。

测试模块的 Verilog HDL 代码如下：

```verilog
module uart_test(clock,key,rdata,en,sdata,seg,dig);
input    clock;                              //系统时钟 100MHz
input [2:0]   key;
input [7:0]   rdata;
output    en;
output reg[7:0]   sdata;
output reg[15:0]   seg;
output reg[7:0]   dig;
reg[17:0]   count;
reg[2:0]   dout1,dout2,dout3,buff;
reg[1:0]   cnt;
reg[3:0]   disp_dat;
reg    clk_div;
wire[2:0]   key_edge;

always @(posedge clock)                      //时钟分频部分
begin
  if(count==18'd249999)
    begin
      count=0;
      clk_div=1;
    end
  else
    begin
      count=count+1;
      clk_div=0;
    end
end

always @(posedge clock)                      //按键消抖部分
begin
  if(clk_div)
  begin
    dout1 <= key;
    dout2 <= dout1;
    dout3 <= dout2;
  end
end

always @(posedge clock)                      //按键边沿检测部分
begin
  buff <= dout1 | dout2 | dout3;
end
assign key_edge = ~(dout1 | dout2 | dout3) & buff;

always @(posedge clock)                      //2 位 16 进制数输出部分
begin
  if(key_edge[0])
```

```verilog
        sdata[7:4] <= sdata[7:4] + 1'b1;
    end

    always @(posedge clock)
    begin
        if(key_edge[1])
            sdata[3:0] <= sdata[3:0] + 1'b1;
    end

    assign en = key_edge[2];

    always @(posedge clock)                    //数码管扫描显示部分
    begin
        if(clk_div)
            cnt <= cnt + 1'b1;
    end

    always @(posedge clock)
    begin
        if(clk_div)
        begin
            case(cnt)                          //选择扫描显示数据
                2'd0:disp_dat = sdata[7:4];    //第一个数码管
                2'd1:disp_dat = sdata[3:0];    //第二个数码管
                2'd2:disp_dat = rdata[7:4];    //第七个数码管
                2'd3:disp_dat = rdata[3:0];    //第八个数码管
            endcase
            case(cnt)                          //选择数码管显示位
                2'd0:dig = 8'b10000000;        //选择第一个数码管显示
                2'd1:dig = 8'b01000000;        //选择第二个数码管显示
                2'd2:dig = 8'b00000010;        //选择第七个数码管显示
                2'd3:dig = 8'b00000001;        //选择第八个数码管显示
            endcase
        end
    end

    always @(disp_dat)
    begin
        case(disp_dat)                         //两路七段译码
            4'h0:seg = 16'h3f3f;               //显示0、0
            4'h1:seg = 16'h0606;               //显示1、1
            4'h2:seg = 16'h5b5b;               //显示2、2
            4'h3:seg = 16'h4f4f;               //显示3、3
            4'h4:seg = 16'h6666;               //显示4、4
            4'h5:seg = 16'h6d6d;               //显示5、5
            4'h6:seg = 16'h7d7d;               //显示6、6
            4'h7:seg = 16'h0707;               //显示7、7
            4'h8:seg = 16'h7f7f;               //显示8、8
            4'h9:seg = 16'h6f6f;               //显示9、9
            4'ha:seg = 16'h7777;               //显示a、a
            4'hb:seg = 16'h7c7c;               //显示b、b
            4'hc:seg = 16'h3939;               //显示c、c
```

```
        4'hd:seg = 16'h5e5e;              //显示 d、d
        4'he:seg = 16'h7979;              //显示 e、e
        4'hf:seg = 16'h7171;              //显示 f、f
    endcase
end

endmodule
```

（4）顶层模块

通过模块例化的方法，调用发送模块、接收模块及测试模块，实现整体功能。

```
module uart(clk,key,RXD,RI,TXD,TI,seg,dig);
input    clk;
input [2:0]    key;
input    RXD;
output    RI;
output    TXD;
output    TI;
output [15:0]    seg;
output [7:0]    dig;

wire    en_c;
wire [7:0]    sdata_c;
wire [7:0]    Dataout_c;

rec rec
(    .RXD(RXD),
    .clk(clk),
    .RI(RI),
    .Dataout(Dataout_c)
);

send send
(    .WR(en_c),
    .Datain(sdata_c),
    .clk(clk),
    .TXD(TXD),
    .TI(TI)
);

uart_test uart_test
(    .rdata(Dataout_c),
    .clock(clk),
    .key(key),
    .en(en_c),
    .sdata(sdata_c),
    .seg(seg),
    .dig(dig)
);

endmodule
```

（5）下载与验证

本例基于 EGO1 开发板的引脚约束如表 9.2 所示。

表 9.2　引脚约束

信号	引脚	信号	引脚	信号	引脚	信号	引脚
clock	P17	seg[0]	D4	seg[8]	B4	dig[0]	G6
key[0]	R1	seg[1]	E3	seg[9]	A4	dig[1]	E1
key[1]	N4	seg[2]	D3	seg[10]	A3	dig[2]	F1
key[2]	M4	seg[3]	F4	seg[11]	B1	dig[3]	G1
RXD	N5	seg[4]	F3	seg[12]	A1	dig[4]	H1
RI	G4	seg[5]	E2	seg[13]	B3	dig[5]	C1
TXD	T4	seg[6]	D2	seg[14]	B2	dig[6]	C2
TI	F6	seg[7]	H2	seg[15]	D5	dig[7]	G2

将本例综合并下载至 EGO1 开发板，观察实际效果。

通过 key[0]、key[1] 两个开关控制输入所要发送的数据，并显示于数码管上；再通过 key[2] 开关控制，将数据发送到 PC，由串口调试软件显示相应的数据；通过串口调试软件，由 PC 发送数据到 FPGA，并显示于数码管上。用发光二极管分别指示发送中断 TI 和接收中断 RI。（**实际显示效果请扫二维码 9-2**）

二维码 9-2

4. 实验仪器

（1）PC　1 台　　（2）可编程器件开发软件　1 套　　（3）EDA 实验系统　1 套

5. 实验报告内容

（1）UART 通信原理分析。
（2）UART 电路设计及仿真波形。
（3）总结实验过程中遇到的问题及解决问题的方法。

6. 思考题

将串口通信波特率分别改为 4800bit/s、19200bit/s，程序如何修改？

9.3　蓝牙通信的 EDA 设计

蓝牙是使用范围广泛的短距离无线通信标准之一。蓝牙技术消除了设备之间的连线，用无线连接取代传统的电线。EGO1 实验平台搭载了基于 TI 公司 CC2541 芯片的蓝牙 4.0 模块，具有 256KB 配置空间，遵循 V4.0 BLE 蓝牙规范。

1. 实验目的

（1）掌握蓝牙无线传输技术的原理。
（2）掌握 EGO1 实验平台上蓝牙模块的使用。

2. 实验要求

（1）蓝牙通信的设计要求。
① 通过串口发送和串口接收来完成与蓝牙模块的数据传输。

② 其他扩展功能。

（2）将设计电路下载到 EDA 实验系统，对其功能进行验证。

说明：范例中的 Verilog HDL 程序基于附录 A.3 所给 EGO1 开发板的 EDA 实验系统编写，该平台的系统时钟为 100MHz。8 个数码管分为两路控制，每路有 4 个数码管，都为共阴极，且共阴极由三极管驱动，FPGA 需要提供正向信号。因此，对于每路数码管，FPGA 输出有效的位选信号和段选信号都应该是高电平。

3. 实验内容

EGO1 实验平台上的蓝牙模块出厂默认配置为通过串口协议与 FPGA 进行通信，因此无须研究蓝牙相关协议与标准，只要按照 UART 串口通信协议处理发送和接收的数据即可。

因此，UART 串口发送模块、接收模块及测试模块，仍沿用 9.2 节的模块代码；重新编写顶层模块，实现整体功能。

（1）蓝牙顶层模块

```
module uart(clk,key,RXD,RI,TXD,TI,seg,dig,bt_master_slave,bt_sw_hw,bt_sw,bt_rst_n,bt_pw_on);
input clk;
input [2:0] key;
input RXD;
output RI;
output TXD;
output TI;
output [15:0] seg;
output [7:0] dig;
output bt_master_slave,bt_sw_hw,bt_sw,bt_rst_n,bt_pw_on;
wire en_c;
wire [7:0] sdata_c;
wire [7:0] Dataout_c;
rec rec
(   .RXD(RXD),
    .clk(clk),
    .RI(RI),
    .Dataout(Dataout_c)
);
send send
(   .WR(en_c),
    .Datain(sdata_c),
    .clk(clk),
    .TXD(TXD),
    .TI(TI)
);
uart_test uart_test
(   .rdata(Dataout_c),
    .clock(clk),
    .key(key),
    .en(en_c),
    .sdata(sdata_c),
    .seg(seg),
```

```
        .dig(dig)
    );
    assign bt_master_slave=1'b1;
    assign bt_sw_hw=1'b0;
    assign bt_rst_n=1'b1;
    assign bt_sw=1'b1;
    assign bt_pw_on=1'b1;
    endmodule
```

（2）下载与验证

本例基于 EGO1 开发板的引脚约束如表 9.3 所示，注意 RXD 管脚配置为 L3，TXD 管脚配置为 N2。

表 9.3　引脚约束

信号	引脚	信号	引脚	信号	引脚	信号	引脚
clk	P17	seg[2]	A3	seg[12]	F3	dig[6]	C2
key[0]	R1	seg[3]	B1	seg[13]	E2	dig[7]	G2
key[1]	N4	seg[4]	A1	seg[14]	D2	bt_master_slave	C16
key[2]	M4	seg[5]	B3	seg[15]	H2	bt_sw_hw	H15
RXD	L3	seg[6]	B2	dig[0]	G6	bt_sw	E18
TXD	N2	seg[7]	D5	dig[1]	E1	bt_rst_n	M2
RI	G4	seg[8]	D4	dig[2]	F1	bt_pw_on	D18
TI	F6	seg[9]	E3	dig[3]	G1		
seg[0]	B4	seg[10]	D3	dig[4]	H1		
seg[1]	A4	seg[11]	F4	dig[5]	C1		

将本例综合并下载至 EGO1 开发板，观察实际效果。

① EGO1 开发板上的 D17 蓝色灯闪烁，说明 EGO1 蓝牙已配置为从模式。

② 打开手机蓝牙 APP。

③ 拨动 EGO1 开发板上的开关 key[0]、key[1]，输入所要发送的数据，例如左侧两个数码管显示 12，再拨动 key[2]，将数据发送到手机蓝牙 APP（手机蓝牙 APP 数据格式设置为 HEX）。

④ 在手机蓝牙 APP 上输入数字，例如 34，数据格式为 HEX，EGO1 实验平台右侧两个数码管上显示 34。（实际显示效果请扫二维码 9-3）

4. 实验仪器

（1）PC　1 台　　（2）可编程器件开发软件　1 套　　（3）EDA 实验系统　1 套

二维码 9-3

5. 实验报告内容

（1）蓝牙无线传输技术的原理分析。

（2）蓝牙通信控制电路设计。

（3）总结实验过程中遇到的问题及解决问题的方法。

6. 思考题

通过蓝牙对 EGO1 实验平台上的外设进行控制，如点亮 LED，说明设计思想。

9.4 VGA 彩色信号显示控制的 EDA 设计

常见的显示器主要是阴极射线管显示器，彩色由 R（红）、G（绿）、B（蓝）三基色组成，行同步信号和场同步信号都采用逐行扫描的方式来消隐和输出视频信号，阴极射线枪发出的电子束打在涂有荧光粉的荧光屏上，产生 R、G、B 三基色，实现彩色显示。VGA(Video Graphics Array)接口是应用最为广泛的视频图像显示接口，根据 VGA 显示通信的基本原理和实现方法，以可编程器件为核心，通过编程输出 R、G、B 信号、行同步信号及场同步信号等接口信号，完成 VGA 显示控制器的设计。

1. 实验目的

（1）掌握 VGA 接口的工作原理。
（2）基于 FPGA 实现 VGA 彩色信号显示控制电路的设计。

2. 实验要求

（1）VGA 彩色信号显示控制电路的设计要求。
① 控制显示器分别显示横彩条、竖彩条和棋盘格等彩条信号。
② 其他扩展功能。
（2）将设计电路下载到 EDA 实验系统，对其功能进行验证。

说明：范例中的 Verilog HDL 程序基于附录 A.3 所给 EGO1 开发板的 EDA 实验系统编写，该平台的系统时钟为 100MHz。8 个数码管分为两路控制，每路有 4 个数码管，都为共阴极，且共阴极由三极管驱动，FPGA 需要提供正向信号。因此，对于每路数码管，FPGA 输出有效的位选信号和段选信号都应该是高电平。

3. 实验内容

VGA 有严格的工业标准，图 9.6 为 VGA 行扫描、场扫描的时序图。

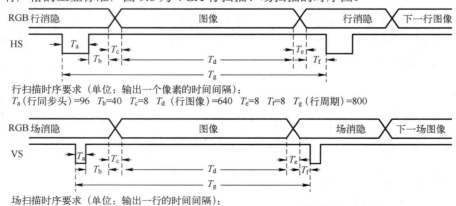

行扫描时序要求（单位：输出一个像素的时间间隔）：
T_a（行同步头）=96 T_b=40 T_c=8 T_d（行图像）=640 T_e=8 T_f=8 T_g（行周期）=800

场扫描时序要求（单位：输出一行的时间间隔）：
T_a（行同步头）=2 T_b=25 T_c=8 T_d（场图像）=480 T_e=8 T_f=2 T_g（场周期）=525

图 9.6 VGA 行扫描、场扫描时序图

（1）时钟及 VGA 驱动模块
对于 640×480×60 模式的 VGA 显示器，工业标准所要求的频率：像素输出频率为 25.175MHz；

行频率为 31.469kHz；场频率为 59.94Hz。根据以上参数以及考虑到实验板上的系统时钟，可以选择像素输出频率为 25MHz，行频率为 25MHz/800=31.25kHz，场频率为 25MHz/800/525=59.52kHz。

  VGA 显示器的时序驱动，应严格遵循 640×480×60 模式的工业标准。每行 800 个像素中包括行消隐前肩 16 个点、行同步信号 96 个点、行消隐后肩 48 个点，以及有效显示 640 个点；每场 525 行中包括场消隐前肩 10 行、场同步信号 2 行、场消隐后肩 33 行，以及有效显示 480 行。

  VGA 显示器在一行图像显示完成后，用行同步信号（低电平有效）进行行同步，并进行行消隐；扫描完所有行时，用场同步信号（低电平有效）进行场同步，并使扫描回到屏幕的左上方，同时进行场消隐，预备下一场的扫描。

  VGA 驱动模块设计行、场扫描计数器，行计数器的驱动时钟频率为 25MHz（可由系统时钟分频产生），场计数器的驱动时钟为行计数器的溢出信号。计数的同时应控制行、场同步信号的输出，并在规定要求的时间内送出数据，就能显示相应的彩条信号。

  （2）彩条信号生成模块

  图像信号显示的颜色种类与表示 R、G、B 三基色的二进制数位数有关。表 9.4 列出了 8 种颜色的编码表。

表 9.4 8 种颜色的编码表

颜色	黑	蓝	红	紫	绿	青	黄	白
R	0	0	1	1	0	0	1	1
G	0	0	0	0	1	1	1	1
B	0	1	0	1	0	1	0	1
数据编码	12'h000	12'h00f	12'hf00	12'hf0f	12'h0f0	12'h0ff	12'hff0	12'hfff

  基于开发板以及 R、G、B 三基色的二进制数位数，设计产生横彩条信号：白、黄、青、绿、紫、红、蓝、黑；竖彩条信号：白、黄、青、绿、紫、红、蓝、黑；以及在此基础上分别用异或、同或的关系产生棋盘格。通过开关控制分别显示横彩条信号、竖彩条信号及棋盘格。

  基于 Verilog HDL 的 VGA 彩色信号显示控制电路源程序如下：

```
module vga(clk,key,disp_RGB,hsync,vsync);
input   clk;                          //系统输入时钟 100MHz
input [1:0]   key;
output [11:0]   disp_RGB;             //VGA 数据输出
output hsync;                         //VGA 行同步信号
output vsync;                         //VGA 场同步信号
reg [9:0]  hcount;                    //VGA 行扫描计数器
reg [9:0]  vcount;                    //VGA 场扫描计数器
reg [11:0]   data;
reg [11:0]   h_dat;
reg [11:0]   v_dat;
reg   flag;
wire   hcount_ov;
wire   vcount_ov;
wire   dat_act;
reg   vga_clk=0;
reg   cnt=0;

//***VGA 行、场扫描时序参数表***
```

```verilog
    parameter hsync_end = 10'd95,
    hdat_begin = 10'd143,
    hdat_end = 10'd783,
    hpixel_end = 10'd799,
    vsync_end = 10'd1,
    vdat_begin = 10'd34,
    vdat_end = 10'd514,
    vline_end = 10'd524;
    always @(posedge clk)                          //提供 VGA 时钟 25MHz
    begin
        if (cnt==1)
        begin
            vga_clk<= ~vga_clk;
            cnt <=0;
        end
        else
            cnt <= cnt +1;
    end

//***VGA  驱动部分***
    always @(posedge vga_clk)                      //行扫描
    begin
        if (hcount_ov)
            hcount <= 10'd0;
        else
            hcount <= hcount + 10'd1;
    end
    assign hcount_ov = (hcount == hpixel_end);

    always @(posedge vga_clk)                      //场扫描
    begin
        if (hcount_ov)
        begin
            if (vcount_ov)
                vcount <= 10'd0;
            else
                vcount <= vcount + 10'd1;
        end
    end
    assign vcount_ov = (vcount == vline_end);

//数据、同步信号输出
    assign dat_act = ((hcount >= hdat_begin) && (hcount < hdat_end)) && ((vcount >= vdat_begin)&& (vcount < vdat_end));
    assign hsync = (hcount > hsync_end);
    assign vsync = (vcount > vsync_end);
    assign disp_RGB = (dat_act) ? data : 12'h0;

//***显示数据处理部分***
    always @(posedge vga_clk)                                //图片显示延时计数器
    begin
        case(key[1:0])
```

```verilog
        2'd0: data <= h_dat;                    //选择横彩条
        2'd1: data <= v_dat;                    //选择竖彩条
        2'd2: data <= (v_dat ^ h_dat);          //产生棋盘格
        2'd3: data <= (v_dat ~^ h_dat);         //产生棋盘格
      endcase
    end

    always @(posedge vga_clk)                   //产生竖彩条
    begin
      if(hcount < 223)
        v_dat <= 12'hfff;                       //白
      else if(hcount < 303)
        v_dat <= 12'hff0;                       //黄
      else if(hcount < 383)
        v_dat <= 12'h0ff;                       //青
      else if(hcount < 463)
        v_dat <= 12'h0f0;                       //绿
      else if(hcount < 543)
        v_dat <= 12'hf0f;                       //紫
      else if(hcount < 623)
        v_dat <= 12'hf00;                       //红
      else if(hcount < 703)
        v_dat <= 12'h00f;                       //蓝
      else
        v_dat <= 12'h000;                       //黑
    end

    always @(posedge vga_clk)                   //产生横彩条
    begin
      if(vcount < 94)
        h_dat <= 12'hfff;                       //白
      else if(vcount < 154)
        h_dat <= 12'hff0;                       //黄
      else if(vcount < 214)
        h_dat <= 12'h0ff;                       //青
      else if(vcount < 274)
        h_dat <= 12'h0f0;                       //绿
      else if(vcount < 334)
        h_dat <= 12'hf0f;                       //紫
      else if(vcount < 394)
        h_dat <= 12'hf00;                       //红
      else if(vcount < 454)
        h_dat <= 12'h00f;                       //蓝
      else
        h_dat <= 12'h000;                       //黑
    end
endmodule
```

（3）下载与验证

本例基于 EGO1 开发板的引脚约束如表 9.5 所示。

表 9.5　引脚约束

信号	引脚	信号	引脚	信号	引脚	信号	引脚
clk	P17	disp_RGB[2]	E6	disp_RGB[7]	B6	hsync	D7
key[0]	R1	disp_RGB[3]	C7	disp_RGB[8]	B7	vsync	C4
key[1]	N4	disp_RGB[4]	D8	disp_RGB[9]	C5		
disp_RGB[0]	E7	disp_RGB[5]	A5	disp_RGB[10]	C6		
disp_RGB[1]	E5	disp_RGB[6]	A6	disp_RGB[11]	F5		

将本例综合并下载至 EGO1 开发板，并将 VGA 显示器接到 EGO1 的 VGA 接口，观察实际效果。通过控制 key[1]、key[0]两个开关分别显示横彩条信号、竖彩条信号及棋盘格。（实际显示效果请扫二维码 9-4）

4．实验仪器

（1）PC　1 台　（2）可编程器件开发软件　1 套　（3）EDA 实验系统　1 套

5．实验报告内容

二维码 9-4

（1）VGA 接口的工作原理分析。

（2）VGA 彩色信号显示控制电路设计及仿真波形。

（3）总结实验过程中遇到的问题及解决问题的方法。

6．思考题

如何将设计的文字信息通过 VGA 接口输出到显示器上？说明设计思想。

9.5　多功能数字钟的 EDA 设计

数字钟是一个可以对标准频率 1Hz 进行计数的电路，当秒计数器满 60 后向分计数器进位，分计数器满 60 后向时计数器进位，时计数器按 24 翻 1 规律进行计数，输出经译码后送至 LED 显示。该多功能数字钟除用于计时外，还具有校时和整点报时等功能。

1．实验目的

（1）掌握数字钟的工作原理。

（2）基于 FPGA 实现多功能数字钟电路设计。

2．实验要求

（1）多功能数字钟的设计要求。

① 实现数字钟最大计时显示 23 小时 59 分 59 秒。

② 实现对数字钟进行不断电复位功能，使时、分、秒复位回零。

③ 实现数字钟保持原有显示，使其停止计时。

④ 实现对数字钟进行快速校时和校分功能，使其可以调整到标准时间。

⑤ 整点报时是要求数字钟在每小时整点到来前进行鸣叫，鸣叫频率在 59 分 51 秒、53 秒、55 秒、57 秒时为 500Hz，59 分 59 秒时为 1kHz。

⑥ 其他扩展功能。

（2）将设计电路下载到 EDA 实验系统，对其功能进行验证。

3．实验内容

多功能数字钟电路由时钟产生模块、计时模块、译码显示模块、整点报时模块、校时校分模块及系统复位、保持模块组成，整体设计方框图如图 9.7 所示。

（1）时钟产生模块

时钟产生模块为计时电路提供计数脉冲，为整点报时所需的音频信号提供输入脉冲。一般 EDA 实验系统都提供部分频率的时钟源，再通过设计的分频电路得到其他要求的频率。如 1kHz 的时钟频率，经二分频后即可得到 500Hz。

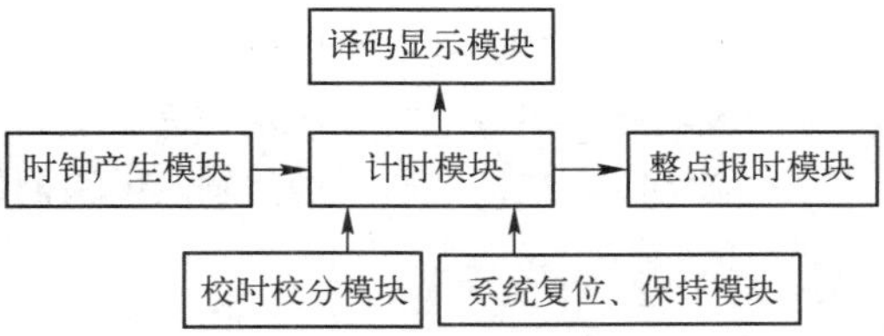

（2）计时模块

计时模块是多功能数字钟电路的核心部分，由时、分、秒计数器模块构成。秒计数和分计数均为模 60 的计数器，而时计数为模 24 的计数器。

秒计数器模块可采用两级 BCD 码计数器同步级联构成，第一级用来计数秒个位 0～9s，即输入一个标准 1Hz 的脉冲就计 1s。当秒个位到 9s 时，该 BCD 码计数器的进位输出信号标志有效，在下一个时钟有效沿到来时，秒个位计数器回到 0，而秒个位计数器的进位输出信号使得秒十位计数器使能计数加 1。

分、时计数器模块的设计与秒计数器模块设计类同，且要从全局设计来考虑三个计数器模块之间关系，即当数字钟运行到"23 时 59 分 59 秒"时，在下一个秒脉冲作用下，数字钟显示"00 时 00 分 00 秒"。

（3）译码显示模块

如果 EDA 实验系统本身给出了译码显示硬件电路，则将时、分、秒的个位和十位输出引脚直接与目标芯片引脚之间进行引脚锁定，经编译下载即可显示。否则需要设计译码显示模块，一般有静态显示和动态显示两种方式，这里主要介绍动态显示的设计原理。

动态显示基于人眼视觉暂留特性（视觉暂留频率约为 24Hz），轮流控制显示数码管，只要扫描信号的频率大于人眼的视觉暂留频率，人眼是不易察觉的。如本实验要显示时、分、秒的个位和十位，共 6 位显示，则扫描信号的频率应大于 6×24Hz。

动态显示模块设计可用图 9.8 所示方案。

（4）整点报时模块

数字钟的报时功能由两部分组成，一部分的作用是选择报时的时间，另一部分的作用是选择报时的频率。根据设计要求，数字钟在 59 分 51 秒、53 秒、55 秒、57 秒的报时鸣叫频率是 500Hz，在 59 分 59 秒的报时鸣叫频率是 1kHz。

（5）校时校分模块

整个计时部分若采用同步设计方案，则校分模块设计方法之一是控制分计数器的使能端，即当校分信号为 0 时（即校分信号无效），就可以实现秒向分的正常进位；当校分信号为 1 时（即校分信号有效），则分计数器在计数脉冲作用下单独计数，从而实现校分功能。

校时模块设计思想与校分模块设计原理类同。

校时校分时，由于机械开关在接通或断开过程中，通常会产生一串脉冲式的振动，在电路中会相应产生一串电脉冲，若不采取措施，往往会使逻辑电路发生误动作。因此还需要设计一个消颤电路，以消除这种误动作。

（6）系统复位、保持模块

控制计数器的清零端和使能端，实现系统复位及保持功能。

图 9.7　多功能数字钟整体设计方框图

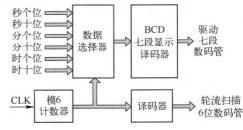

图 9.8　动态显示模块设计方案

4. 实验仪器

（1）PC　1 台　　（2）可编程器件开发软件　1 套　　（3）EDA 实验系统　1 套

5. 实验报告内容

（1）多功能数字钟基本原理分析。
（2）多功能数字钟电路设计及仿真波形。
（3）总结实验过程中遇到的问题及解决问题的方法。

6. 思考题

（1）设计实现闹钟功能。
（2）给出实现万年历的设计思想。

9.6　直接数字频率合成器的 EDA 设计

直接数字频率合成器（DDS，Direct Digital Synthesizer）是从相位概念出发直接合成所需波形的一种频率合成技术。它由相位累加器、波形存储器 ROM、D/A 转换器和低通滤波器构成。

1. 实验目的

（1）掌握直接数字频率合成器的工作原理。
（2）基于 FPGA 实现直接数字频率合成器电路设计。

2. 实验要求

（1）直接数字频率合成器的设计要求。
① 输出信号频率可预置的正弦波。
② 用数码管显示输出频率。
③ 其他扩展功能。
（2）将设计电路下载到 EDA 实验系统，对其功能进行验证。

3. 实验内容

直接数字频率合成器的原理框图如图 9.9 所示。

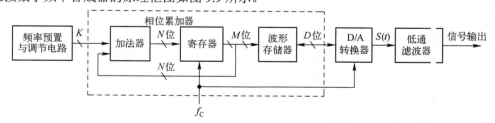

图 9.9　直接数字频率合成器的原理框图

图中 K 为频率控制字、f_C 为基准频率、N 为相位累加器的字长、M 为波形存储器（ROM）的地址线位宽、D 为波形存储器数据位及 D/A 转换器的字长。其中虚线框内的各个功能模块均可由 FPGA 实现。

（1）频率预置与调节电路

DDS 的输出频率表达式为：$f_{out} = (K/2^N)f_C$，当 $K=1$ 时，DDS 的最低输出频率（也即频率分辨率）为 $f_C/2^N$，而 DDS 的最高输出频率由 Nyquist 采样定理决定，即 $f_C/2$，也就是说 K 的最大值为 2^{N-1}。例如，若取 f_C=131kHz，累加器位数 N=8，则理论上 DDS 的最低输出频率为 0.512kHz，最高输出频率为 65.5kHz。因此，只要 N 足够大，DDS 就可以得到很细的频率间隔。要改变 DDS 的输出频率，只要改变 K 即可。

K 的值可以由 EDA 实验系统提供的若干个开关直接输入，也可由一个外部开关控制计数器计数产生。

（2）相位累加器

相位累加器在 f_C 的控制下以 K 为步长进行累加运算，产生所需的频率控制数据。寄存器则在时钟的控制下把累加的结果作为波形存储器的地址，实现对 ROM 进行寻址，同时把累加运算的结果反馈给加法器，以便进行下一次累加运算。

当相位累加器累加满量时就会产生一次溢出，完成一个周期的动作，这个周期也就是 DDS 信号的一个周期。

（3）波形存储器

波形存储器由 ROM 构成，其实质就是一个 LUT（Look Up Table）查找表，内部可预先存有一个完整周期波形的数字幅度信息。

用相位累加器输出的数据作为波形存储器的取样地址，进行波形的相位-幅值转换，即可在给定的时间上确定输出波形的抽样幅值。

在实际实现过程中，一般不直接用累加字的宽度作为 ROM 的寻址宽度，而是取累加字的高 M 位对 ROM 进行寻址。

（4）D/A 转换器

将已经合成的正弦波的数字信号转换成模拟信号，这部分工作由 EDA 实验系统提供的 D/A 转换器和低通滤波器硬件电路实现。D/A 转换器的作用是把已经合成的正弦波的数字量转换成模拟量。正弦幅度量化序列经 D/A 转换后变成了包络为正弦波的阶梯波 $S(t)$。需要注意的是，频率合成器对 D/A 转换器的分辨率有一定的要求，D/A 转换器的位数越多，合成的 $S(t)$ 台阶数就越多，分辨能力越强。低通滤波器则实现对 $S(t)$ 进行滤波，以得到平滑的信号波形。

4．实验仪器

（1）PC　1 台　　（2）可编程器件开发软件　1 套　　（3）EDA 实验系统　1 套

5．实验报告内容

（1）直接数字频率合成器基本原理分析。
（2）直接数字频率合成器电路设计及仿真波形。
（3）总结实验过程中遇到的问题及解决问题的方法。

6．思考题

（1）设计能产生多种波形（如正弦波、锯齿波、方波、三角波等）的直接数字频率合成信号发生器。
（2）设计一个测频电路，测量并显示直接数字频率合成电路产生的信号频率。

9.7　等精度频率计的 EDA 设计

等精度测频法是在直接测频法基础上发展起来的一种测频方法，测量时有一个预置闸门，闸门时间不是固定的值，而是通过被测信号将预置闸门展宽为被测信号周期的整数倍，即与被测信号同步，从而实现在测试频段范围内的等精度测量。

1．实验目的

（1）掌握等精度频率计的工作原理。

（2）基于 FPGA 实现等精度频率计电路设计。

2．实验要求

（1）等精度频率计的设计要求。

① 测频范围为 100Hz～1MHz。

② 测频精度 $\leqslant 10^{-5}$。

③ 用数码管显示所测频率值。

④ 进一步扩展测频范围等其他功能。

（2）将设计电路下载到 EDA 实验系统，对其功能进行验证。

3．实验内容

等精度频率计的原理框图如图 9.10 所示，图中 T_{GW} 为闸门展宽信号的时间，f_X 为被测信号的频率，f_C 为标准信号的频率，N_X、N_C 分别为两个计数器的计数值。

（1）闸门展宽电路

在等精度测频过程中，预置闸门信号（闸门时间为 T_G），通过同步 D 触发器电路，得到闸门展宽信号。由于 T_{GW} 与被测信号同步，故 T_{GW} 等于被测信号周期的整数倍，计数器 1 的计数值 N_X 没有 ±1 量化误差。等精度测频波形示意图如图 9.11 所示。

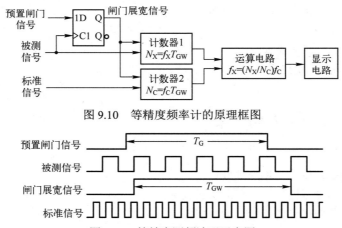

图 9.10　等精度频率计的原理框图

图 9.11　等精度测频波形示意图

（2）计数电路

当 T_{GW} 开门时（高电平有效），计数器 1 对被测信号计数，其计数值 $N_X = f_X T_{GW}$；计数器 2 对标准信号计数，其计数值 $N_C = f_C T_{GW}$。由于闸门展宽信号与标准信号不是同步信号，计数器 2 的计数值 N_C 存在 ±1 量化误差，但标准信号的频率 f_C 很高，所以计数器 2 的相对计数误差就很小，且该误差与被测信号的频率 f_X 无关，因此电路能够实现等精度测量。

（3）运算电路

由图 9.10 可知：
$$T_{GW} = N_X / f_X = N_C / f_C$$
通过运算电路可以求得被测信号的频率为：$f_X = N_X f_C / N_C$

若设被测信号频率的准确值为 f_{XE}，在忽略 f_C 误差的情况下

$$f_{XE} = N_X f_C / (N_C + \Delta N_C)$$

则等精度测频的相对误差：
$$\gamma_X = \left| f_{XE} - f_X \right| / f_{XE} = \Delta N_C / N_C$$

由于在 T_{GW} 内，计数器 2 的计数值 N_C 最多存在 ±1 量化误差，即 ΔN_C 的最大值为 1，所以：
$$\gamma_X \leqslant 1 / N_C$$

（4）显示电路

显示电路主要包括：代码转换模块、译码及位扫描模块等，这里就不再叙述了。

4. 实验仪器

（1）PC　1 台　　（2）可编程器件开发软件　1 套　　（3）EDA 实验系统　1 套

5. 实验报告内容

（1）等精度测频基本原理分析。
（2）等精度频率计电路设计及仿真波形。
（3）总结实验过程中遇到的问题及解决问题的方法。

6. 思考题

比较直接测频法、测周期法和等精度法等三种不同的测频方法。

附录 A 核心板 FPGA 引脚分配

A.1 STEP-MAX10-08SAM 核心板 FPGA 引脚分配

LED 灯	引脚号	数码管 1 段码/位码	引脚号	数码管 2 段码/位码	引脚号	拨码 开关	引脚号	按键 开关	引脚号
LED1	N15	SEG-A1	E1	SEG-A2	A3	SW1	J12	KEY1	J9
LED2	N14	SEG-B1	D2	SEG-B2	A2	SW2	H11	KEY2	K14
LED3	M14	SEG-C1	K2	SEG-C2	P2	SW3	H12	KEY3	J11
LED4	M12	SEG-D1	J2	SEG-D2	P1	SW4	H13	KEY4	J14
LED5	L15	SEG-E1	G2	SEG-E2	N1				
LED6	K12	SEG-F1	F5	SEG-F2	C1				
LED7	L11	SEG-G1	G5	SEG-G2	C2				
LED8	K11	SEG-DP1	L1	SEG-DP2	R2				
		SEG-DIG1	E2	SEG-DIG2	B1				
12M 晶振	引脚号	三色灯 1	引脚号	三色灯 2	引脚号				
CLK	J5	R_LED1	G15	R_LED2	D12				
		G_LED1	E15	G_LED2	C14				
		B_LED1	E14	B_LED2	C15				

A.2 Basys3 开发板 FPGA 引脚分配

标准 Pmod 接口	引脚号	标准 Pmod 接口	引脚号	标准 Pmod 接口	引脚号	专用 AD 信号 Pmod 接口	引脚号	七段数码 管位码/段 码	引脚号
JA0	J1	JB0	A14	JC0	K17	JXADC0	J3	AN0	U2
JA1	L2	JB1	A16	JC1	M18	JXADC1	L3	AN1	U4
JA2	J2	JB2	B15	JC2	N17	JXADC2	M2	AN2	V4
JA3	G2	JB3	B16	JC3	P18	JXADC3	N2	AN3	W4
JA4	H1	JB4	A15	JC4	L17	JXADC4	K3	CA	W7
JA5	K2	JB5	A17	JC5	M19	JXADC5	M3	CB	W6
JA6	H2	JB6	C15	JC6	P17	JXADC6	M1	CC	U8
JA7	G3	JB7	C16	JC7	R18	JXADC7	N1	CD	V8
								CE	U5
								CF	V5
								CG	U7
								DP	V7

LED 灯	引脚号	时钟	引脚号	拨键开关	引脚号	按键开关	引脚号	VGA接口	引脚号
LD0	U16	MRCC	W5	SW0	V17	BTNU	T18	RED0	G19
LD1	E19			SW1	V16	BTNR	T17	RED1	H19
LD2	U19			SW2	W16	BTND	U17	RED2	J19
LD3	V19			SW3	W17	BTNL	W19	RED3	N19
LD4	W18			SW4	W15	BTNC	U18	GRN0	J17
LD5	U15			SW5	V15			GRN1	H17
LD6	U14			SW6	W14			GRN2	G17
LD7	V14			SW7	W13			GRN3	D17
LD8	V13			SW8	V2			BLU0	N18
LD9	V3			SW9	T3			BLU1	L18
LD10	W3			SW10	T2			BLU2	K18
LD11	U3			SW11	R3			BLU3	J18
LD12	P3			SW12	W2			HSYNC	P19
LD13	N3			SW13	U1			YSYNC	R19
LD14	P1			SW14	T1				
LD15	L1			SW15	R2				

A.3　EGO1 开发板 FPGA 引脚分配

LED 灯	引脚号	时钟	引脚号	开关	引脚号	按键开关	引脚号	七段数码管段码	引脚号
LD2(7)	F6	SYS_CLK	P17	SW7	P5	S0	R11	CA0	B4
LD2(6)	G4			SW6	P4	S1	R17	CB0	A4
LD2(5)	G3			SW5	P3	S2	R15	CC0	A3
LD2(4)	J4			SW4	P2	S3	V1	CD0	B1
LD2(3)	H4			SW3	R2	S4	U4	CE0	A1
LD2(2)	J3			SW2	M4			CF0	B3
LD2(1)	J2			SW1	N4			CG0	B2
LD2(0)	K2			SW0	R1			DP0	D5
LD1(7)	K1			SW(7)	U3			CA1	D4
LD1(6)	H6			SW(6)	U2			CB1	E3
LD1(5)	H5			SW(5)	V2			CC1	D3
LD1(4)	J5			SW(4)	V5			CD1	F4
LD1(3)	K6			SW(3)	V4			CE1	F3
LD1(2)	L1			SW(2)	R3			CF1	E2
LD1(1)	M1			SW(1)	T3			CG1	D2
LD1(0)	K3			SW(0)	T5			DP1	H2

七段数码管位码	引脚号	VGA接口	引脚号	DAC接口	引脚号	UART接口	引脚号	蓝牙接口	引脚号
BIT1	G2	VGA_R0	F5	DAC_D0	T8	UART_RXD	N5	BT_RXD	L3
BIT2	C2	VGA_R1	C6	DAC_D1	R8	UART_TXD	T4	BT_TXD	N2
BIT3	C1	VGA_R2	C5	DAC_D2	T6			bt_pw_on	D18
BIT4	H1	VGA_R3	B7	DAC_D3	R7			bt_rst_n	M2
BIT5	G1	VGA_G0	B6	DAC_D4	U6			bt_sw_hw	H15
BIT6	F1	VGA_G1	A6	DAC_D5	U7			bt_master_slave	C16
BIT7	E1	VGA_G2	A5	DAC_D6	V9			bt_sw	E18
BIT8	G6	VGA_G3	D8	DAC_D7	U9				
		VGA_B0	C7	DAC_ILE	R5				
		VGA_B1	E6	DAC_CS	N6				
		VGA_B2	E5	DAC_WR1	V6				
		VGA_B3	E7	DAC_WR2	R6				
		HSYNC	D7	DAC_XFER	V7				
		VSYNC	C4						

参 考 文 献

[1] 汤勇明，张圣清，陆佳华. 搭建你的数字积木：数字电路与逻辑设计：Verilog HDL & Vivado 版. 北京：清华大学出版社，2017.

[2] 王建新，吴少琴，刘光祖，姜萍. 电子线路实验教程. 北京：电子工业出版社，2015.

[3] 周立功. EDA 实验与实践. 北京：北京航空航天大学出版社，2007.

[4] 蒋立平，姜萍，谭雪琴，花汉兵. 数字逻辑电路与系统设计. 3 版. 北京：电子工业出版社，2019.

[5] 周淑阁. 模拟电子技术基础. 北京：高等教育出版社，2004.

[6] 谭会生，张昌凡. EDA 技术及应用：Verilog HDL 版. 4 版. 西安：西安电子科技大学出版社，2016.

[7] 潘松，陈龙，黄继业. EDA 技术与 Verilog HDL. 2 版. 北京：清华大学出版社，2013.

[8] 江国强，覃琴. EDA 技术与应用. 5 版. 北京：电子工业出版社，2017.

[9] 花汉兵，付文红. EDA 技术与实验. 2 版. 北京：机械工业出版社，2013.

[10] 吕波，王敏. Multisim 14 电路设计与仿真. 北京：机械工业出版社，2016.

[11] 张新喜. Multisim 14 电路系统仿真与设计. 北京：机械工业出版社，2017.

[12] 王连英，姜三勇. Multisim 12 电子线路设计与实验. 北京：高等教育出版社，2015.

[13] 王辅春，刘明山，迟海涛，雷治林. 从实例中学习 OrCAD. 北京：机械工业出版社，2006.

[14] 徐志军，王金明，尹廷辉. EDA 技术与 VHDL 设计. 北京：电子工业出版社，2015.

[15] 崔琛. 数字逻辑系统分析与设计. 北京：机械工业出版社，2015.

[16] 康磊，宋彩利，李润洲. 数字电路设计及 Verilog HDL 实现. 西安：西安电子科技大学出版社，2010.

[17] 孟涛. 电工电子 EDA 实践教程. 2 版. 北京：机械工业出版社，2012.

[18] 张春晶，张海宁，李冰. 现代数字电子技术及 Verilog 设计. 北京：清华大学出版社，2014.

[19] 王金明. EDA 技术与 Verilog HDL. 北京：清华大学出版社，2021.

[20] 张俊涛，陈晓莉. 现代 EDA 技术及其应用：基于 Inter FPGA & Verilog HDL 的描述与实现. 北京：清华大学出版社，2022.

[21] 贾新章，游海龙，高海霞，张岩龙. 电子线路 CAD 与优化设计——基于 Cadence/PSpice. 北京：电子工业出版社，2014.

[22] 游海龙，张金力，王鹏，李本正. 电子线路 EDA 上机实验指导——基于 Cadence/PSpice 17. 西安：西安电子科技大学出版社，2019.

[23] 张东辉，毛鹏，徐向宇，PSpice 元器件模型建立及应用. 北京：机械工业出版社，2017.